Praxisberichte ÖVK

Herausgegeben von
H.-P. Lenz, ÖVK, Wien, Österreich

Der Österreichische Verein für Kraftfahrzeugtechnik (ÖVK) hat gemeinsam mit dem Institut für Fahrzeugantriebe und Automobiltechnik der Technischen Universität Wien eine Fülle praxisnaher Untersuchungen durchgeführt. Diese zeigen in zahlreichen Beispielen konkreter Fahrzeuge, die Umsetzung aktueller Fahrzeug-Entwicklungen in die Serie. Ziel der Untersuchungen ist, die Potenziale hinsichtlich Nachhaltigkeit und Klimaschutz sowie Energieeffizienz und Kundenanforderungen zu beurteilen. Damit fördert der ÖVK den Dialog und Erfahrungsaustausch zwischen Wissenschaft und Praxis. Er untersucht die Umsetzung theoretischer Entwicklungen und vergleicht diese mit den praktischen Erkenntnissen.

Praxisberichte ÖVK fasst die im Zuge der letzten Jahre entstandene Analyseergebnisse zusammen und stellt sie den Ingenieuren und Fachleuten des Kraftfahrwesens im In- und Ausland zur Verfügung. Behörden, Verbände, Interessensvertretungen und Einzelpersonen können so die Kenntnisse, Erfahrungen und Empfehlungen für ihre Arbeit nutzen. Wie die Entwicklung zeigt, steigt die Nachfrage nach diesen Praxisergebnissen. National und international bestehen enge Beziehungen zu Technischen Universitäten und Fachhochschulen, zu Behörden, Verbänden, Interessensvertretungen und entsprechenden Vereinen in anderen Ländern, insbesondere zur VDI-Gesellschaft Fahrzeug- und Verkehrstechnik. Diesen stellt die Reihe Praxisberichte ÖVK die Ergebnisse als Argument der Fachdiskussion zur Verfügung.

Werner Tober

Praxisbericht Elektromobilität und Verbrennungsmotor

Analyse elektrifizierter
Pkw-Antriebskonzepte

 Springer Vieweg

Werner Tober
Wien, Österreich

Praxisberichte ÖVK
ISBN 978-3-658-13601-7   ISBN 978-3-658-13602-4 (eBook)
DOI 10.1007/978-3-658-13602-4

Die Deutsche Nationalbibliothek verzeichnet diese Publikation in der Deutschen Nationalbibliografie;
detaillierte bibliografische Daten sind im Internet über http://dnb.d-nb.de abrufbar.

Springer Vieweg
© Springer Fachmedien Wiesbaden 2016

Einbandabbildung: Heinz Henninger

Springer Vieweg ist Teil von Springer Nature
Die eingetragene Gesellschaft ist Springer Fachmedien Wiesbaden

Vorwort

Elektromobilität auf der Basis von rein batterieelektrischen Fahrzeugen wird vielfach als Lösung zur Absenkung der Treibhausgasemissionen gesehen. Dabei werden der Elektromobilität oft Vorteile zugeschrieben, die einer genaueren Betrachtung nicht standhalten.

Der Österreichische Verein für Kraftfahrzeugtechnik (ÖVK) und das Institut für Fahrzeugantriebe und Automobiltechnik der Technischen Universität Wien haben daher eine Fülle praxisnaher Untersuchungen durchgeführt, die die genannten Unsicherheiten geklärt haben. Dies für rein batterieelektrische Fahrzeuge mit und ohne Range-Extender sowie Plug-In-Hybrid-Fahrzeuge. Weiterhin mit dem Ziel, die Potenziale dieser Antriebskonzepte hinsichtlich Nachhaltigkeit und Klimaschutz sowie Energieeffizienz und Kundenanforderungen zu beurteilen. Die Untersuchungen erfolgen dabei unter realitätsnahen Betriebsbedingungen. Dies betrifft insbesondere die Klimatisierung des Fahrzeuginnenraumes.

Der hier vorliegende Praxisbericht Elektromobilität und Verbrennungsmotor fasst im Zuge der letzten Jahre entstandene Analyseergebnisse zusammen. Im Fokus der Untersuchungen stand die Bestimmung der Potenziale moderner PKW-Antriebskonzepte zur Senkung des Energiebedarfs und der Treibhausgasemissionen, ohne dabei die Kosten und Alltagstauglichkeit zu vernachlässigen. Je nach Elektrifizierungskonzept sind die Potenziale unterschiedlich groß und gegebenenfalls auch mit Nutzungseinschränkungen verbunden.

Betrachtet man die Gesamtkette der Energie oder der CO_2-Emission von der Zurverfügungstellung der Energie über die Herstellung der Fahrzeuge und Komponenten bis zum echten Betrieb, dann ist der Verbrennungsmotor – insbesondere wenn er hybridisiert, d.h. mit elektrischer Unterstützung betrieben wird, bei einem geringen Anteil regenerativer Stromerzeugung, dem reinen Elektroantrieb energetisch und auch in den klimarelevanten Emissionen überlegen.

Die Markteinführung der E-Mobilität ist erst dann sinnvoll, wenn der Strom regenerativ erzeugt wird. Dies wird noch Jahrzehnte dauern. Erst dann bringen E-Fahrzeuge einen signifikanten Beitrag zur Senkung der CO_2-Emissionen.

Trotzdem sollte man auf dem Gebiet der E-Mobilität weiter forschen, die Industrie sollte Fahrzeuge herstellen, um weitere Erfahrungen zu sammeln, rein batterieelektrisches Fahren ist für Nischenlösungen auch kurzfristig durchaus vorstellbar.

Zusammengefasst sollte man die Erwartungen hinsichtlich Einführung der E-Mobilität auf ein realistisches Maß bringen.

Zur Erhöhung der Reichweite und Reduktion der Ladedauer ist bei batterieelektrischen Fahrzeugen noch wesentliche Forschungs- und Entwicklungsarbeit zu leisten, bevor die Mehrzahl an Kunden ihre Anforderungen an individuelle Mobilität erfüllt sehen. Die erzielbaren Reichweiten und die Kosten batterieelektrischer Fahrzeuge stehen in direktem Zusammenhang und führen derzeit zu kundenseitig nicht tolerierten Mehrkosten. Verbesserungen im Bereich des Umwelt- und Klimaschutzes hängen unmittelbar von der Herstellung der elektrischen Energie ab und sind somit vom Energiemix eines Landes bzw. einer Region abhängig.

Jedenfalls wird der Verbrennungsmotor, ob als Alleinantrieb, als Hauptantrieb oder als Range-Extender auch in den kommenden Jahrzehnten von großer Bedeutung sein.

Es ist geplant, diese praxisnahen Untersuchungen fortzusetzen, um auch für neu auf den Markt kommende Fahrzeuge fundierte Aussagen machen zu können.

Wien, April 2016   Univ.-Prof. Dr. H. P. Lenz

Inhaltsverzeichnis

1 Einleitung

In der Europäischen Union erfolgt eine kontinuierliche Entwicklung hin zu einer gemeinschaftlichen Energiestrategie, welche den drei Grundprinzipien der Nachhaltigkeit, Wettbewerbsfähigkeit und Versorgungssicherheit unterliegt. Die Verwendung heutiger Kraftstoffe im Straßenverkehr entspricht dabei nicht diesem Gedanken. [1] Die europäische Gesetzgebung fordert daher die Erhöhung der CO_2-freien Energiebereitstellung [2].

Bereits im Jahr 1995 veröffentlichte die Europäische Kommission ihre Strategie zur Minderung der CO_2-Emissionen von Personenkraftwagen und zur Senkung des durchschnittlichen Kraftstoffverbrauchs [3]. In weiterer Folge wurde in [4] eine CO_2-Durchschnittsemission von 130 g/km, sowie eine weitere Verringerung um 10 g/km mittels zusätzlicher Maßnahmen ab dem Jahr 2012 festgelegt. Ab dem Jahr 2020 wird der Zielwert von 120 g/km auf 95 g/km herabgesetzt.

Zur Einbindung der leichten Nutzfahrzeuge in die Gesamtstrategie der Gemeinschaft wurde im Jahr 2011 eine CO_2-Durchschnittsemission für leichte Nutzfahrzeuge beschlossen. Ab dem Jahr 2014 ist eine durchschnittliche CO_2-Emission der neu zugelassenen leichten Nutzfahrzeugflotte von 175 g/km einzuhalten. Vorbehaltlich der Bestätigung der Durchführbarkeit durch die Europäische Kommission wird für das Jahr 2020 ein Zielwert von 147 g/km festgesetzt. [5]

Diese rechtlichen Rahmenbedingungen, welche zu einer kontinuierlichen Verbesserung der Klimaauswirkungen von Kraftfahrzeugen mit Verbrennungsmotor führen, stellen wesentliche Innovationstreiber im automotiven Sektor dar. [6] Insbesondere die ab dem Jahr 2020 angestrebten CO_2-Durchschnittsemissionen liegen jedoch auf einem derart niedrigen Niveau, dass sie bei der vorliegenden Flottenzusammensetzung kaum mit konventionellen Antriebskonzepten (Verbrennungsmotor) realisiert werden können.

Elektromobilität wird hierbei vielfach als die Lösung zukünftiger Mobilität gesehen. Insbesondere Politik und Medien sehen in der Elektrifizierung des Individualverkehrs ein wirksames Mittel zur erforderlichen deutlichen Absenkung der Treibhausgasemissionen und zur Erhöhung der Energieeffizienz.

Seit dem Jahr 2011 werden am Institut für Fahrzeugantriebe und Automobiltechnik der Technischen Universität Wien neben der Erforschung und Entwicklung alternativer Antriebskonzepte auch umgesetzte batterieelektrische Kraftfahrzeuge mit und ohne Range Extender sowie Plug-In Kraftfahrzeuge vermessen und analysiert. Dies mit dem Ziel die Potenziale dieser Antriebskonzepte hinsichtlich Nachhaltigkeit und Klimaschutz sowie Energieeffizienz und Kundenanforderungen zu beurteilen. Die Untersuchungen erfolgen dabei unter realitätsnahen Betriebsbedingungen. Dies betrifft insbesondere die Klimatisierung (Heizen/Kühlen) des Fahrzeuginnenraumes und das Geschwindigkeitsprofil.

Der hier vorliegende Praxisbericht Elektromobilität und Verbrennungsmotor fasst im Zuge der letzten Jahre entstandene Analyseergebnisse zusammen. Im Fokus der Untersuchungen stand die Bestimmung der Potenziale moderner PKW-Antriebskonzepte zur Senkung des Energiebedarfs und der Treibhausgasemissionen, ohne dabei die Kosten und Alltagstauglichkeit zu vernachlässigen. Je nach Elektrifizierungskonzept sind die Potenziale unterschiedlich groß und gegebenenfalls auch mit Nutzungseinschränkungen verbunden.

Einleitend werden die in dieser Publikation untersuchten Fahrzeugkonzepte vorgestellt und auf theoretischer Basis die Erwartungen in elektrifizierte Kraftfahrzeuge hinsichtlich Nachhaltigkeit, Klimaschutz, Umweltschutz, Kosten und Benutzerfreundlichkeit mit der Realität verglichen.

Die Vor- und Nachteile von batterieelektrischen Kraftfahrzeugen gegenüber einem modernen konventionellen Diesel-PKW wurden unter Berücksichtigung der sich im Jahresverlauf ändernden Anforderungen praktisch untersucht. Neben realen Betriebsbedingungen fand die Energiebereitstellung von Elektrizität und Dieselkraftstoff Berücksichtigung. Die Ermittlung der realisierbaren Reichweiten, des Energiebedarfs, der Energiekosten, der Wirkungsgrade der Hochvoltkomponenten, der Ladevorgang und der CO_2-Emissionen standen dabei im Vordergrund.

Der Opel Ampera, als Vertreter der batterieelektrischen Kraftfahrzeuge mit Range-Extender, eignete sich aufgrund der Vielfalt, der in diesem Fahrzeug realisierten Antriebsarten (rein elektrisch sowie serieller und leistungsverzweigter Hybrid) besonders für die Untersuchung der unterschiedlichen Elektrifizierungsstufen und die Darstellung der Potenziale elektrifizierter Antriebskonzepte. Die Ermittlung der elektrischen Reichweite unter variierenden Umgebungsbedingungen, bei verschiedenen Fahrsituationen und bei wechselnden Batterieladezuständen war dabei eine der Kernfragen. Zur Beschreibung des Antriebsstranges wurden das Zusammenspiel der Verbrennungskraftmaschine und der Elektro-Einheit, die Wirkungsgrade der Hochvoltkomponenten, die Heizstrategie des Heiz-/Kühlkreislaufes, die Temperaturentwicklung im Fahrzeuginnenraum sowie der Energiebedarf analysiert.

Da im Besonderen Plug-In-Hybride, aufgrund der hohen Batteriekosten und der teilweise stark eingeschränkten Reichweiten von batterieelektrischen Kraftfahrzeugen, eine interessante Alternative darstellen, welche die Vorteile des elektrischen und verbrennungsmotorischen Antriebes verbinden sollen, wurden zur Bewertung der Auswirkungen der Elektrifizierung eines konventionellen Antriebskonzeptes mit Verbrennungsmotor vier Plug-In-Hybride im Hinblick auf deren Energieeffizienz, Energiebedarf, Wirkungsgrade der Hochvoltkomponenten, Ladevorgang, Treibhausgasemissionen, Zustartbedingung und elektrische Reichweite untersucht.

An dieser Stelle gilt es, dem ÖVK (Österreichischer Verein für Kraftfahrzeugtechnik) und dem ÖAMTC (Österreichischer Automobil-, Motorrad- und Touring-Club) für die Unterstützung im Rahmen der durchgeführten Untersuchungen zu danken.

Angelika und Moritz gewidmet.

2 Elektrifizierte Kraftfahrzeuge

Insbesondere aufgrund unterschiedlicher Anforderungen an Kraftfahrzeuge gibt es eine Vielzahl an elektrifizierten Antriebskonzepten. Micro-, Mild- und Vollhybride stellen Konzepte dar, bei denen der Verbrennungsmotor den wesentlichen Anteil zur Fortbewegung liefert [7]. Bei den in dieser Arbeit betrachteten Plug-In-Hybriden, batterieelektrischen Kraftfahrzeugen mit Range-Extender und batterieelektrischen Kraftfahrzeugen steigt der elektrische Anteil am Vortrieb auf bis zu 100 %. Im Weiteren werden die drei letztgenannten Antriebskonzepte kurz beschrieben. Allen drei Antriebskonzepten ist gemein, dass sie über einen Akkumulator (auch Traktionsbatterie oder kurz Batterie genannt) verfügen, welcher ausreichend elektrische Energie bereitstellt, um Strecken von 20 km und mehr rein elektrisch zurückzulegen.

2.1 Plug-In-Hybrid Kraftfahrzeuge (PHEV)

Bei Plug-In-Hybriden handelt es sich um Fahrzeugkonzepte, die mit einem verbrennungsmotorischen und elektrischen Antriebssystem ausgestattet sind und deren Traktionsbatterie an der Steckdose geladen werden kann. Die maximale Leistung des Fahrzeuges ist in der Regel nur im Verbund (E-Motor und Verbrennungsmotor) darstellbar.

Aufgrund der im Vergleich zu einem Vollhybrid größeren Traktionsbatterie (höhere Kapazität) können elektrische Reichweiten von typischerweise 20 bis 50 km realisiert werden. Plug-In-Hybride verbinden damit die Vorteile von batterieelektrischen Fahrzeugen und Fahrzeugen mit Verbrennungsmotor. Auf kürzeren Strecken, insbesondere im Stadtverkehr, fährt das Auto mit dem elektrischen Antrieb leise, emissionsfrei und effizient, während bei längeren Strecken, insbesondere auf der Autobahn, auf den Verbrennungsmotor zurückgegriffen werden kann. Bei diesem Antriebskonzept ist der Verbrennungsmotor in der Regel derart konzipiert (leistungsstark ausgelegt), dass das Fahrzeug auch mit „leerer" Traktionsbatterie im hybriden Fahrbetrieb keine Leistungseinschränkungen aufweist.

Abbildung 1 zeigt ein Systemschaubild eines Plug-In-Hybrid Kraftfahrzeuges. Der Antrieb verfügt in der Regel noch über ein konventionelles mehrstufiges Getriebe. Die E-Maschine wird als Motor (Antrieb) und als Generator (Bremsenergierückgewinnung) eingesetzt. Einzelne Fahrzeugkonzepte verfügen über mehrere E-Maschinen oder einen zusätzlichen an der Verbrennungskraftmaschine angekoppelten Generator zur Stromerzeugung. Abhängig vom Antriebskonzept ist eine vollständige Abkopplung der Verbrennungskraftmaschine im Fahrbetrieb möglich. Die Traktionsbatterie kann von den E-Maschinen und an der Steckdose aufgeladen werden.

Die Liste der am Markt verfügbaren Plug-In-Hybride steigt kontinuierlich. Einen Überblick hierzu geben **Tabelle 1** und **Tabelle 2**.

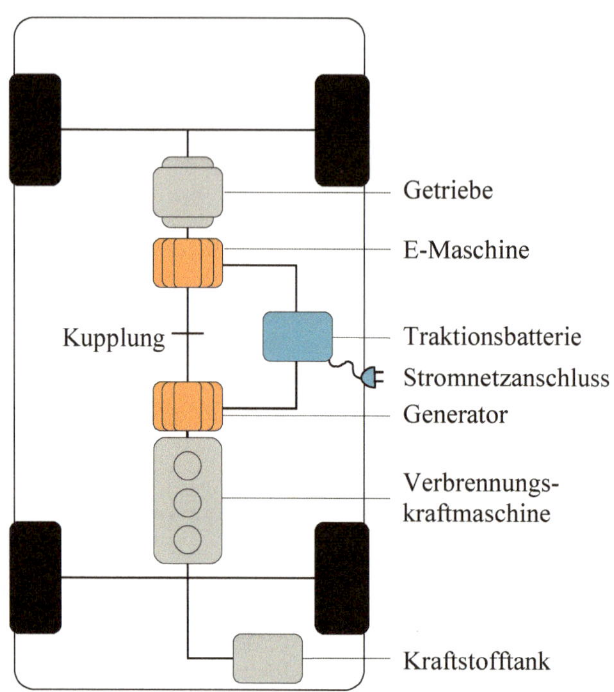

Abbildung 1: Systemschaubild – Plug-In-Hybrid Kraftfahrzeug **[8]**, [eigene Darstellung]

Tabelle 1: Aktuelle Plug-In-Hybrid Serien-Fahrzeuge - ohne Anspruch auf Vollständigkeit, Teil 1/2

Marke und Modell	Verbrennungs-motor Otto/Diesel l / kW / Nm	Elektro-motor kW / Nm	Kapazität der Traktions-batterie Brutto / Netto kWh	max. elektr-ische Reich-weite km	Energie-bedarf gCO_2/km kWh/100km
Audi A3 e-tron [9]	Otto TFSI 1,4 / 110 / 250	75 (max) / 330	8,8 / 7	50	35 11,4
BMW i8 [10]	Otto 1,5 / 170 / 320	75 (nenn) / 250	7,1 / 5,2	37	49 11,9
BMW X5 xDrive40e [11]	Otto 2,0 / 180 / 350	83 (max) / 250	9 / -	31	77 15,3
Mercedes-Benz C 350 PLUG-IN HYBRID [12]	Otto 2,0 / 155 / 350	60 (nenn) / 340	6,2 / -	31	48 11

Tabelle 2: Aktuelle Plug-In-Hybrid Serien-Fahrzeuge - ohne Anspruch auf Vollständigkeit, Teil 2/2

Marke und Modell	Verbrennungs-motor Otto/Diesel l / kW / Nm	Elektro-motor kW / Nm	Kapazität der Traktions-batterie Brutto / Netto kWh	max. elektr-ische Reich-weite km	Energie-bedarf gCO$_2$/km kWh/100km
Mitsubishi Outlander PHEV (4x4) [13]	Otto 2,0 / 89 / 190	60 (max) / 137 Front 60 (max) / 195 Heck	12 / -	52	42 13,4
Opel Ampera / Chevrolet Volt [14]	Otto 1,4 / 63 / 126	111 (max) / 370	16 / -	83	27 13,5
Porsche Panamera S E-Hybrid [15]	Otto 3,0 / 245 / 440	70 (max) / 310	9,4 / -	36	71 16,2
Toyota Prius PlugIn [16]	Otto 1,8 / 73 / 142	60 (max) / 207	4,4 / 2,6	25	49 5,2
Volvo V60 PHEV (4x4) [17], [18], [19]	Diesel 2,4 / 162 / 440	50 / 200	11,2 / 8	50	48 -
Volvo XC90 T8 AWD Twin Engine [17], [20], [21]	Otto 2,0 / 235 / 400	65 / 200	9,2 / -	43	49 -
VW Golf GTE 1.4 TSI PHEV [22]	Otto 1,4 / 110 / 250	75 (max) / 350	8,7 / -	50	35 11,4
VW Passat GTE [23]	Otto 1,4 / 115 / 250	85 (max) / 400	9,9 / -	50	37 12,2

2.2 Batterieelektrische Kraftfahrzeuge mit Range-Extender (REX)

Bei diesem Fahrzeugtyp erfolgt die Fortbewegung (Antrieb der Räder) rein elektrisch. Um die Reichweitenproblematik des rein batterieelektrischen Fahrzeuges zu kompensieren, wird zusätzlich ein „kleiner" Verbrennungsmotor (oder eine Brennstoffzelle) verbaut. [24], [25] Der

Verbrennungsmotor produziert, sobald ein kritischer Batterieladezustand erreicht wird, Strom für den elektrischen Antrieb. [26]

Bei diesem Antriebskonzept ist der nicht für den Regelbetrieb gedachte Verbrennungsmotor derart konzipiert, dass das Fahrzeug bei „leerer" Traktionsbatterie im Range-Extender-Betrieb üblicherweise Leistungseinschränkungen unterliegt. Verbrennungsmotor und Generator können nicht die elektrische Energie erzeugen, welche für die Darstellung der maximalen Leistung benötigt wird. Vielmehr liefert der Verbrennungsmotor über den Generator elektrische Energie zur Deckung eines mittleren Leistungsbedarfs. Nachteilig sind die energetischen Verluste durch die Energiewandlung im Fahrzeug. [27] Die Traktionsbatterie wird daher grundsätzlich größer als bei Plug-In-Hybride dimensioniert, um weite Bereiche des täglichen Bedarfs ohne Aktivierung des Verbrennungsmotors absolvieren zu können.

Wie „klein" der Verbrennungsmotor ausfällt, hängt sehr stark vom vorgesehenen Einsatzzweck des Fahrzeuges ab. Die Bandbreite reicht vom reinen „Notstromaggregat", welches gerade so viel Strom liefert, dass das Fahrzeug mit mäßiger Geschwindigkeit zur nächsten Stromtankstelle bewegt werden kann, bis hin zum „vollwertigen" Verbrennungsmotor, der den fortwährenden Betrieb mit geringen Einschränkungen gewährleistet. [28]

Wie in **Abbildung 2**, im Vergleich zu Abbildung 1, zu erkennen ist, entfällt der direkte Durchtrieb des Verbrennungsmotors auf die Antriebsräder. Der Antrieb erfolgt rein durch die E-Maschine, sodass auch aufwendige Getriebe entfallen können. Verbrennungskraftmaschine und Kraftstofftank fallen kleiner aus, und zur Darstellung der größeren elektrischen Reichweite ist die Traktionsbatterie größer (höhere Kapazität).

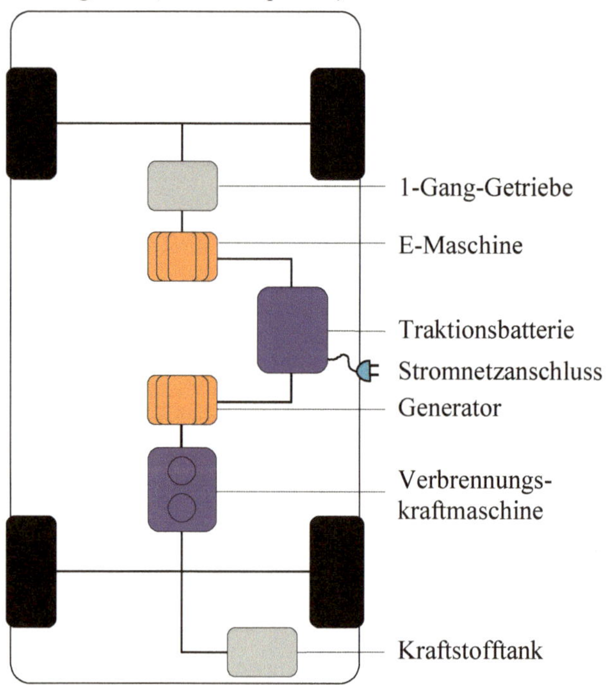

Abbildung 2: Systemschaubild – Batterieelektrisches Kraftfahrzeug mit Range-Extender **[8]**, [eigene Darstellung]

Die Liste der am Markt verfügbaren batterieelektrischen Kraftfahrzeuge mit Range-Extender (siehe **Tabelle 3**) ist deutlich kürzer als jene der Plug-In-Hybride und beschränkt sich aktuell auf ein Fahrzeug.

Tabelle 3: Aktuelle batterieelektrische Kraftfahrzeuge mit Range-Extender - ohne Anspruch auf Vollständigkeit

Marke und Modell	Verbrennungs-motor Otto/Diesel l / kW / Nm	Elektro-motor kW / Nm	Kapazität der Traktions-batterie Brutto / Netto kWh	max. elektr-ische Reich-weite km	Energie-bedarf gCO$_2$/km kWh/100km
BMW i3 [29]	Otto 0,65 / 28 / 56	75 / 250	22 / 18,8	170 / 150	13 / 13,5

2.3 Batterieelektrische Kraftfahrzeuge (BEV)

Das batterieelektrische Kraftfahrzeug weist im Vergleich zu den beiden letztgenannten Antriebskonzepten einen weniger komplexen Aufbau des Antriebsstranges auf. **Abbildung 3** gibt ein Systemschaubild wieder. Im Wesentlichen besteht dieser aus den drei antriebsrelevanten Komponenten elektrische Maschine, Traktionsbatterie sowie Steuerungs- und Leistungselektronik (nicht dargestellt). Die Aufgabe der Steuerungs- und Leistungselektronik ist die effiziente Steuerung und Umformung elektrischer Energie. Die Wirkungsgrade liegen dabei zwischen 93-98 %.

Die elektrische Maschine zeichnet sich dadurch aus, dass sie sowohl motorisch als auch generatorisch betrieben werden kann. Das bedeutet, dass sie zum Einen das Fahrzeug antreiben kann, zum Anderen aber auch in der Lage ist Strom zu erzeugen, wenn das Fahrzeug die elektrische Maschine antreibt (z.B. Bergabfahrt oder Bremsen).

Aus technischer Sicht sind folgende Unterschiede zwischen Elektro- und Verbrennungsmotor anzuführen [30]:

- Der Elektromotor weist einen hohen Wirkungsgrad im Bereich der Nennleistung und im Teillastbetrieb auf. Es werden Wirkungsgrade von 89-93 % erreicht[1].
- Das maximale Drehmoment ist bei Elektromotoren bereits bei niedrigen Drehzahlen verfügbar und verhält sich nahezu konstant über den gesamten Drehzahlbereich.
- Es entstehen beim Betrieb des Elektromotors keine verbrennungsbedingten Emissionen.
- Kupplungen und komplexe Schaltgetriebe entfallen bei elektrischen Antrieben.

---

[1] Es ist zu berücksichtigen, dass der Elektromotor bereits hochwertige Energie (Strom) nutzt. Der Verbrennungsmotor hingegen muss den Kraftstoff erst über Wärmeenergie in mechanische Energie umwandeln. [104]

Die derzeit aussichtsreichsten Traktionsbatterien werden in Lithiumtechnologie hergestellt. Die optimale Zusammensetzung der Reaktionspartner und der bestmögliche strukturelle Aufbau sind jedoch noch nicht endgültig festgelegt. Siehe hierzu auch **Kapitel 2.4.5**.

Obwohl sich derzeit noch zahlreiche Elektrofahrzeuge in der Konzeptphase befinden, gibt es bereits eine Reihe von Serienfahrzeugen. Einen Überblick hierzu gibt **Tabelle 4**.

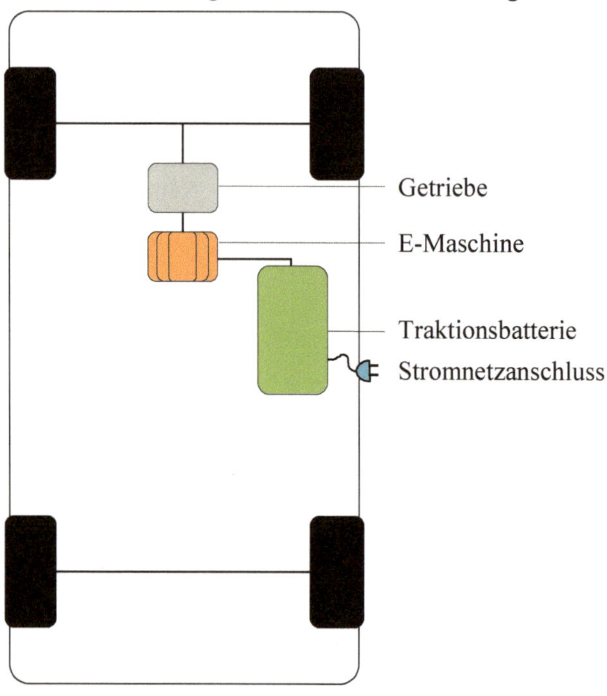

Abbildung 3: Systemschaubild – Batterieelektrisches Kraftfahrzeug **[8]**, [eigene Darstellung]

Tabelle 4: Aktuelle batterieelektrische Kraftfahrzeuge - ohne Anspruch auf Vollständigkeit

Marke und Modell	Nennleistung und Nennmoment kW / Nm	max. Reich-weite und max. Geschwin-digkeit km / km/h	Kapazität der Traktions-batterie Brutto / Netto kWh	Energiebedarf kWh/100km
BMW i3 [29], [31]	75 /250	190 / 150	- / 18,8	12,9
Citroën Berlingo Electrique [32]	35 / 200	170 / 110	22,5 / -	
Citroën C-ZERO [33]	35 / 180	150 / 130	16 /-	13,5
Ford Focus Electric [34]	107 max / 250	162/ 135	23 / -	15,4
Kia Soul EV [35]	81 max / 285	212 / 145	27 / -	14,7
Mercedes-Benz B-Klasse Electric Drive [36]	65 / 340	200 / 160	28 / -	16,6
Mitsubishi i-MiEV [37]	35 / 196	160 / 130	16 / -	
Nissan e-NV200 Evalia [38]	80 max / 254	170 / 123	24 / -	16,5
Nissan Leaf [39]	80 max / 254	199 / 144	24 / -	15
		250 / 144	30 / -	
Peugeot iOn [40]	35 / 180	150 / 130	16 / -	13,5
Renault Kangoo Z.E. [41]	44 / 226	170 / 130	22 / -	15,5
Renault Twizy 80 [42]	8 /57	100 / 80	6,1 / -	6,1
Renault ZOE Q210 [43]	43 / 220	210 / 135	22 / -	14,6
smart fortwo electric drive [44]	55 max / 143	145 / 125	17,6 / -	15,1
Tesla Model S 60 [44]	285 max / 440	390 / 190	60	18,1
Tesla Model S 85D [44]	515 max / 990	502 / 250	85	18,1
VW e-up [45]	60 max / 210	160 / 130	18,7 / -	11,7
VW e-Golf [46]	85 max / 270	190 / 140	24,2 / -	12,7

2.4 Strom tanken

Die externe Aufladung der Traktionsbatterie kann auf unterschiedliche Weise erfolgen. Üblich ist die konduktive (kabelgebundene) Ladung. Zudem sind die nicht kabelgebundene (induktive) Ladung, der Austausch eines geladenen flüssigen Elektrolyten und Batteriewechselsysteme mögliche Ansätze, das elektrifizierte Kraftfahrzeug mit elektrischer Energie zu versorgen.

2.4.1 Konduktives und induktives Laden

Die Internationale Elektrotechnische Kommission (IEC) hat mit der Norm IEC 62196 weltweite Standards zum kabelgebundenen Laden von Elektrofahrzeugen bis 250 A Wechselstrom und 400 A Gleichstrom definiert. Die aus mehreren Teilen bestehende Norm beinhaltet allgemeine Anforderungen sowie Anforderungen und Hauptmaße für Wechselstrom- und Gleichstrom-Ladesteckvorrichtungen. Für die Wechselstrom-Ladung sind gemäß Norm fahrzeugseitig drei untereinander nicht kompatible Steckerarten (Typ 1, 2 und 3) beschrieben. Der Typ 2 Stecker weist hierbei die größte Bandbreite an Einsatzmöglichkeiten (hinsichtlich Lademodi und Leistung) auf.

Die verschiedenen Lademodi (Ladebetriebsarten) werden in der IEC 61851 wie folgt definiert:

Mode 1 beschreibt den Anschluss an ein Wechselstromnetz mit fahrzeugseitiger Verriegelung. Ladestrom max. 16 A, Wechselspannung max. 250 V einphasig bzw. max. 480 V dreiphasig.

Mode 2 definiert den Anschluss an ein Wechselstromnetz mit fahrzeugseitiger Verriegelung. Ladestrom max. 32 A, Wechselspannung 250 V einphasig bzw. 480 V dreiphasig, Fehlerstrom-Schutzeinrichtung und Pilotfunktion zur Ladefreigabe (z.B. Überbrückungskontakt)

Mode 3 beschreibt den Anschluss an ein Wechselstromnetz mit fahrzeug- und ladestationseitiger Verriegelung unter Verwendung einer zweckbestimmten EVSE (Electrical Vehicle Supply Equipment; Wechselstrom-/Gleichstrom-Versorgungseinrichtung). Ladestrom max. 250 A. Die Pilotfunktion reicht bis zur Steuerung der EVSE, welche ständig mit dem Wechselstromnetz verbunden sein muss. Die Auswahl der Ladestromstärke erfolgt mittels Kommunikation zwischen Fahrzeug und EVSE.

Mode 4 definiert den Anschluss an ein Wechselstromnetz mit fahrzeugseitiger Verriegelung unter Verwendung eines externen Ladegeräts. An der Ladestation sind die Kabel fest mit dieser verbunden. Ladestrom max. 400 A. Die Pilotfunktion reicht bis zur Steuerung des externen Ladegeräts, welches ständig mit dem Wechselstromnetz verbunden sein muss. Ein Trennen unter Last ist nicht zulässig.

Für die Modi 1, 2 und 3 dürfen ladestationseitig genormte Schutzkontakt-Stecker/-dosen verwendet werden. Für Mode 2 und 3 wird jedoch eine Pilotfunktion vorausgesetzt. Fahrzeugseitig wird in Europa der Typ 2 Stecker gewählt.

Die kabelgebundene Ladung erfolgt heute üblicherweise mit einem 16 A Ladekabel (1-phasig, Wechselstrom, 230 V, 16 A, Netzanschlussleistung 3,7 kW) mit einer Ladeleistung von typischerweise bis zu 3,5 kW, welche jedoch zum Schutz der elektrischen Hausinstallation vielfach mit 10 A (Ladeleistung 2,3 kW) begrenzt wird. Mit Drehstrom (3-phasig, Wechselstrom, 400 V, 63 A, Netzanschlussleistung 43,5 kW) ist eine Ladeleistung von bis zu 40 kW darstellbar. Die Ladung der Traktionsbatterie mittels Gleichstrom ermöglicht derzeit Ladeleistungen von bis zu 125 kW. [47]

Mit Zunahme der Ladeleistung sinkt die Ladedauer der Traktionsbatterie, es steigt jedoch die Belastung des Versorgungsnetzes. Neben der Ladeleistung ist dabei auch die Anzahl an gleichzeitig zu ladenden Fahrzeugen von Relevanz. Wie **Abbildung 4** entnommen werden kann, konzentrieren sich die Abfahrten und Ankünfte von PKW auf einige wenige Stunden. Wird davon ausgegangen, dass ankommende Fahrzeuge geladen werden, resultiert daraus eine deutliche Erhöhung des Energiebedarfs. Hohe Gleichzeitigkeit und hohe Ladeleistungen führen die Stromnetzinfrastruktur schnell an die Grenzen der Leistungsfähigkeit, wie eine beispielhafte Berechnung in [48] belegt: Eine typische Ortsnetzstation (630 kVA) versorgt rund

100 Haushalte. Werden in diesem Ort nun 25 Elektrofahrzeuge gleichzeitig mit 11 kW geladen, führt dies zu einer max. Anschlussleistung von 275 kW und damit zu einer Trafoauslastung von rund 40 %. Bei einer Ladung mit 22 kW liegen die max. Anschlussleistung bei 550 kW und die Trafoauslastung bei knapp 90 %.

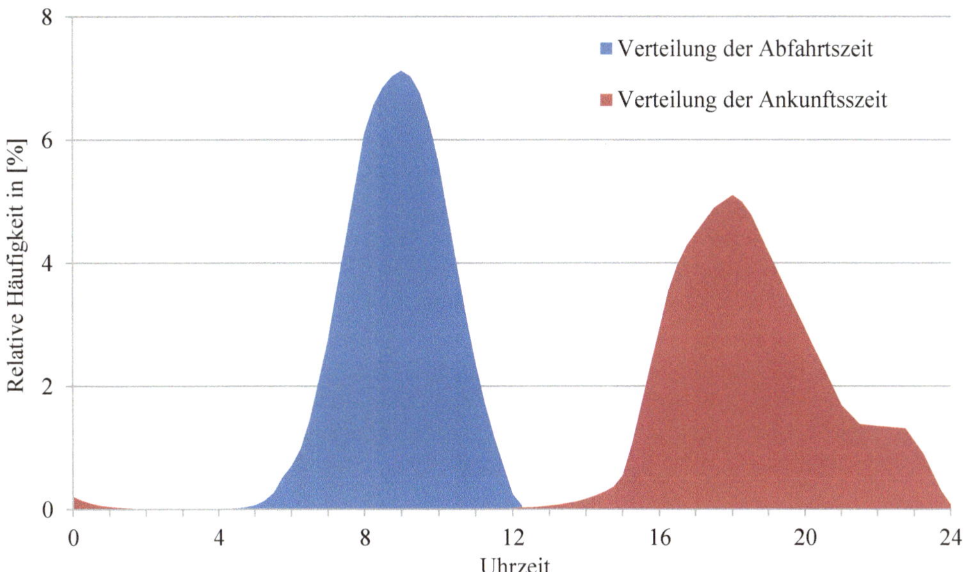

Abbildung 4: Typisches Nutzverhalten von PKW an Wochentagen [49]

In der Norm IEC 61980 werden die Anforderungen an kontaktlose Energieübertragungssysteme (WPT) von Elektrokraftfahrzeugen bis 1.000 V Wechselspannung und bis 1.500 V Gleichspannung definiert. Die Norm beinhaltet neben allgemeinen Hintergrundinformationen und Begriffsbestimmungen die Beschreibung technologiespezifischer Anforderungen, elektromagnetischer Verträglichkeit, elektrischer Sicherheit sowie betrieblicher und funktioneller Eigenschaften.

Die kontaktlose Energieübertragung wird mittels magnetischem Wechselfeld realisiert. Dieses Wechselfeld wird durch eine mit hochfrequentem Wechselstrom durchflossene Primärspule (Sendespule) erzeugt. Die dadurch erregte Sekundärspule (Empfängerspule) wandelt das magnetische Wechselfeld wieder in hochfrequenten Wechselstrom um. Vor der Einspeisung in die Traktionsbatterie erfolgt eine Gleichrichtung. [50]

Durch die resonante Auslegung des Systems können durch die verbesserte magnetische Kopplung von Primär- und Sekundärspule der Wirkungsgrad und die Übertragungsreichweite verbessert werden. Dazu werden zwischen Sende- und Empfängerspule eine oder mehrere freie Schwingkreise (Kondensator und Spule) angeordnet, deren Resonanzfrequenz auf die Übertragungsfrequenz abzustimmen ist.

Die automatische Netzanbindung ohne Nutzereingriff, der Verzicht auf Ladekabel, die Wartungs- und Verschleißfreiheit, die einfache Integration in das Stadtbild und die hohe Sicherheit gegen Vandalismus sind gegenüber der Aufladung per Kabel als Vorteile zu nennen. [51]

Die kontaktlose Energieübertragung ermöglicht eine vollautomatische Funktionsweise. Weiters kann die Sendespule im Boden (Straße, Garage etc.) eingelassen und die Empfängerspule im Fahrzeugboden angeordnet werden. Um für eine ideale Ausrichtung von Primär- und Sekundärspule zu sorgen, ist aufgrund in der Realität nicht zu erwartender hochpräziser Einparkvorgänge eine automatische Ausrichtung der Empfängerspule gegenüber der Sendespule erforderlich. [50]

2.4.2 Redox-Flow-Batteriesystem

Die Redox-Flow-Batterie speichert die elektrische Energie in chemischen Verbindungen. Die Reaktionspartner sind zwei energiespeichernde Elektrolyte, welche in zwei getrennten Kreisläufen vorliegen. In der durch eine Membran in zwei Hälften geteilten galvanischen Zelle erfolgt der Ionenaustausch. Die in den Elektrolyten gelösten Stoffe werden chemisch reduziert bzw. oxidiert, wodurch elektrische Energie freigesetzt wird. Energiemenge und Leistung können aufgrund dieses Konzepts unabhängig voneinander skaliert werden. Der Einsatz für die Elektromobilität befindet sich jedoch noch im Forschungsstadium.

Die Ladung und Entladung der Batterie kann grundsätzlich auf herkömmlichen Weg erfolgen, oder aber es wird das Elektrolyt ausgetauscht und außerhalb des Fahrzeuges wieder „aufgeladen". Dadurch wird die Batterie vergleichbar zu einem Tankvorgang von konventionellen Kraftstoffen befüllt. [52]

2.4.3 Batteriewechselsysteme

Ein Konzept, welches ebenfalls einen raschen „Betankungsvorgang" des Elektrofahrzeuges gewährleistet, ist der Austausch der leeren gegen eine volle Batterie. Auch hier kann die Ladung im Fahrzeug oder außerhalb erfolgen. Dem naheliegenden Vorteil stehen Nachteile wie die Investitionen in Tauschstationen, die Lagerhaltung von Tauschbatterien und Einschränkungen in der Konstruktionsfreiheit gegenüber. Bisher konnten sich Batteriewechselsysteme in der automobilen Anwendung nicht durchsetzen.

2.4.4 Ladestellenverfügbarkeit

Für das konduktive Laden von Elektrofahrzeugen sind Ladestellen erforderlich, welche im privaten als auch im halböffentlichen (z.B. Supermarktparkplatz) oder öffentlichen (z.B. öffentlicher Parkplatz) Bereich liegen können. Anbieter wie [53] stellen eine Plattform zur Standortfindung zur Verfügung. Die Anzahl an Ladestationen und Anschlüssen ausgewählter europäischer Länder kann **Tabelle 5** entnommen werden. [53] zeigt, dass die Anzahl an katalogisierten Ladestellen zwischen Feb. 2015 und Jän. 2016 um 25 % gestiegen ist. **Tabelle 6** gibt die Standortverteilung dieser Ladestationen wieder.

Tabelle 5: Ladestationen in ausgewählten europäischen Ländern [53]

Land	Anzahl Ladestationen	Anzahl Anschlüsse
Niederlande	5.919	10.577
Frankreich	5.442	23.668
Deutschland	4.342	12.399
Vereinigtes Königreich	1.970	6.396
Norwegen	1.761	7.370
Schweiz	1.568	3.904
Italien	901	2.122
Österreich	799	2.256
Schweden	710	1.850
Spanien	672	1.681
Belgien	664	1.833
Die Tabelle umfasst jene Stationen, die [53] zum Auffinden gemeldet wurden. Stand 2015		

Tabelle 6: Standortverteilung von Ladestationen [53]

Örtlichkeit	Anteil [%]	Örtlichkeit	Anteil [%]
Parkplätze/-häuser	20,1	Schulen	0,6
Öffentliche Straßen	12,9	Flughäfen	0,4
Handel	6,9	Parks	0,4
Automobilhandel	6,8	Krankenhäuser	0,3
Unternehmen	5	Museen	0,3
Hotels	4,4	Verband	0,3
Private	3,9	Campingplatz	0,1
Tankstellen	1,9	Kinos	0,1
Restaurants	1,6	Kirchen	0,1
Bahnhöfe	1,2	Andere	15,8
Rathäuser	1,2	Unbekannt	15,8
Die Tabelle umfasst jene Stationen, die [53] zum Auffinden gemeldet wurden. Stand 2015			

2.4.5 Entwicklung der Energiedichte von Traktionsbatterien

Wie **Abbildung 5** zu entnehmen ist, belief sich die Energiedichte von fossilem Dieselkraftstoff vor rund 150 Jahren auf das etwa 470fache der damaligen Bleibatterien (PbA).

Die Energiedichten aktueller Traktionsbatterien, wie Nickel-Metall-Hydrid (NiMH) oder Lithium-Ionen (Li-Ion), liegen um das etwa 8fache über den ursprünglichen Bleibatterien. Doch selbst die nächste zu erwartende Entwicklungsstufe der Lithium-Ionen-Batterie (Li-Ion Gen2), deren Energiedichte um das 12fache über der Bleibatterie liegt, wird um das 39fache unter der Energiedichte von fossilem Dieselkraftstoff liegen. [54] Die Batteriekonzepte Lithium-Schwefel und Lithium-Luft sind als langfristige Technologien für den Zeitraum nach 2025 zu nennen [55].

Dies zeigt deutlich auf, dass nur ein exponentieller Entwicklungssprung die Reichweitenproblematik batterieelektrischer Fahrzeuge lösen kann.

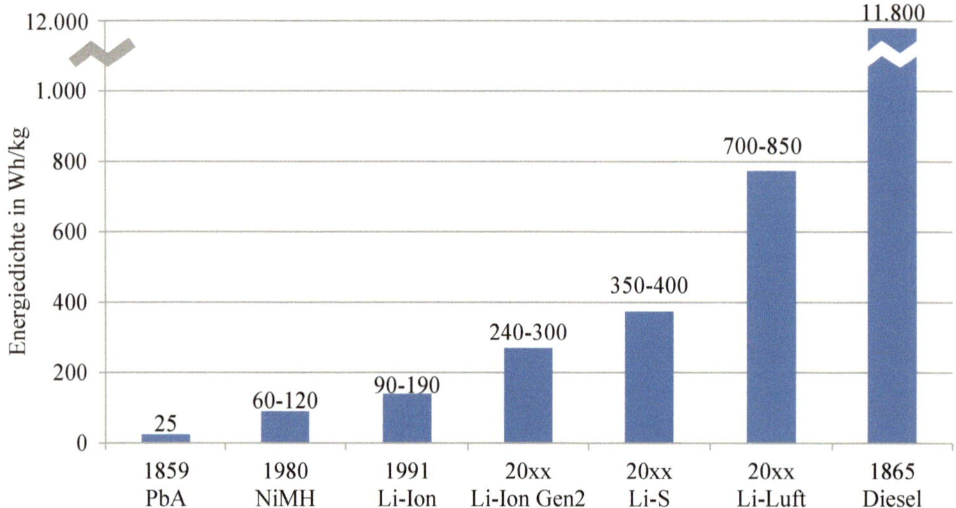

Abbildung 5: Entwicklung der Energiedichte verschiedener Energieträger **[54]**, **[55]** [eigene Darstellung]

Wie [56] zu entnehmen ist, werden zudem in der automotiven Anwendung an Traktionsbatterien hohe technische Ansprüche gestellt, deren Erfüllung schwierig ist; insbesondere, da die im Folgenden gelisteten Eigenschaften oft Zielkonflikten unterliegen:

- Hohe spezifische Energie (Wh/kg)
- Hohe Energiedichte (Wh/m³)
- Hohe spezifische Leistung (W/kg)
- Hohe Leistungsdichte (W/m³)
- Hohe Lebensdauer (Hohe Anzahl an Lade-/Entladezyklen, möglichst ohne Leistungsabfall)
- Gute Ladeeigenschaften (Tiefenladung, Schnellladung, Wirkungsgrad…)
- Funktionssicherheit in einem breiten Temperaturbereich

Die Lithium-Ionen-Batterie (Li-Ion) stellt derzeit die für das batterieelektrische Kraftfahrzeug geeignetste Kombination der oben genannten Eigenschaften dar. Eine hohe spezifische Entlade- und Ladeleistung von bis zu 3000 W/kg (auf Zellebene), ein Ladewirkungsgrad von knapp 100 % und eine hohe Lebensdauer (kalendarisch und zyklisch) stellen wesentliche Voraussetzungen für den erfolgreichen Einsatz im Automobil dar. [7]

3 Elektromobilität – Erwartung und Realität

Elektromobilität wird vielfach als <u>die</u> Lösung zukünftiger Mobilität gesehen. Insbesondere Politik und Medien sehen in der Elektrifizierung des Individualverkehrs ein wirksames Mittel zur erforderlichen deutlichen Absenkung der Treibhausgasemissionen und zur Erhöhung der Energieeffizienz. In diesem Kapitel werden die an die Elektromobilität gerichteten Erwartungen mit der Realität verglichen.

3.1 Nachhaltigkeit und Klimaschutz

Ein aussagekräftiger Vergleich unterschiedlicher Antriebsarten mit dem Fokus Nachhaltigkeit[2] und Klimaschutz erfordert die Erstellung einer Lebensweganalyse (auch Ökobilanz oder Life Cycle Assessment).

Dies beinhaltet die Analyse der Treibhausgasemissionen und des Energiebedarfs im Zuge der Herstellung, Instandsetzung, Nutzung und Entsorgung der Kraftfahrzeuge. Weiters sind die Phasen der Gewinnung bzw. der Erzeugung des Energieträgers (Kraftstoff, Wasserstoff, Elektrizität,…), der Herstellung und Entsorgung der Produktionsanlagen, der Verteilung und der Betankungsinfrastruktur zu bewerten.

Zur Sicherung der Nachhaltigkeit bedarf es sogenannter „regenerativer Energie". Darunter werden Energieformen bzw. Energieträger verstanden, welche sich auf natürliche Weise entweder im Jahresgang erneuern oder auf natürliche Weise unbegrenzt zur Verfügung stehen. [57]

Zu den regenerativen Energiequellen zählen demnach Sonnenenergie, Windenergie, Wasserkraft, Biomasse und Erdwärme. Energiequellen wie Kohle, Erdöl, Erdgas oder auch Kernkraft werden als nicht regenerative Energie bezeichnet.

In **Abbildung 6** wird der nicht regenerative Energieaufwand je 100 km Fahrtstrecke eines Mittelklasse-PKW wiedergegeben. Es handelt sich bei dieser Betrachtung also nicht um den Gesamtenergiebedarf. Summiert wurden hier jene Energien, welche aus nicht erneuerbaren Energiequellen stammen.

Es ist festzustellen, dass die aus nicht regenerativen Quellen aufzuwendende Energie zur Herstellung des Fahrzeuges nahezu unabhängig vom Fahrzeugkonzept gleich hoch ist. Eine Ausnahme ist hierbei das batterieelektrische Fahrzeug (BEV). Der erforderliche nicht regenerative Energieaufwand liegt etwa doppelt so hoch wie bei einem Fahrzeug mit Verbrennungsmotor.

---

[2] Eine nachhaltige Entwicklung ist in allgemeiner Übereinstimmung dann gegeben, wenn sie „die Bedürfnisse der Gegenwart befriedigt, ohne zu riskieren, dass künftige Generationen ihre eigenen Bedürfnisse nicht befriedigen können". [105]

Verglichen mit der Herstellung von Benzin bzw. Diesel (Well to Tank[3]) erfordert die Herstellung von Elektrizität in Deutschland 5 bzw. 6mal mehr nicht regenerative Energie.

Allerdings ist der Energiebedarf von Verbrennungsmotoren im Vergleich zu batterieelektrischen Fahrzeugen in der Nutzungsphase (Tank to Wheels[4]) rund doppelt so hoch. [58]

Die Energiebilanz des gesamten Lebensweges führt zu der Erkenntnis, dass elektrische Antriebskonzepte erst dann Vorteile bieten, wenn die benötigte Energie regenerativ erzeugt wird.

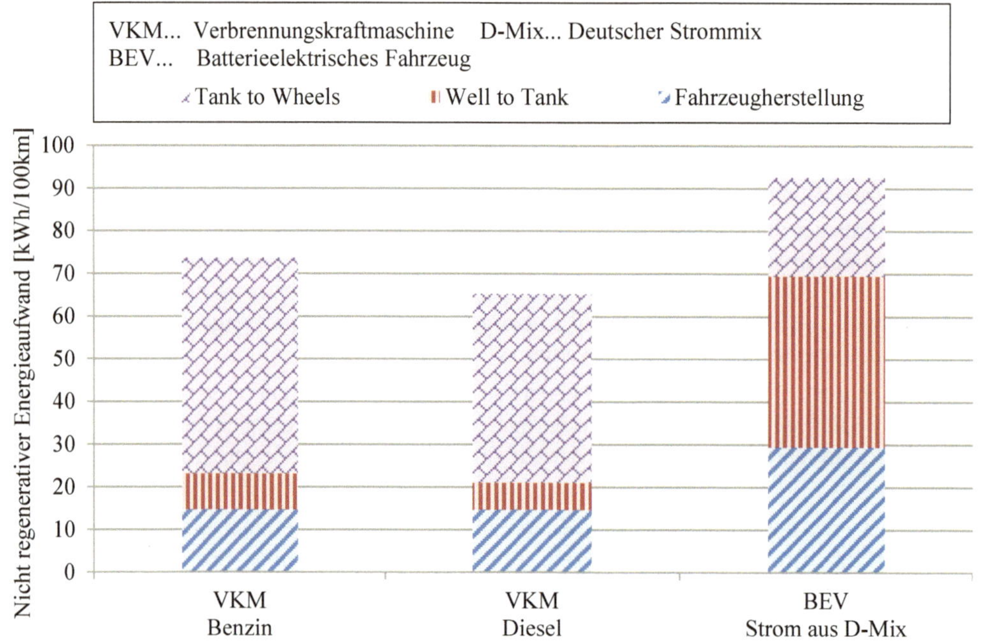

Abbildung 6: Lebensweganalyse des nicht regenerativen Energieaufwandes eines Mittelklasse-PKW **[58]**

Die Betrachtung der klimarelevanten Gase (Treibhausgase) hat ebenfalls über den gesamten Lebensweg zu erfolgen. Der in **Abbildung 7** dargestellte Vergleich bezieht sich auf das wichtigste Gas: Kohlendioxid. CO_2 stellt mit 77 % den größten Anteil an den Treibhausgasen dar. [59]

Der beschriebene höhere nicht regenerative Energieaufwand im Zuge der Herstellung von batterieelektrischen Fahrzeugen führt, im Vergleich zur Herstellung von Fahrzeugen mit Verbrennungsmotor, zu etwa doppelt so hohen CO_2-Emissionen.

---

[3] Well to Tank (WTT) bezeichnet den Lebenswegabschnitt vom Bohrloch des Kraftstoffes bzw. der Anbaufläche des Rohstoffes über die Kraftstoffherstellung bis zur Tankstelle. Je nach Studie ist zudem die Herstellung der Anlagen und Fahrzeuge inkludiert.

[4] Tank to Wheels (TTW) bezeichnet den Lebenswegabschnitt der Nutzung ab Tankstelle.

Die durch die Erzeugung von Elektrizität (Well to Tank, WTT) entstehenden CO_2-Emissionen sind, bedingt durch den deutschen Strommix[5], 6 bis 7mal höher als im Fall der Nutzung von Benzin bzw. Diesel.

In der Nutzungsphase (Tank to Wheels, TTW) fallen lediglich bei den fossilen Kraftstoffen Benzin und Diesel CO_2-Emissionen an. Elektrizität ist bei deren Nutzung CO_2-frei.

Bei Betrachtung des gesamten Lebensweges (Well to Wheels, WTW) ist festzustellen, dass – bedingt durch den deutschen Strommix – die CO_2-Bilanz für das batterieelektrische Fahrzeug schlechter ausfällt als für einen vergleichbaren Benzin- oder Diesel-PKW.

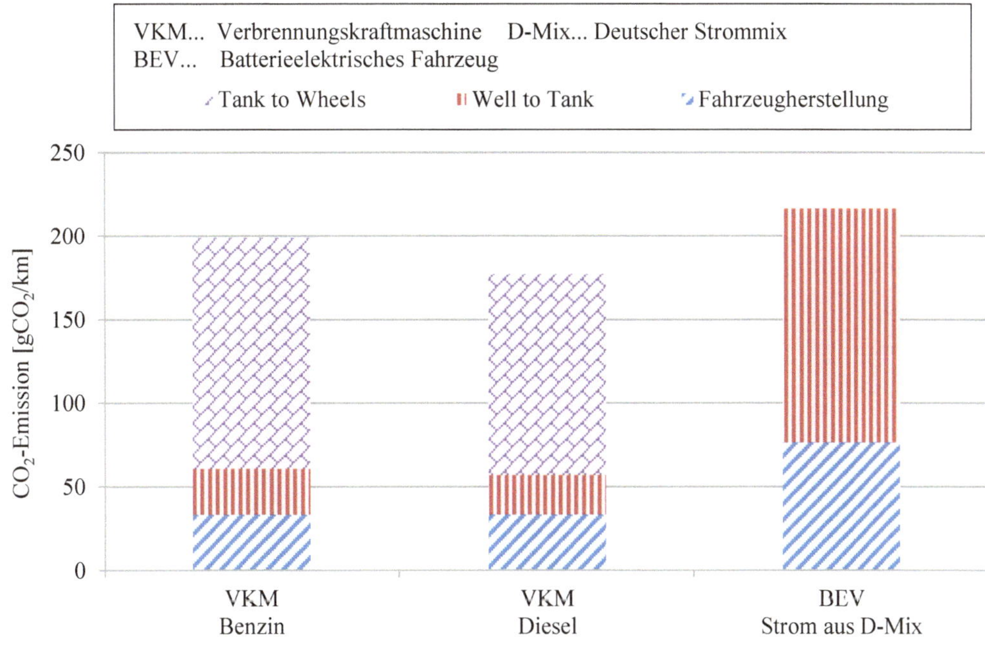

Abbildung 7: Lebensweganalyse der CO_2-Emissionen eines Mittelklasse-PKW **[58]**

Auch die Analysen in [60] führen zu vergleichbaren, in **Abbildung 8** dargestellten Erkenntnissen. In [60] wurde berücksichtigt, dass batterieelektrische Fahrzeuge aufgrund der derzeit noch geringen Reichweite, kurz- bis mittelfristig vorrangig für den städtischen Verkehr geeignet sind. Die berechneten Treibhausgasemissionen (hier CO_2, CH_4 und N_2O als CO_2-Äquivalent) berücksichtigen einen Fahrleistungsmix von 70 % städtisch, 20 % außerstädtisch und 10 % Autobahn.

Analog zur vorangegangenen Betrachtung wurden zur Herstellung eines batterieelektrischen PKW doppelt so hohe Treibhausgasemissionen berechnet wie im Zuge der Herstellung eines PKW mit Otto- oder Dieselmotor.

---

[5] Unter Strommix wird die Zusammensetzung der Energiequellen (Wasserkraft, Windkraft, Kohle, Kernkraft,…) eines Landes verstanden. Die CO_2-Emissionen je kWh Strom in Deutschland sanken von 774 gCO₂/kWh (im Jahr 1990) auf noch immer 572 gCO₂/kWh (im Jahr 2008). [103]

Bedingt durch den deutschen Strommix fällt die kumulierte Betrachtung der gesamten Lebensweg-Treibhausgasemissionen des batterieelektrischen PKW, verglichen mit dem benzinbetriebenen PKW, lediglich 14 % günstiger aus. Verglichen mit dem dieselbetriebenen PKW ergeben sich 7 % höhere Treibhausgasemissionen.

Wie der Abbildung rechts (Strom aus Windkraft) zu entnehmen ist, liefern elektrische Antriebskonzepte dann Treibhausgasvorteile, wenn die benötigte Energie regenerativ erzeugt wird. Es ist jedoch zu berücksichtigen, dass der für das batterieelektrische Fahrzeug aus Windkraft erzeugte Strom nicht mehr zur Deckung des Strombedarfs anderer Sektoren zur Verfügung steht.

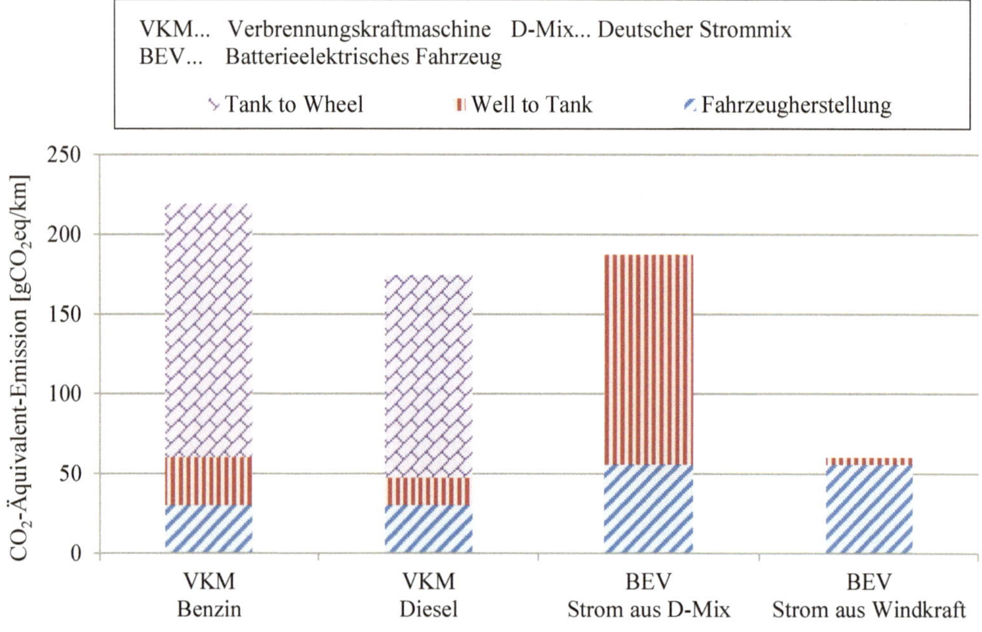

Abbildung 8: Lebensweganalyse der Treibhausgas-Emissionen eines primär städtisch eingesetzten Mittelklasse-PKW **[60]**

Anmerkung: Der Unterschied der in Abbildung 7 und Abbildung 8 berechneten Emissionen für „VKM Benzin" und „BEV Strom aus D-Mix" zeigt auf, dass eine Vielzahl an Annahmen im Zuge der Erstellung von Ökobilanzen die Ergebnisse in geringen bis mittleren Bandbreiten beeinflussen können.

In **Abbildung 9** werden die CO_2-Lebenswegemissionen von mit Biokraftstoffen betriebenen konventionellen Diesel-PKW mit jenen von batterieelektrischen PKW verglichen. Die Herstellung der PKW wird dabei (zugunsten des Elektrofahrzeuges) nicht berücksichtigt. Abhängig von der Zusammensetzung der Stromquellen (Anteil an regenerativen Quellen) stellen sich, je betrachtetem Land, deutlich unterschiedliche CO_2-Lebenswegemissionen ein. In Österreich verursacht ein batterieelektrischer PKW aufgrund des mit 67 % [61] sehr hohen regenerativen Stromanteiles die niedrigsten CO_2-Emissionen. Nur BTL[6] unterbietet dies noch. An dieser Stelle gilt es anzumerken, dass bereits heute dieselbetriebene PKW mit einem CO_2-Ausstoß von unter 100 g/km[7] verfügbar sind. [62], [63]

Die CO_2-Emissionen pro kWh erzeugten Stroms werden in **Abbildung 10** wiedergegeben. Der im Vergleich zu Österreich geringere regenerative Anteil in der Stromerzeugung führt unmittelbar zu steigenden CO_2-Emissionen je kWh Strom. Dies erhöht auf direkte Weise die CO_2-Lebenswegemissionen der batterieelektrischen Fahrzeuge. [64]

Aus Sicht der Treibhausgasemissionen sind Elektromobile nicht besser als konventionelle, mit Biokraftstoffen betriebene Kraftfahrzeuge.

Elektromobilität ist im Hinblick auf Klimaschutz nur sinnvoll, wenn die Stromerzeugung auf nicht CO_2-freisetzenden Energieträgern beruht. Das sind beispielsweise Wasserkraft, Windkraft, Solarenergie oder Kernkraft.

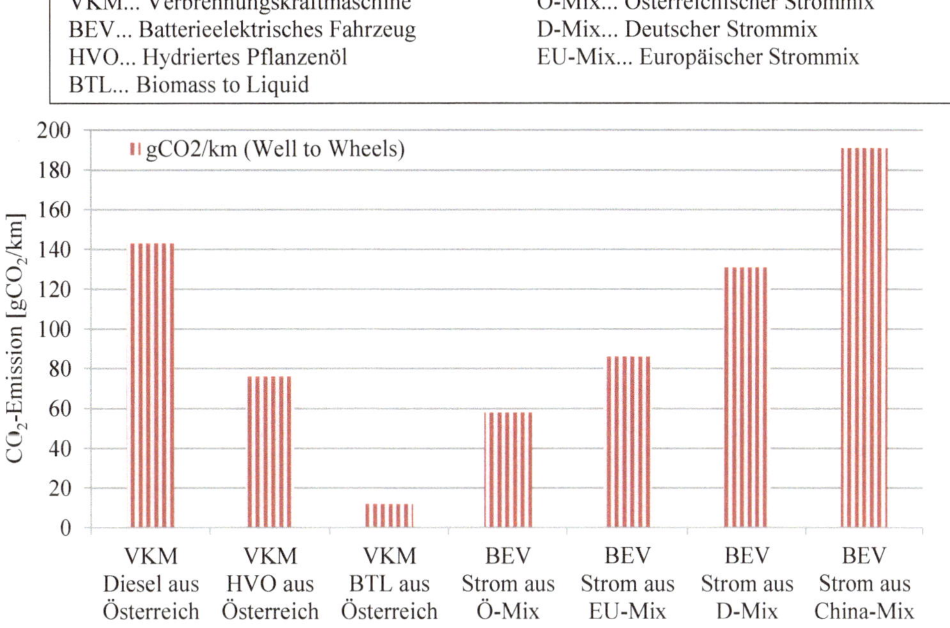

Abbildung 9: Lebensweganalyse der CO_2-Emissionen eines Mittelklasse-PKW im europäischen Vergleich (Betrachtung ohne Fahrzeugherstellung) **[65]**, **[60]**, **[64]**

---

[6] BTL ist ein Kraftstoff der 2. Generation und zählt zur Gruppe der synthetischen Kraftstoffe. Aufgrund der durch die spezielle Herstellung gegebenen hohen Anpassungsmöglichkeit der Eigenschaften von Synthesekraftstoffen werden sie auch als Designerkraftstoffe bezeichnet und stellen einen optimalen Ersatz für herkömmlichen Kraftstoff aus Erdöl dar. [106]

[7] CO_2-Emission während des Neuen Europäischen Fahrzyklus (Tank to Wheels-Emissionen)

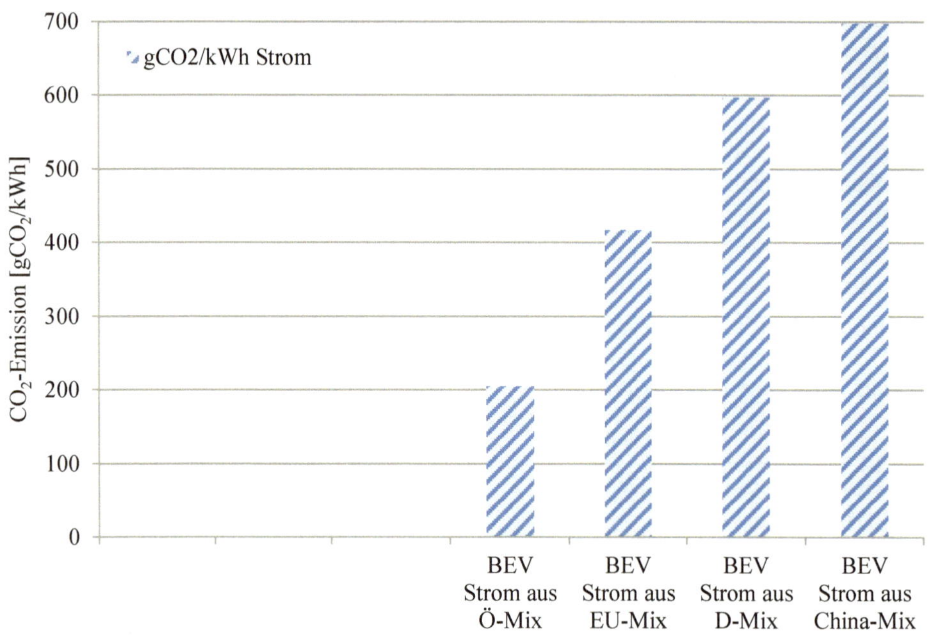

Abbildung 10: CO_2-Emissionen der Stromerzeugung in verschiedenen Ländern **[66]**, **[67]**, **[68]**, **[69]**

3.2 Umweltschutz

Neben den treibhausgasrelevanten Gasen sind zum Schutz der menschlichen Gesundheit und der Umwelt die Emissionen der Stoffe Stickstoffoxid (NO_x), Kohlenwasserstoffe (HC), Kohlenmonoxid (CO) und Partikel (PM) gesetzlich limitiert.

Im Vergleich zu den Treibhausgasen sind diese jedoch deutlich schlechter über den gesamten Lebensweg für unterschiedliche Kraftstoffe/Elektrizität und Antriebsarten erfasst.

In **Abbildung 11** wurde eine erste Abschätzung der Lebenswegemissionen eines Mittelklasse-PKW (Basisfahrzeug Diesel Euro 5) durchgeführt. Berücksichtigt wurden dabei die Herstellung des Dieselkraftstoffes und der Elektrizität (Well to Tank, WTT) sowie die nutzungsbedingten Emissionen (Tank to Wheels, TTW). Die Emissionen aus der Fahrzeugherstellung wurden in dieser Betrachtung nicht berücksichtigt. Betrachtet wurde der österreichische Strommix.

Die Analyse der Energiebereitstellung („WTT VKM Diesel" vs. „WTT BEV Strom Ö-Mix") führt zu der Erkenntnis, dass NO_x- und CO-Emissionen aus der Stromherstellung höher sind. Die HC-Emissionen liegen hingegen bei der Herstellung von Diesel höher. Die Partikel-/Staub-Emissionen sind in beiden Fällen vernachlässigbar. Die Emissionen der Nutzungsphase (TTW) sinken mit zunehmender Elektrifizierung.

In der Nutzungsphase fallen beim rein elektrisch betriebenen Fahrzeug keine Emissionen an. Die HC-, CO- und PM-Emissionen des Mittelklasse Euro 5 PKW mit Partikelfilter befinden sich jedoch ebenfalls auf einem äußerst niedrigen Niveau. Durch die Einführung der

Abgasgesetzgebungsstufe Euro 6 bzw. der dafür erforderlichen NO_x-Abgasnachbehandlung werden die derzeit noch hohen NO_x-Emissionen ebenfalls absenken.

Die Betrachtung der Emissionen über den gesamten Lebensweg (Well to Wheels, WTW) zeigt, dass mit zunehmender Elektrifizierung die CO- (und marginal die PM-) Emissionen steigen und die NO_x- und HC- Emissionen abnehmen.

Die seit September 2014 gültige Abgasgesetzgebung Euro 6 wird den deutlichen Nachteil der hohen NO_x-Emissionen dieselbetriebener PKW drastisch reduzieren. [70]

Die Emissionen eines Fahrzeuges mit Range-Extender liegen je nach Auslegung und Verwendung der Verbrennungskraftmaschine zwischen den beiden dargestellten Fahrzeugtypen.

Ab dem Zeitpunkt, ab dem batterieelektrische Fahrzeuge in größeren Mengen zur Verfügung stehen werden, erfüllen die benzin- und dieselbetriebenen Kraftfahrzeuge des Straßenverkehrs äußerst strenge Abgasgrenzwerte (Euro 6 und höher). Das Emissionsniveau in der Nutzungsphase wird dabei nicht das Nullemissionsniveau eines Elektrofahrzeuges erreichen, es ist jedoch von einem sehr niedrigen Emissionsniveau auszugehen. Siehe dazu auch [70].

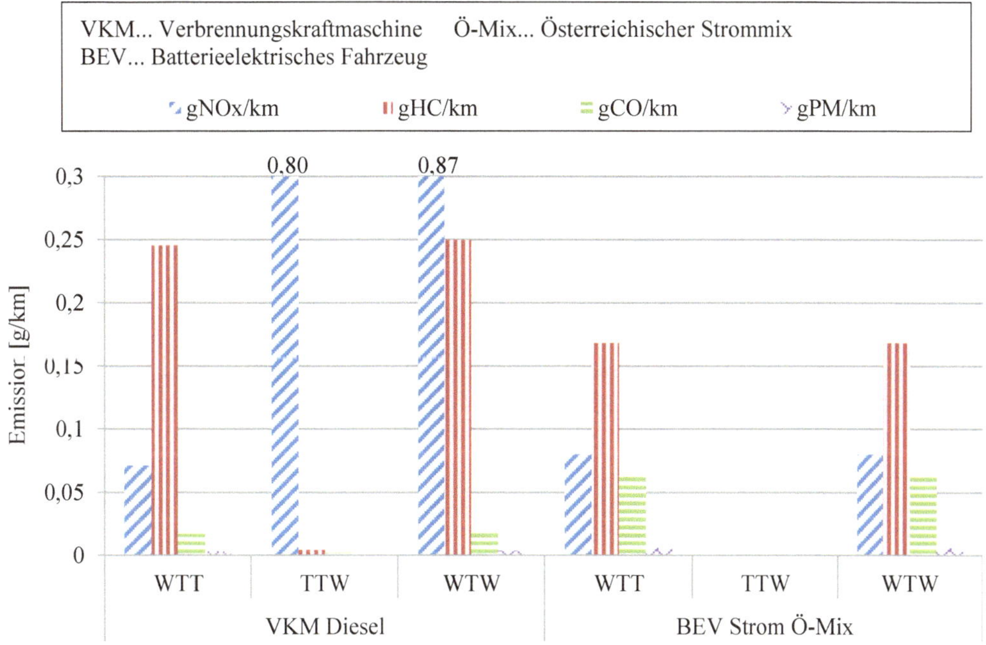

Abbildung 11: Lebensweganalyse der gesetzlich limitierten Emissionen eines Mittelklasse-PKW (Euro 5) **[56]**, **[68]**, **[71]**

Zu den Themen des Umweltschutzes ist auch die Erhöhung der Gesamtenergieeffizienz zu zählen. Wie in [56] berechnet und in **Abbildung 12** wiedergegeben, ist durch den Einsatz von batterieelektrischen Fahrzeugen bereits heute eine Effizienzsteigerung in der Nutzungsphase von 50 % möglich. Das technische Potenzial wird mit mehr als 70 % abgeschätzt.

Der in Abbildung 6 dargestellte derzeit noch hohe, vor allem nicht regenerative Energieaufwand in der Stromerzeugung wirkt diesem Vorteil jedoch entgegen.

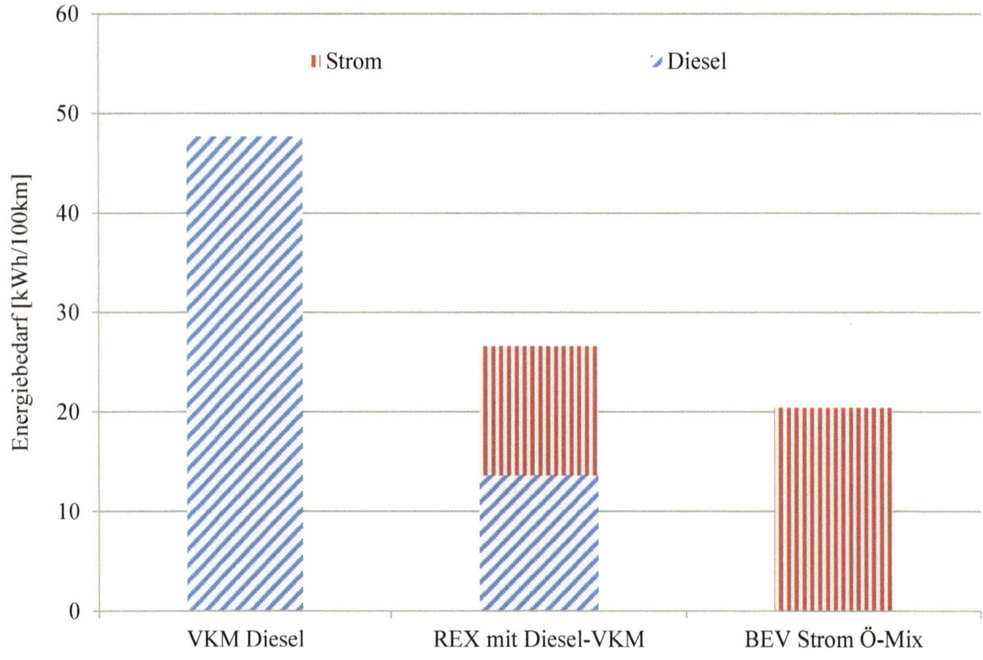

Abbildung 12: Energiebedarf eines Mittelklasse-PKW [56]

Die aus Umweltsicht wichtigste Komponente des batterieelektrischen Fahrzeuges ist die Batterie. Je nach Fahrzeug kann diese mehrere hundert Kilogramm wiegen. Die Batteriematerialien Kupfer, Kobalt, Nickel, Lithium u.a.m. werden bislang vorwiegend aus Primärrohstoffen gewonnen. Die zukünftig stark steigende Nachfrage, die regionale Konzentration der Rohstoffe, die Gewährleistung der Nachhaltigkeit und der Versorgungssicherheit, sowie die Optimierung der Lebenswegemissionen erfordert die Entwicklung von Recyclingkonzepten. Die derzeit verfügbaren Verfahren stellen keine unmittelbar anwendbaren Lösungen dieser Aufgabe dar.

Ein weiteres, jedoch sehr subjektives und dementsprechend kontrovers diskutiertes Thema ist jenes der Landschaftsveränderung durch regenerative Energiegewinnung wie beispielsweise Windräder. Tatsache ist, dass bereits um 1900 zahlreiche Windmühlen und heute eine große Anzahl an Wasserkraftwerken an vielen Bächen/Flüssen das Landschaftsbild prägten bzw. prägen (siehe hierzu auch [72]). Eine Beurteilung, ob diese Veränderungen als schön und unschön empfunden werden, ist schwer möglich.

3.3   Kosten

Wie der in [73] durchgeführten Marktstudie entnommen werden kann, sehen 58 % der Autokäufer niedrige CO_2-Emissionen beim nächsten Autokauf als sehr wichtig bis wichtig an. Weiters wird auch festgestellt, dass 70 % der Befragten davon ausgehen, dass der Elektromotor innerhalb der nächsten 10 Jahre für den Umweltschutz sehr wichtig bis wichtig ist. Gemäß [74] rangiert der Umweltschutz jedoch an 11. Stelle der kaufentscheidenden Argumente. Grundsätzlich wären es allerdings für 53 % der Befragten vorstellbar, ein Elektroauto zu kaufen. Die von dieser Personengruppe geforderte Mindestreichweite von batterieelektrischen Fahrzeugen wird jedoch mit 418 km angegeben. Weiters liegt die tolerierte Mehrbelastung im Mittel bei € 2.699.-. 19 % der Befragten wären bereit, Mehrkosten von über € 4.500.- zu tragen. Die für ein batterieelektrisches Fahrzeug erwarteten Anschaffungskosten werden mit € 28.120.- genannt.

Die in [75] durchgeführte Abschätzung der Anschaffungskosten eines Fahrzeuges der unteren Mittelklasse (Bezugsjahr 2015) zeigt auf, dass die beschriebenen kundenseitig tolerierten Mehrkosten nicht erreicht werden können.

In **Tabelle 7** werden die angesetzten Kosten gegenübergestellt. Im Vergleich zu einem herkömmlichen PKW mit Verbrennungsmotor werden für das Elektrofahrzeug um 25 % bzw. € 6.301.- höhere Kosten ermittelt. Bereits unterstellt wurde, dass die Hersteller zur Markteinführung auf ihren Gewinn verzichten. Zudem wurde angenommen, dass die Normverbrauchsabgabe für Elektrofahrzeuge entfällt, was mit hoher Wahrscheinlichkeit mittelfristig alternative Steuern bzw. Abgaben erwirken wird.

Die Kostenschätzung in [56] führt mit 44 %, gegenüber dem PKW mit Verbrennungsmotor, zu noch höheren Kosten des batterieelektrischen Fahrzeuges. Für den Range-Extender mit Verbrennungsmotor errechnen sich im Vergleich zum PKW mit Verbrennungsmotor um 27 % höhere Kosten.

Die in [76] angeführten zu erwartenden Herstellungskosten eines 150 kW-Triebstranges mit einer 15 kWh Batterie für 100 km Reichweite und einem Range-Extender werden auch in 2018, verglichen mit einem herkömmlichen Verbrennungsmotorkonzept, doppelt so hoch liegen.

Unter der Prämisse, dass die Gesamtkosten (Total Cost of Ownership), verglichen mit einem konventionellen Kleinwagen, gleich sein müssen, kalkuliert [77] den Verkaufspreis des Elektrofahrzeuges mit € 17.600.-. Die Zielherstellkosten eines wettbewerbsfähigen Elektrofahrzeuges werden mit € 11.376.- angegeben und liegen damit bei rund der Hälfte der in [77] ausgewiesenen Herstellkosten.

Neben den Anschaffungskosten sind auch die Betriebskosten für den Fahrzeugeigner von Bedeutung. Der in **Tabelle 8** dargestellte Vergleich berücksichtigt dabei die abweichenden Anforderungen durch die unterschiedlichen Antriebskonzepte.

In [75] wird abgesehen von den Kosten für Reifen, Versicherung und Garage/Stellplatz für das batterieelektrische Fahrzeug, im Vergleich zum PKW mit Verbrennungsmotor von niedrigeren jährlichen Betriebskosten (exkl. Wertverlust) ausgegangen. Die des Elektrofahrzeuges bleiben in der hier durchgeführten Berechnung günstiger. Auch in dieser Betrachtung wird das EV steuerlich (Kraftstoff- und KFZ-Steuer) begünstigt. Davon ist jedoch, ab dem Erreichen größerer Stückzahlen bzw. Marktanteile nicht auszugehen. Weiters wird davon ausgegangen, dass der Akkusatz ein Fahrzeugleben lang nicht auf Kosten des Kunden zu erneuern ist. In [78] wird dagegen kritisch angemerkt, dass mit einem bis zwei Batteriewechsel während der Fahrzeuglebensdauer zu rechnen ist.

Auch in [56] werden ohne Berücksichtigung des Wertverlustes um 49 % geringere Betriebskosten für das batterieelektrische Fahrzeug, im Vergleich zum PKW mit Verbrennungsmotor, ermittelt. Für den Range-Extender mit Verbrennungsmotor errechnen sich im Vergleich zum PKW mit Verbrennungsmotor um 31 % niedrigere Betriebskosten. [77] gibt, bei einer jährlichen Laufleistung von 15.000 km, eine Reduktion der jährlichen Betriebskosten um 46 % an.

Einschätzungen wie in [79] lassen für das Elektroauto, im Vergleich zum PKW mit Verbrennungsmotor, bis etwa 2025 höhere jährliche Kosten erwarten.

Diese kontroversen Ansichten zeigen die Schwierigkeiten in der Kostenabschätzung auf und relativieren die kurzfristig realisierbaren Vorteile bei den Betriebskosten von Elektrofahrzeugen.

Fraglich ist, ob der langfristige und unsichere Betriebskostenvorteil die Bereitschaft, ein in der Anschaffung teureres Fahrzeug zu erwerben, soweit erhöht, dass das batterieelektrische Fahrzeug zu einem Großserienprodukt wird.

Tabelle 7: Anschaffungskosten eines PKW der unteren Mittelklasse im Jahr 2015, differenziert nach unterschiedlichen Antriebskonzepten [75], [eigene Berechnungen]

Komponente	VKM[8]	EV
Basisfahrzeug ohne Antrieb	€ 12.000.-	€ 12.000.-
Verbrennungsmotor inkl. Peripherie	€ 28.-/kW	-
Kraftübertragung (Getriebe, Kupplung)	€ 8.-/kW	€ 3.-/kW
Elektromotor inkl. Steuerungselektronik	-	€ 16.-/kW + € 385.-
Lithium-Ionen-Akku inkl. Batteriemanagementsystem	-	€ 300.-/kWh
Selbstkosten (ohne Vertrieb)	€ 15.240.-	€ 23.000.-
Gewinnaufschlag Hersteller	€ 762.- 5 %	€ 0.- 0 %
Vertriebskosten inkl. Händlermarge	€ 3.810.- 25 %	€ 3.450.- 1 5%
Anschaffungskosten exkl. Steuern und Abgaben	€ 19.812.-	€ 26.450.-
Normverbrauchsabgabe (NOVA)	€ 1.387.- 7 %	€ 0.- 0 %
Mehrwertsteuer	€ 4.240.- 20 %	€ 5.290.- 20 %
Anschaffungskosten inkl. Steuern und Abgaben	€ 25.439.-	€ 31.740.-
Mehrpreis	-	€ 6.301.- +25 %

---

[8] VKM... Verbrennungskraftmaschine

Tabelle 8: Betriebskosten eines PKW der unteren Mittelklasse im Jahr 2015, differenziert nach unterschiedlichen Antriebskonzepten [75]

Betriebskosten	VKM	EV
Kraftstoff	€ 1.430.-	€ 442.-
Öl (1L/1.500km)	€ 173.-	-
Inspektion	€ 163.-	€ 122.-
Reparaturen	€ 190.-	€ 142.-
Reifen	€ 217.-	€ 239.-
Fahrzeugpflege	€ 150.-	€ 150.-
KFZ-Steuer	€ 66.-	€ 0.-
Versicherung	€ 396.-	€ 435.-
Garage/Stellplatz	€ 180.-	€ 360.-
Hauptuntersuchung	€ 24.-	€ 24.-
Abgasuntersuchung	€ 11.-	-
Wertverlust	*€ 2.829.-*	*€ 2.833.-*
Kosten pro Monat (ohne/*mit* Wertverlust)	€ 250. / *€ 486.-*	€ 160.- / *€ 396.-*
Kosten pro km (ohne/*mit* Wertverlust)	€ 0,23 / *€ 0,45*	€ 0,15 / *€ 0,37*
Kosten pro Jahr (ohne/*mit* Wertverlust)	€ 3.000.- / *€ 5.829.-*	€ 1.914.- / *€ 4.747.-* *-36 % / -19 %*

3.4   Benutzerfreundlichkeit

Der PKW ist für viele Menschen ständiger und täglicher Wegbegleiter. Dementsprechend hoch und vielfältig sind die Ansprüche an ein Fahrzeug. Eine neue Technologie der Fortbewegung bzw. des Antriebes muss, auch wenn sie Vorteile wie Umweltschutz oder Ressourcenschonung verspricht, ein gewisses Mindestmaß an – gewohnter – Benutzerfreundlichkeit aufweisen.

Dazu zählt auch das Erzielen hoher Reichweiten bzw. das Zurücklegen langer Wegstrecken ohne längere Zwischenstopps. Dies ist bei heutigen PKW mit Verbrennungsmotor eine Selbstverständlichkeit. Auch wenn in diesem Punkt die Anforderungen der Kunden die realen Bedürfnisse übertreffen - über 75 % aller Fahrten liegen unter 150 km [80] -, sind hohe Reichweiten ein Kaufkriterium.

71 % aller in [73] Befragten erwarten von einem Elektrofahrzeug eine Mindestreichweite von 300 km. Lediglich 25 % sind mit einer Reichweite von mind. 150 km zufrieden. Mit einer Reichweite von mind. 60 km wären nur 2% der Autokäufer zufrieden.

Unter Anbetracht der Tatsache, dass heutige Elektrofahrzeuge eine Reichweite von etwa 150 km aufweisen [79], stellt dieser Umstand ein entsprechend eingeschränktes Kaufinteresse in Aussicht.

Das Nicht-Vorhandensein eines Verbrennungsmotors führt im Fall des batterieelektrischen PKW dazu, dass sämtliche Nebenverbraucher ebenfalls mit Energie aus der Batterie versorgt werden müssen. Der Einfluss unterschiedlicher Verbraucher auf die erzielbare Reichweite wurde in [81] analysiert. Die Aktivierung von Abblendlicht, Scheibenwischer und Sitzheizung führen zu einer Reduktion der Reichweite von 10 %. Der energieintensive Betrieb elektrischer Klimaanlagen bzw. Heizungen führt dagegen zu drastischen Reichweiteneinschränkungen von 40 bis 57 %. **Abbildung 13** gibt hierzu einen Überblick.

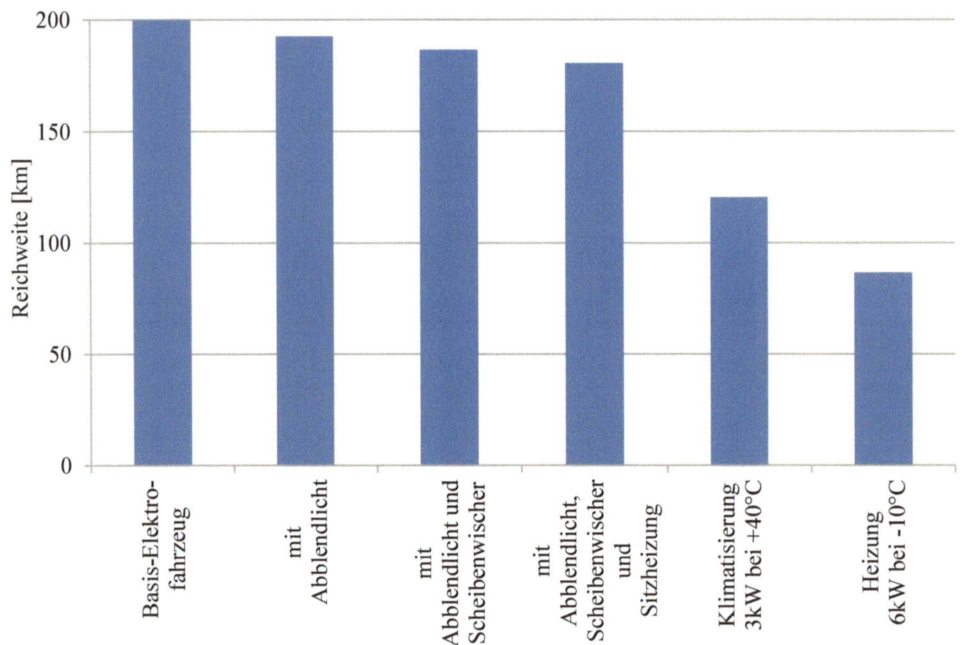

Abbildung 13: Reichweite eines batterieelektrischen Fahrzeuges in Abhängigkeit von den aktivierten elektrischen Verbrauchern **[81]**

Um diesem die Reichweite beeinträchtigenden Energiebedarf entgegenzuwirken, ist es erforderlich, den Energiebedarf des Basisfahrzeuges gegenüber dem konventionellen Fahrzeug zu senken. Dies erfolgt über thermische Isolierung, zielgerichtete Klimatisierung, Reduktion der thermischen Massen, etc. Zudem ist ein besonderes Augenmerk auf die Wärmerückgewinnung elektrischer Komponenten wie Elektromotor und Batterie mittels intelligentem Thermomanagement zu legen. Weiters ist ein Vorheizen bzw. -kühlen am Stromnetz denkbar. [81]

Derzeit ist die Gewährleistung von mit konventionellen Fahrzeugen vergleichbarem Fahrkomfort nur mit umfassenden Einbußen im Bereich der Reichwerte möglich. Die Entwicklung neuer auf die Gegebenheiten der Elektromobilität abgestimmter Komfortkonzepte ist erforderlich, um die Bedürfnisse der Kunden zu befriedigen.

Neben der mit einer einzelnen Tank-/"Strom"-Füllung erzielbaren Reichweite ist die Betankungsdauer ein weiterer wesentlicher Aspekt der Benutzerfreundlichkeit. Wird davon ausgegangen, dass die Batterie eines batterieelektrischen PKW einen Energieinhalt von 56 kWh aufweist, um bei einem angenommenen Verbrauch von 15 kWh/100km und einer Restladung von 20 % eine Reichweite von 300 km zu erreichen, liegt bei Nutzung der „üblichen" Hausversorgung (230 V, 16 A, 25 % Ladeverluste angenommen) die Ladedauer bei 14 Stunden. Bereits die Nutzung des in vielen Haushalten ebenfalls verfügbaren Drehstromanschlusses (400 V, 25 A, 25 % Ladeverluste angenommen) reduziert die Ladedauer auf 5 Stunden.

Der Vergleich zum klassischen Tankvorgang mit Benzin- oder Dieselkraftstoff zeigt hier ein massives Zeitdefizit auf. Es ist davon auszugehen, dass dies käuferseitig nicht akzeptiert wird.

Intelligente Ladeinfrastrukturen, welche unter anderem das Aufladen der Batterie „bei jedem Fahrzeugstillstand" ermöglichen, und dementsprechende intelligente Abrechnungs- und Kommunikationssysteme sind zu entwickeln.

Der Range-Extender dämpft das Problem der kurzen Reichweite und der langen Ladedauer von Elektrofahrzeugen dahingehend ab, als ein, wie in Kapitel 2.2 beschrieben, „verkleinerter" Verbrennungsmotor den für weitere Strecken erforderlichen Strom „Onboard" generiert. Im Fall des Verbrennungsmotors wird hierfür jedoch wieder konventioneller Kraftstoff erforderlich sein. Die Speicherung elektrischer Energie und die Betankung von batterieelektrischen Fahrzeugen erfordern noch weitreichende Entwicklungsschritte.

Im Gegensatz dazu stellt die Bereitstellung der benötigten elektrischen Energie eine zu bewältigende Herausforderung dar. Für Deutschland wird der zusätzliche Strombedarf von Elektrofahrzeugen bei einem sehr optimistischen Marktanteil von 20 % im Jahr 2020 auf lediglich 3 % des Stromverbrauches des Jahres 2008 geschätzt. Eine 100 %ige Substitution des deutschen PKW-Bestandes würde derzeit, zu Lasten anderer Abnehmer, 95 % des bereits regenerativ erzeugten Stroms beanspruchen. Dies erfordert den Ausbau entsprechender Energieerzeugungskonzepte. [82]

In Österreich stellt sich eine gleichermaßen unkritische Versorgungssituation dar. Würden 1.000.000 bzw. 23 % des PKW-Bestandes durch batterieelektrische Fahrzeuge ersetzt werden, würde dies den Strombedarf um 2,3 % erhöhen. Dies ist vor allem deswegen als zu bewältigende Herausforderung einzuschätzen, da die durchschnittliche Stromverbrauchs-erhöhung (ohne Elektromobilität) zwischen 1990 und 2006 bei jährlich 2,6 % lag. [56]

Die Bereitstellung der elektrischen Energie ist demnach als gesichert zu betrachten. Wesentlich ist jedoch der Umstand, dass der zusätzliche Strombedarf mit regenerativen Energiequellen gedeckt wird. Dabei ist darauf zu achten, dass es nicht lediglich zu einer Umverteilung der „grünen" Energie zwischen den Sektoren kommt.

Ein weiteres, sehr umstrittenes Thema ist das der Sicherheit von Elektrofahrzeugen. Hierbei werden oft subjektive Gewohnheiten und objektive Wahrnehmungen vermengt. Die Europäische Kommission hat die diesbezüglichen Herausforderungen erkannt und in [83] einer Roadmap zukünftiger gesetzlicher Regelungen und Standardisierungen definiert. Bis dato vorgesehen ist die Behandlung der elektrischen Sicherheit des Fahrzeuges, der Crashsicherheit, spezieller Maßnahmen betreffend der schwereren Hörbarkeit von Elektrofahrzeugen, die Standardisierung des Ladens und Regelungen betreffend Recycling.

Die Bandbreite an offenen Aufgaben ist in diesem Bereich noch groß. Von einer erfolgreichen Lösung ist jedoch auszugehen.

In [81] werden die erforderlichen Entwicklungsschwerpunkte von Elektrofahrzeugen zusammengefasst:

- Wirkungsgradoptimierung zur
  - Reichweitensteigerung und
  - Kostenreduktion.
- Optimierung der elektrischen Antriebsleistung zur Erhöhung der
  - Beschleunigung,
  - Steigfähigkeit und
  - max. Geschwindigkeit.
- Entwicklung von Sicherheitskonzepten zur
  - Sicherstellung konventioneller Fahrzeugstandards
- Gewährleistung des Komforts
  - Orientierung am Standardkomfort konventioneller Fahrzeuge

3.5 Fazit

Stellt Elektromobilität die Lösung der zukünftigen Mobilität dar?

Nachhaltigkeit und Klimaschutz werden nur dann verbessert, wenn die benötigte elektrische Energie CO_2-neutral, also durch Wasser-, oder Windkraft, bzw. solar erzeugt wird.

Der **Umweltschutz** wird durch die Elektromobilität kaum verbessert. Ab dem Zeitpunkt, ab dem batterieelektrische Fahrzeuge in größeren Mengen zur Verfügung stehen werden, erfüllen die benzin- und dieselbetriebenen Kraftfahrzeuge des Straßenverkehrs äußerst strenge Abgasgrenzwerte (Euro 6 und höher). Das Emissionsniveau in der Nutzungsphase wird dabei nicht das Nullemissionsniveau eines Elektrofahrzeuges erreichen, es ist jedoch von einem sehr niedrigen Emissionsniveau auszugehen.

Selbst optimistische **Kostenschätzungen** batterieelektrischer PKW zeigen, dass die kundenseitig tolerierten höheren Anschaffungskosten nicht eingehalten werden können. Die Abschätzungen der Betriebskosten sind mit einem hohen Unsicherheitsfaktor behaftet, es wird jedoch vermehrt von einer deutlichen Reduktion ausgegangen.

Ein weiteres Kriterium für den Erfolg oder Misserfolg batterieelektrischer Fahrzeuge ist deren **Benutzerfreundlichkeit**. Die Tatsache, dass batterieelektrische Fahrzeuge eine Reichweite von etwa 150 km erzielen, lässt ein eingeschränktes Kaufinteresse erwarten, da die kundenseitig geforderten Reichweiten deutlich höher liegen. Fahrzeuge mit Range-Extender können hier Verbesserungen bringen.

Zudem ist derzeit die Gewährleistung von mit konventionellen Fahrzeugen vergleichbarem Fahrkomfort nur mit Einbußen im Bereich der Reichwerte möglich, da Aggregate wie Klimaanlage und Heizung elektrisch betrieben werden.

Erschwerend wirkt sich aus, dass Tankvorgänge des batterieelektrischen PKW im Vergleich zum klassischen Tankvorgang Stunden statt Minuten dauern. Es ist davon auszugehen, dass dies käuferseitig nicht akzeptiert wird. Die Speicherung elektrischer Energie und die Betankung batterieelektrischer Fahrzeuge erfordern folglich noch weitreichende Entwicklungen. Die Bereitstellung der elektrischen Energie ist hingegen als gesichert zu betrachten.

4 Analyse von batterieelektrischen Kraftfahrzeugen

Wie bereits gezeigt, können – ein hochregenerativer Strommix vorausgesetzt – rein elektrisch betriebene Personenkraftwagen zur Senkung der Treibhausgasemissionen beitragen. Offen bleibt jedoch die Frage, wie groß die Vorteile batterieelektrischer PKW bei Energieeffizienz und Treibhausgasemissionen sind, wenn der Betrachtung reale Betriebsbedingungen über ein ganzes Jahr zugrunde gelegt werden und die Energiebereitstellung in Österreich bzw. der Europäischen Union berücksichtigt wird.

Um die Vorteile batterieelektrischer PKW hinsichtlich deren Energieeffizienz und Treibhausgasemissionen zu analysieren, wurden vier PKW mit Lithium-Ionen-Batterie und ein PKW mit Nickel-Natriumchlorid-Batterie (ZEBRA) untersucht. Als Referenzfahrzeug diente ein Diesel-PKW mit Verbrennungsmotor.

Der Vergleich erfolgte unter realitätsnahen Betriebsbedingungen. Dies betraf insbesondere die Klimatisierung (Heizen/Kühlen) des Fahrzeuginnenraumes in Abhängigkeit von der Umgebungstemperatur. Die Energiebereitstellung von Elektrizität bzw. Diesel-Kraftstoff wurde ebenfalls in die Betrachtungen aufgenommen.

Um den realen Energiebedarf und die realen Treibhausgasemissionen zu vergleichen wurden

- ein PKW mit hochmodernem Verbrennungsmotor und vier batterieelektrische Fahrzeuge untersucht.
- die Temperaturverläufe von Österreich und der Europäischen Union über ein Jahr berücksichtigt, sodass die Aggregate Heizung und Klimaanlage während des Fahrbetriebs Berücksichtigung fanden. (Vermessung von +30 °C bis -20 °C, in 10 °C Schritten)
- die Einflüsse der Fahrsituationen Innerorts, Außerorts, Autobahn und Stopp-and-Go untersucht.
- die Einflüsse der Fahrbahnneigungen +2 %, -2 % bzw. +/-2 % (50 % der Strecke mit Steigung und 50 % mit Gefälle) untersucht.
- die im Zuge der Energiebereitstellung (Kraftstoff bzw. Elektrizität) für Österreich und für die Europäische Union anfallenden Treibhausgasemissionen bzw. die zur Bereitstellung erforderliche Energie berücksichtigt.
- der jährliche reale Energiebedarf und die jährlichen realen Treibhausgasemissionen berechnet und verglichen.

In Ergänzung wurden

- die Reichweiten der PKW bei realen Betriebsbedingungen in Abhängigkeit von den Umgebungstemperaturen bestimmt.
- die Wirkungsgrade der Stromwandler und Traktionsbatterie ermittelt.
- die jährlichen Energiekosten je Fahrzeugkategorie berechnet.

Basierend auf den Messergebnissen der einzelnen batterieelektrischen Fahrzeuge mit Lithium-Ionen-Batterie wurde ein Durchschnittsfahrzeug aus den Mittelwerten der untersuchten batterieelektrischen Fahrzeuge errechnet. Dieses Durchschnittsfahrzeug diente im Weiteren als Grundlage für die Berechnung des realen jährlichen Energiebedarfs und der realen jährlichen Treibhausgasemissionen.

Die im Zuge der Energiebereitstellung (Kraftstoff bzw. Elektrizität) in Österreich und der Europäischen Union anfallenden Treibhausgasemissionen und die zur Bereitstellung erforderliche Energie wurden anhand von Literaturangaben berücksichtigt.

4.1   Untersuchte Fahrzeuge

Es wurden folgende Personenkraftwagen untersucht, deren technischen Daten im Weiteren wiedergegeben werden:

- Volkswagen Polo BlueMotion   VKM-PKW (Diesel)
- Mitsubishi i-MiEV   E-PKW
- Mercedes-Benz A-Klasse E-Cell   E-PKW
- Smart Fortwo Electric Drive   E-PKW
- Nissan Leaf   E-PKW
- Citroën Berlingo   E-PKW (Klein-Nutzfahrzeug)

4.1.1 Volkswagen Polo BlueMotion

Die technischen Daten können unten stehender Auflistung entnommen werden.

Marke	Volkswagen
Handelsbezeichnung	Polo BlueMotion TDI (87g)
Baujahr	2011
Eigengewicht	1.150 kg
Radstand	2.470 mm
Antriebsart	Diesel
Hubraum	1.199 cm^3
Leistung	55 kW
Abgasgesetzgebung	Euro 5
Getriebe	Manuelles Schaltgetriebe
Start/Stopp-Funktion	Ja
Reifen	Sommerreifen, 185/60 R15
Tankinhalt	45 Liter

Foto: Heinz Henninger

4.1.2 Mitsubishi i-MiEV

Die technischen Daten können unten stehender Auflistung entnommen werden.

Marke	Mitsubishi
Handelsbezeichnung	i-MiEV
Baujahr	2011
Eigengewicht	1.100 kg

Foto: Heinz Henninger

Radstand	2.550 mm
Antriebsart	batterieelektrisch
Leistung	49 kW
Reifen	Sommerreifen, vorne: 145/65 R15, hinten: 175/65 R15
Batteriekapazität	16 kWh lt. Herstellerangabe
Batterietyp	Lithium-Ionen

4.1.3 Mercedes-Benz A-Klasse E-Cell

Die technischen Daten können unten stehender Auflistung entnommen werden.

Marke	Mercedes-Benz
Handelsbezeichnung	A-Klasse E-Cell
Baujahr	2011
Eigengewicht	1.635 kg
Radstand	2.568 mm
Antriebsart	batterieelektrisch
Leistung	70 kW
Reifen	Winterreifen, 195/60 R16
Batteriekapazität	36 kWh lt. Herstellerangabe
Batterietyp	Lithium-Ionen

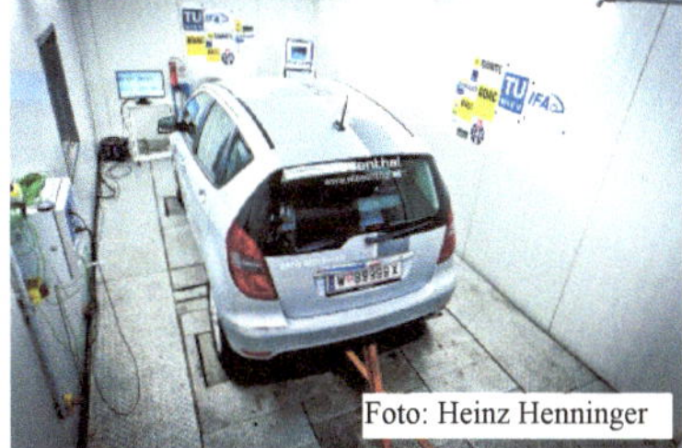

4.1.4 Smart Fortwo Electric Drive

Die technischen Daten können unten stehender Auflistung entnommen werden.

Marke	Smart
Handelsbezeichnung	Fortwo Electric Drive
Baujahr	2011
Eigengewicht	1.010 kg
Radstand	1.867 mm
Antriebsart	batterieelektrisch
Leistung	35 kW
Reifen	Winterreifen, vorne: 155/60 R15, hinten: 175/55 R15
Max. Bauartgeschw.	100 km/h
Batteriekapazität	17,6 kWh lt. Herstellerangabe
Batterietyp	Lithium-Ionen

4.1.5 Nissan Leaf

Die technischen Daten können unten stehender Auflistung entnommen werden.

Marke	Nissan
Handelsbezeichnung	Leaf
Baujahr	2011
Eigengewicht	1.665 kg
Radstand	2.700 mm
Antriebsart	batterieelektrisch
Leistung	80 kW
Reifen	Sommerreifen, 205/55 R16
Batteriekapazität	24 kWh lt. Herstellerangabe
Batterietyp	Lithium-Ionen

4.1.6 Citroën Berlingo

Die technischen Daten können unten stehender Auflistung entnommen werden.

Marke	Citroën
Handelsbezeichnung	Berlingo
Baujahr	2012
Eigengewicht	1.315 kg
Radstand	2.693 mm
Antriebsart	batterieelektrisch
Leistung	42 kW
Reifen	Winterreifen, 175/65 R14
Max. Geschwindigkeit	100 km/h (bei 0 % Fahrbahnneigung)
Batteriekapazität	23,5 kWh lt. Herstellerangabe
Batterietyp	Nickel-Natriumchlorid (ZEBRA)

4.2 Messprogramm und Messtechnik

Die Ermittlung des jährlichen Energiebedarfs und der Treibhausgasemissionen von batterieelektrischen PKW und einem PKW mit hochmodernem Verbrennungsmotor unter realen Betriebsbedingungen erfolgte auf Basis des in **Tabelle 9** wiedergegebenen Messprogramms.

Zur Bestimmung des Energiebedarfs bzw. der Treibhausgasemissionen Innerorts, Außerorts und auf der Autobahn wurde der Fahrzyklus „Eco-Test" [84] absolviert. Der Geschwindigkeitsverlauf dieses Zyklus kann **Abbildung 14** entnommen werden. Wie in **Tabelle 10** zusammenfassend angeführt, setzt sich dieser Zyklus aus dem innerstädtischen und außerstädtischen Teil des Neuen Europäischen Fahrzyklus (NEFZ), dem innerstädtischen und außerstädtischen Teil des Artemiszyklus (CADC) und dem Autobahn-130-km/h-Zyklus (BAB130) zusammen [84]. Für die Analysen wurden die innerstädtischen bzw. außerstädtischen Zyklusabschnitte jeweils gemeinsam betrachtet.

Für die Untersuchung des Energiebedarfs und der Treibhausgasemissionen in der Stopp-and-Go-Phase wurde der „Stopp-and-Go-Zyklus" heranzogen. Dieser Zyklus wurde gemeinsam mit dem ÖAMTC im Zuge der Studie „Einfluss des Verkehrsflusses auf Emission und Verbrauch" [85] entwickelt. Bei diesem in **Abbildung 15** wiedergegebenen Zyklus wird auf einer Fahrtstrecke von 9 x 700 m auf 50 km/h beschleunigt, die Geschwindigkeit gehalten und im Weiteren wieder bis zum Stillstand abgebremst. Die zurückgelegte Wegstrecke beträgt 6,3 km bei einer Testdauer von 17:22 Min.

Der Einfluss der Fahrbahnneigung von +2 % bzw. -2 % auf den Energiebedarf und die Treibhausgasemissionen wurde für die Phasen Innerorts, Außerorts und Autobahn sowie Stopp-and-Go bei einer Umgebungstemperatur von 20 °C ermittelt. Der Wert für +/-2 % (50 % der Strecke mit +2 % Steigung und 50 % der Strecke mit -2 % Gefälle) wurde rechnerisch bestimmt.

Der Einfluss der Umgebungstemperatur – insbesondere durch die Nutzung von Heizung bzw. Klimaanlage – auf den Energiebedarf und die Treibhausgasemissionen wurde für die Phasen Innerorts, Außerorts und Autobahn zwischen -20 °C und +30 °C in 10 °C Schritten untersucht. Zudem wurde der Einfluss auf die Reichweite des Kraftfahrzeuges bestimmt.

Während des Tests wurde die Fahrzeuginnenraumtemperatur mittels Heizung bzw. Klimaanlage auf 22 °C geregelt (nicht bei Test-/Umgebungstemperatur 20 °C).

Zur Bestimmung der Kaltstartemissionen des PKW mit Verbrennungsmotor wurden die Tests mit kaltem (Umgebungstemperatur) und mit betriebswarmem Motor durchgeführt.

Die Fahrzeuge wurden auf dem Rollenprüfstand mit aktiviertem Tagfahrlicht (sofern verfügbar) und eingeschaltetem Radio betrieben. Die Heizung bzw. Klimaanlage war, wie bereits erörtert, abhängig von der Umgebungstemperatur eingeschaltet. Sofern das Fahrzeug über einen Automatikmodus für die Temperatur- bzw. Gebläsestufe verfügt hat, wurde dieser verwendet. Widrigenfalls wurde die Temperatur manuell geregelt und die Gebläsestufe auf Mittel gestellt.

Der Ladevorgang der batterieelektrischen Fahrzeuge erfolgte jeweils nach einer kompletten Entladung (Fahrzeug stellt sich selbsttätig ab) der Hochvoltbatterie. Die Ladung wurde im klimatisierten Rollenprüfstand bei der festgelegten Testtemperatur (-20 °C bis +30 °C) durchgeführt und dauerte so lange, bis die Hochvoltbatterie vollständig geladen war.

Im Anschluss erfolgte eine Konditionierung über 8 Stunden im klimatisierten Rollenprüfstand bei der festgelegten Testtemperatur. Dabei wurde das Ladegerät vom Fahrzeug entfernt. Der untersuchte Citroën Berlingo wurde aufgrund des Hochtemperaturkonzeptes der Nickel-Natriumchlorid (ZEBRA)-Traktionsbatterie und dem daraus resultierenden Heizbedarf nicht vom Netz genommen. Der Einfluss wurde jedoch gesondert untersucht.

Tabelle 9: Messprogramm je Kraftfahrzeug

Fahr-zyklus	Phase	Fahrbahn-neigung	Umgebungs-temperatur	Klimati-sierung	Dauer des Tests
Eco-Test	Innerorts	0 %	-20 °C	Heizung	Bei VKM[9]-PKW: 2 Zyklen Bei E-PKW: Bis sich das Fahrzeug selbsttätig abstellt.
			-10 °C	Heizung	
			0 °C	Heizung	
			10 °C	Heizung	
			20 °C	-	
			30 °C	Klimaanlage	
	Außerorts		-20 °C	Heizung	
			-10 °C	Heizung	
			0 °C	Heizung	
			10 °C	Heizung	
			20 °C	-	
			30 °C	Klimaanlage	
	Autobahn		-20 °C	Heizung	
			-10 °C	Heizung	
			0 °C	Heizung	
			10 °C	Heizung	
			20 °C	-	
			30 °C	Klimaanlage	
Eco-Test	Innerorts	-2 %	20 °C		1 Zyklus
	Außerorts		20 °C		
	Autobahn		20 °C		
Eco-Test	Innerorts	+2 %	20 °C	-	1 Zyklus
	Außerorts		20 °C		
	Autobahn		20 °C		
50 km/h – 700 m	Stopp-and-Go	0 %	20 °C		1 Zyklus
50 km/h – 700 m	Stopp-and-Go	-2 %	20 °C		1 Zyklus
50 km/h – 700 m	Stopp-and-Go	+2 %	20 °C		1 Zyklus

---

[9] VKM… Verbrennungskraftmaschine

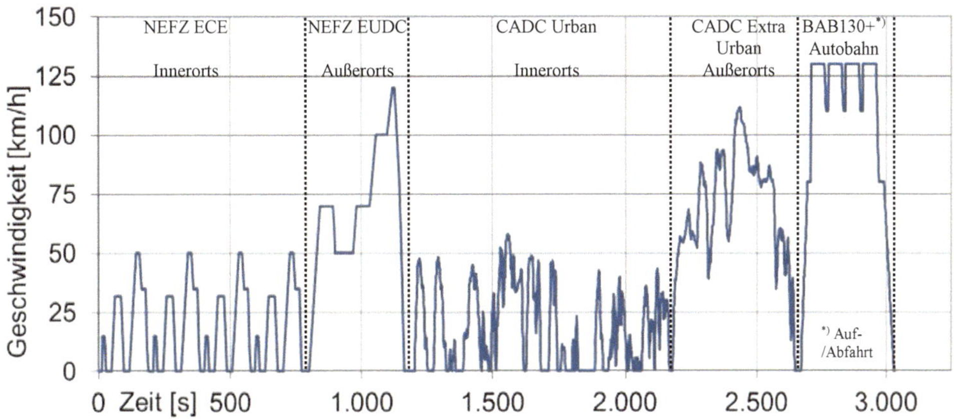

Abbildung 14: Eco-Test Zyklus – Geschwindigkeitsverlauf (Strecke 35,5 km, Dauer 50:33 Min.) **[84]**, [eigene Darstellung]

Tabelle 10: Eco-Test Zyklus - Zusammensetzung **[84]**, [eigene Darstellung]

Eco-Test	35,506 km 100 %					
ausge-wertete Zyklen	Innerorts 8,850 km 24,93 %		Außerorts 15,886 km 44,74 %		Autobahn 10,770 km 30,33 %	
Test-zyklen	NEFZ ECE	CADC Urban	NEFZ EUDC	CADC Extra Urban	BAB130	Auf-/Abfahrt
„Bausteine"	3,920 km	4,930 km	6,920 km	8,966 km	9,270 km	1,500 km

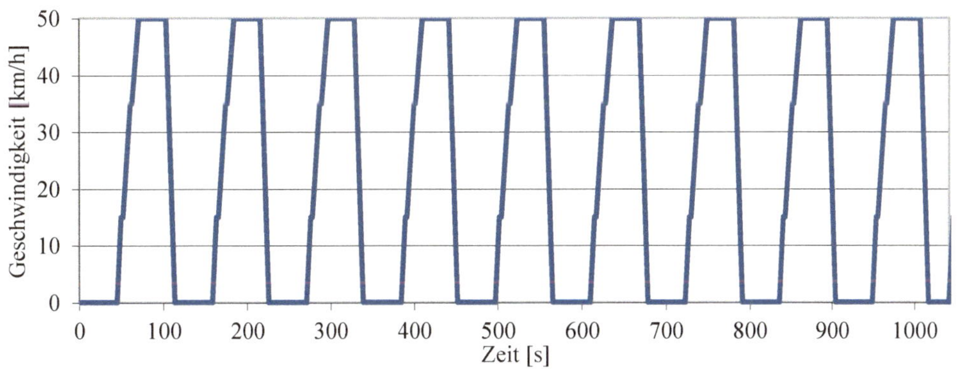

Abbildung 15: Stopp-and-Go-Zyklus – Geschwindigkeitsverlauf (Strecke 6,3 km, Dauer 17:22 Min.) **[85]**, [eigene Darstellung]

Abbildung 16 zeigt ein Beispiel der gesetzten Strommessstellen zur Bestimmung der Energieflüsse und Wirkungsgrade batterieelektrischer Fahrzeuge. Abhängig von der technischen Umsetzung je Fahrzeughersteller wurden dieserart die Wirkungsgrade der Komponenten

- On-board Charger (Ladeverluste)
- DC/DC Wandler (Hochvolt-Niedervoltnetz)
- AC/DC-Wandler (Inverter)
- Traktionsbatterie (Entladeverluste)

bestimmt.

Zudem wurden die Spannungen des Nieder- und Hochvoltsystems sowie jene des Elektromotors gemessen.

Während des Ladevorganges wurden damit die Energieentnahme vom Stromnetz, der durch den Ladevorgang verursachte Energiebedarf und die Energiezufuhr zur Hochvoltbatterie bestimmt.

Im Fahrbetrieb konnten die Energieentnahme von der Hochvoltbatterie sowie der Energiebedarf der betrachteten Verbraucher bestimmt werden.

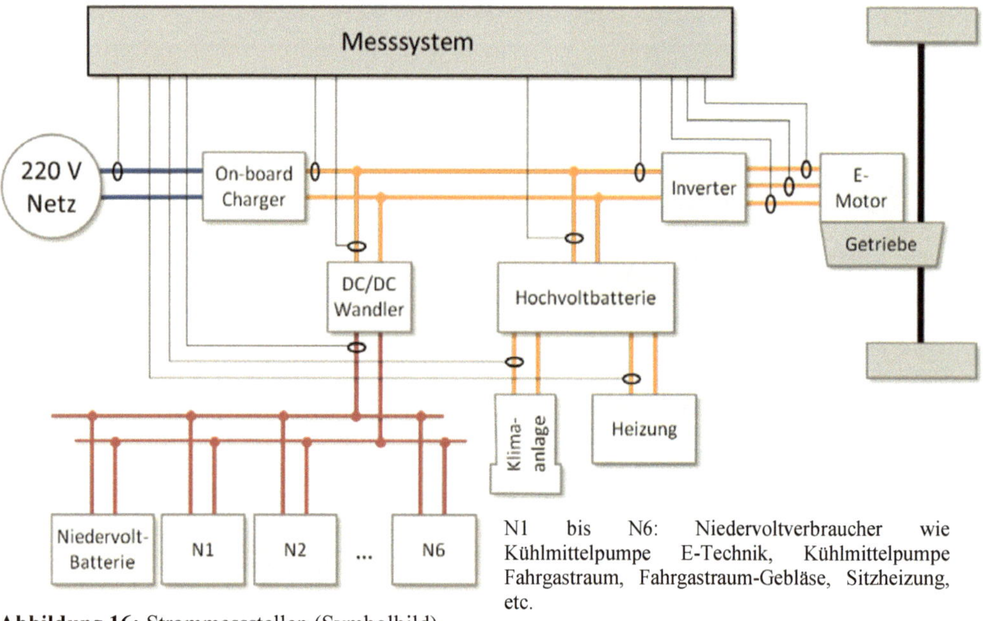

N1 bis N6: Niedervoltverbraucher wie Kühlmittelpumpe E-Technik, Kühlmittelpumpe Fahrgastraum, Fahrgastraum-Gebläse, Sitzheizung, etc.

Abbildung 16: Strommessstellen (Symbolbild)

Zusätzlich wurden folgende Niedervolt-Verbraucher vermessen:

- Fahrzeuginnenraumgebläse
  - o alle Stufen
- Licht
  - o Tagfahrlicht, Standlicht, Abblendlicht, Fernlicht, Bremslicht
- Heizung
  - o Heckscheibe, Außenspiegel, Sitz
- Scheibenwischer
  - o vorne und hinten
- Radio

Die Messungen wurden auf einem 4-Rad-Scheitelrollenprüfstand (Hersteller Schenck / Kristl&Seibt) durchgeführt. Der klimatisierte Rollenprüfstand erlaubt eine Regelung der Umgebungstemperatur zwischen -30 °C und +50 °C.

Die Berechnung des Kraftstoffverbrauchs erfolgt im Fall des Fahrzeuges mit Verbrennungsmotor aus den gasförmigen Abgasbestandteilen CO, CO_2 und HC nach der für das Fahrzeug geltenden EU-Verordnung.

Die hierbei verwendeten Abgasanalysatoren werden in **Tabelle 11** angeführt.

Tabelle 11: Abgasanalysatoren

Abgasanalysatoren	CO	CO₂	HC
Marke	HORIBA	HORIBA	HORIBA
Typ	AIA 310/320	AIA 310/320	FIA 325/326
Messbereich	0-50 ppm	0-2,5 Vol%	0-25 ppm
Eichgaskonzentration	44,7 ppm	1,92 Vol%	15,0 ppm

Die Bestimmung der CH_4- und N_2O-Emissionen des mit Verbrennungsmotor betriebenen PKW erfolgt mittels FTIR-Messung (Fourier Transform Infrared Spectroscopy, MKS MultiGas Analyzer 2030D)

Die für die Durchführung der Strom- und Spannungs-, bzw. Leistungsmessungen angewendete Messtechnik wird wie folgt angegeben:

- Leistungsvermesser: Dewetron DEWE-2602
- Software: Dewetron DEWESOFT-7-PROF
- Stromwandler: Dewetron PM-MCTS-700
- Shunt: Dewetron PM-MCTS-BR5
- Strommesszange: Dewetron PNA-CLAMP-150-DC

4.3   Fahrzeugspezifische Ergebnisse

Im Folgenden werden die Ergebnisse der einzelnen Fahrzeuge zusammenfassend vorgestellt und etwaige Besonderheiten erörtert.

4.3.1 Volkswagen Polo BlueMotion

Im Falle des mit Dieselkraftstoff betriebenen Referenzfahrzeuges wurden neben dem Energiebedarf auch die Treibhausgasemissionen (Kohlendioxid CO_2, Methan CH_4 und Lachgas N_2O) im Fahrbetrieb als CO_2-Äquivalent (CO_2e) bestimmt.

In **Tabelle 12** werden die Treibhausgaswirkungen von Methan und Lachgas in Relation zu Kohlendioxid gesetzt. Die Werte beziehen sich dabei auf einen Zeithorizont von 100 Jahren und wurden [86] entnommen.

Tabelle 12: Treibhausgaspotenziale als CO_2-Äquivalent **[86]**

Treibhausgas	Summenformel	CO_2-Äquivalent
Kohlendioxid	CO_2	1
Methan	CH_4	25
Distickstoffoxid (Lachgas)	N_2O	298

Der Energiebedarf in Abhängigkeit von der Fahrsituation bei ebener Fahrbahn und 20 °C Umgebungstemperatur (ohne Heizung und ohne Klimaanlage) wird in **Abbildung 17** wiedergegeben. In den Ergebnissen berücksichtigt wurde bereits der Kaltstartanteil.

Es ist festzuhalten, dass sich bei einer Konstantgeschwindigkeit von 70 km/h ein Verbrauchsoptimum einstellt. Dieses wird auch durch den Energiebedarf in der Außerorts-Fahrsituation bestätigt. In diesem Zyklusabschnitt liegt die durchschnittliche Geschwindigkeit bei rund 65 km/h. Die Durchschnittsgeschwindigkeiten der weiteren Zyklen sind wie folgt zu nennen: Stopp-and-Go 23 km/h, Innerorts 18 km/h, Autobahn 102 km/h, Eco-Test 42 km/h.

Die Umrechnung des Energiebedarfs von kWh/100km auf l/100km erfolgt mittels Division der genannten Werte durch 10 (=11,8 kWh/kg x 0,845 kg/l, d.h. Diesel-Heizwert x Diesel-Dichte).

Für die CO_2e-Emissionen zeigt sich ein zu Abbildung 17 analoges Bild. Von einer Darstellung der Ergebnisse wird an dieser Stelle abgesehen und auf den elektronisch zur Verfügung gestellten Datensatz verwiesen. Im Eco-Test können diese bei einer Fahrbahnneigung von 0 % und einer Umgebungstemperatur von 20 °C mit 102 g/km angegeben werden.

Die Analyse des Einflusses der Fahrbahnneigung auf den Energiebedarf, wiedergegeben in **Abbildung 18**, zeigt auf, dass die Energieersparnis bei 2 %-igem Fahrbahngefälle stets geringer ist als der Energienachteil bei 2 %-iger Fahrbahnsteigung.

Für die folgenden Vergleichsberechnungen wird der Energiebedarf bei einer Fahrbahnneigung +/-2 % herangezogen. Dieser entspricht einer Fahrt mit 50 % Steigungs- und 50 % Gefälleanteil.

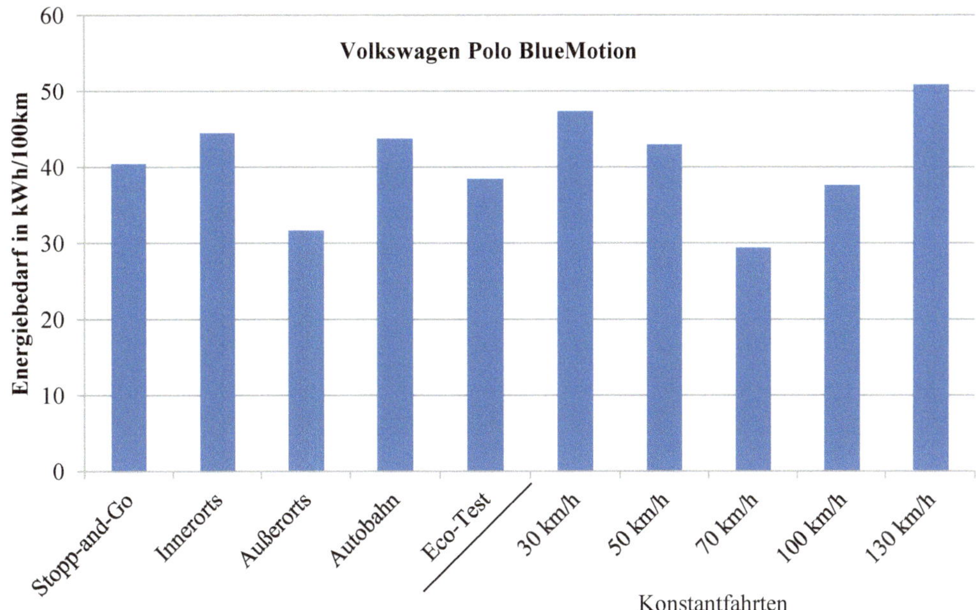

Abbildung 17: Energiebedarf des Volkswagen Polo BlueMotion in Abhängigkeit von der Fahrsituation bei ebener Fahrbahn und 20 °C Umgebungstemperatur (ohne Heizung und ohne Klimaanlage, inkl. Kaltstartanteil) in kWh/100km

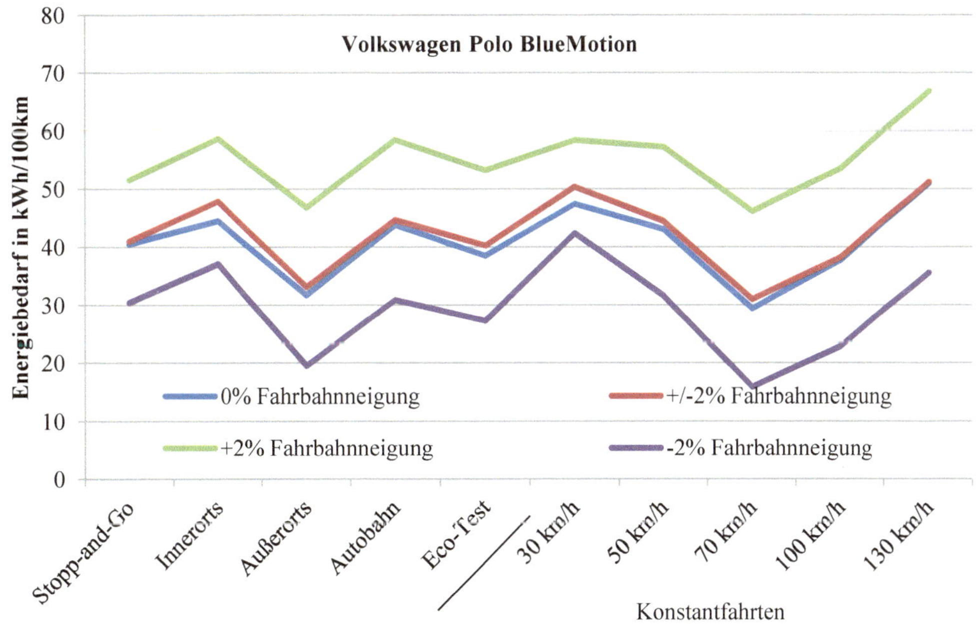

Abbildung 18: Energiebedarf des Volkswagen Polo BlueMotion in Abhängigkeit von der Fahrsituation und der Fahrbahnneigung bei 20 °C Umgebungstemperatur (ohne Heizung und ohne Klimaanlage, inkl. Kaltstartanteil) in kWh/100km

Der in **Abbildung 19** wiedergegebene Energiebedarf in Abhängigkeit von der Umgebungstemperatur berücksichtigt den energetischen Mehraufwand für den Betrieb des Fahrzeuges bei niedrigeren und höheren Temperaturen als 20 °C. Hierbei fließen die Klimatisierung (Heizen und Kühlen) und die erhöhten Reibungswiderstände bzw. ein etwaiges abweichendes Motorverhalten ein.

Erwartungsgemäß führt die Aktivierung der Klimaanlage bei +30 °C zu einem höheren Energiebedarf als die Nutzung der Abwärme des Motors bei niedrigeren Temperaturen.

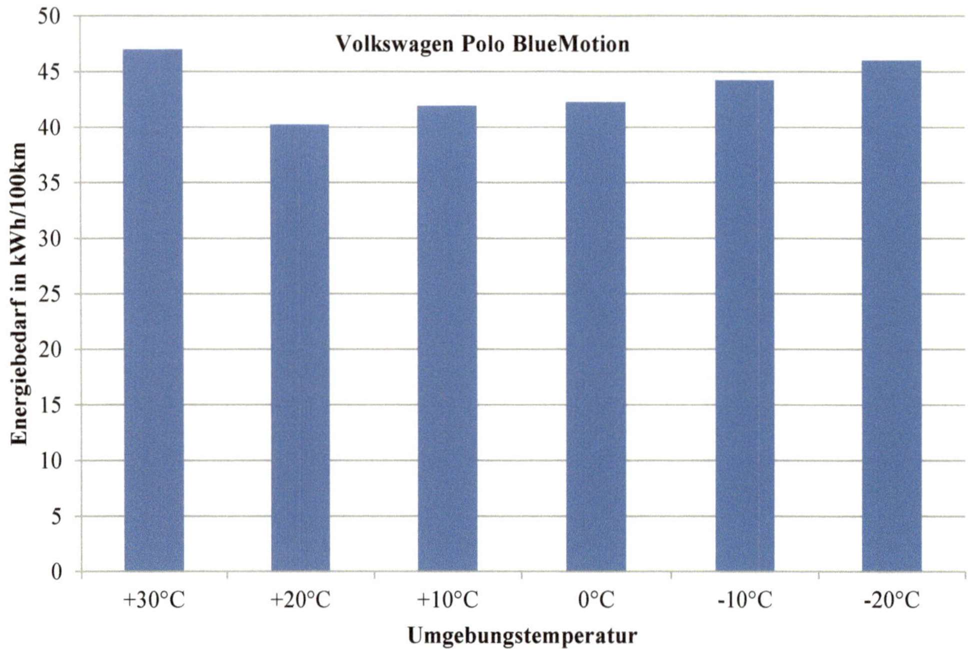

Abbildung 19: Energiebedarf des Volkswagen Polo BlueMotion in Abhängigkeit von der Umgebungstemperatur im Eco-Test bei einer Fahrbahnneigung von +/-2 % (inkl. Heizung bzw. Klimaanlage und Kaltstartanteil) in kWh/100km

4.3.2 Mitsubishi i-MiEV

Im Folgenden wird auf die Messergebnisse des Mitsubishi i-MiEV eingegangen.

4.3.2.1 Energiebedarf

Abbildung 20 zeigt den Energiebedarf in Abhängigkeit von der Fahrsituation bei ebener Fahrbahn und 20 °C Umgebungstemperatur (ohne Heizung und ohne Klimaanlage). Hierbei berücksichtigt wurde der Energiebedarf zum Fahren. Dieser umfasst den Energiebedarf des Elektromotors inkl. Inverter (AC/DC-DC/AC-Wandler), des Niedervoltsystems inkl. DC/DC-Wandler und bei Temperaturen über und unter +20 °C der Klimatisierung (Heizung bzw. Klimaanlage). Weiters wurde der Lade- und Entladeverlust der Hochvoltbatterie berücksichtigt. Die angeführten Werte beschreiben somit den ab Stromnetz realisierten Energieverbrauch.

Anders als im Vergleich zum dieselbetriebenen PKW mit Verbrennungsmotor liegt das energetische Optimum nicht bei einer mittleren Geschwindigkeit von 70 km/h, sondern ist direkt proportional mit der Geschwindigkeit.

An dieser Stelle ist festzuhalten, dass für dieses Fahrzeug keine Stopp-and-Go- sowie Fahrbahnneigungsdaten vorliegen.

Verglichen mit den Werten aus Abbildung 17 ist anzuführen, dass die Verbrauchswerte des i-MiEV ohne Klimatisierung rund 50 % unter jenen des Polos liegen.

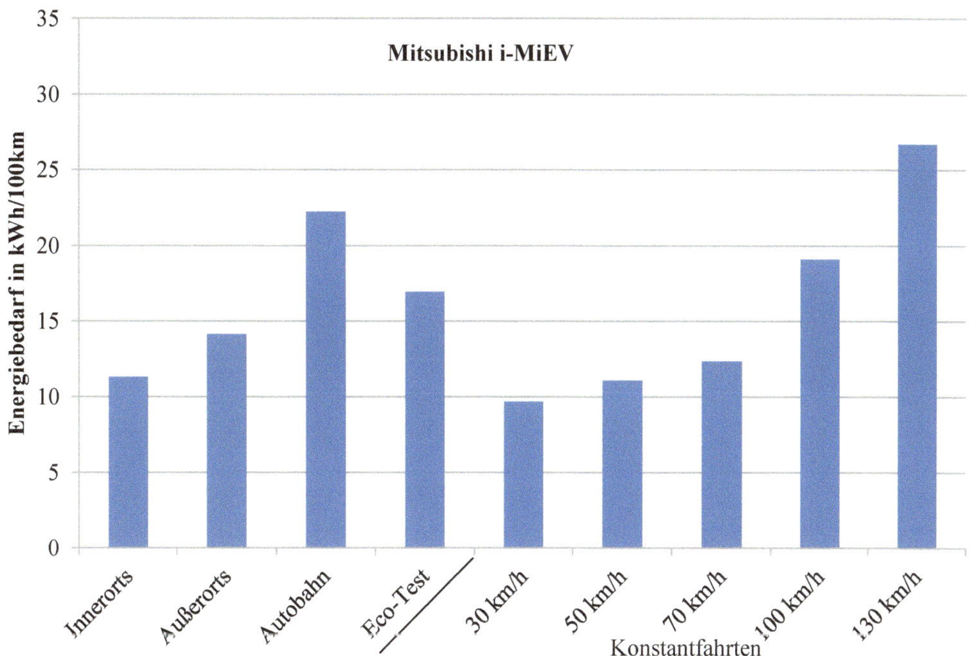

Abbildung 20: Energiebedarf des Mitsubishi i-MiEV in Abhängigkeit von der Fahrsituation bei ebener Fahrbahn und 20 °C Umgebungstemperatur (ohne Heizung und ohne Klimaanlage) in kWh/100km

In **Abbildung 21** wird der Energiebedarf in Abhängigkeit von der Umgebungstemperatur im Eco-Test bei einer Fahrbahnneigung von 0 % (inkl. Heizung bzw. Klimaanlage) angegeben.

Der primär durch den Betrieb der Heizung bzw. Klimaanlage erhöhte Energieverbrauch liegt trotz deutlicher Zunahme auch bei -20 °C unter dem des mit Verbrennungsmotor betriebenen PKW.

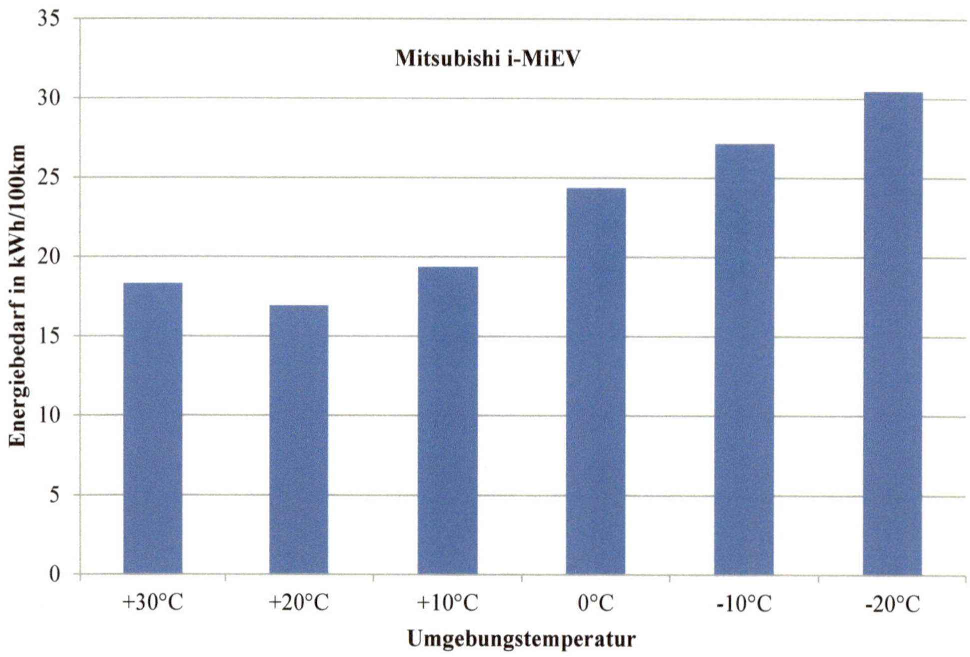

Abbildung 21: Energiebedarf des Mitsubishi i-MiEV in Abhängigkeit von der Umgebungstemperatur im Eco-Test bei einer Fahrbahnneigung von 0 % (inkl. Heizung bzw. Klimaanlage) in kWh/100km

4.3.2.2 Wirkungsgrade

Die Wirkungsgrade der elektrischen Spannungswandler konnten wie folgt ermittelt werden:

Der Wirkungsgrad des On-board-Chargers (Ladegerät) liegt, unabhängig von der Umgebungstemperatur, bei 94 %.

Wie in **Abbildung 22** dargestellt, ist der Wirkungsgrad der Hochvoltbatterie mit 88-95 % von der Umgebungstemperatur abhängig und weist ein Optimum bei +10 °C bis 0 °C auf. Der Wirkungsgrad der Hochvoltbatterie beschreibt das Verhältnis zwischen dem nutzbaren Energieinhalt der Traktionsbatterie (exkl. Rekuperation) und der während des Ladevorganges eingespeisten Energie.

Die Wirkungsgrade des DC/DC-Wandlers bzw. des Inverters wurden in [87] lediglich für +20 °C und +30 °C ermittelt und können mit 83 % bzw. 91 % angegeben werden.

Abbildung 23 gibt die Energiebilanz der Hochvoltbatterie wieder. Es ist anzuführen, dass die Ladeverluste inkl. Laderegelung unabhängig von der Umgebungstemperatur rund 9 % betragen. Die Entladeverluste hingegen zeigten ein von der Umgebungstemperatur abhängiges Verhalten mit einem Optimum bei 0 °C.

Absolut wurden vor Fahrbeginn im Mittel 14,8 kWh durch die Hochvoltbatterie zur Verfügung gestellt. Das Maximum lag mit 15,3 kWh bei 0 °C, das Minimum mit 14,1 kWh bei -20 °C.

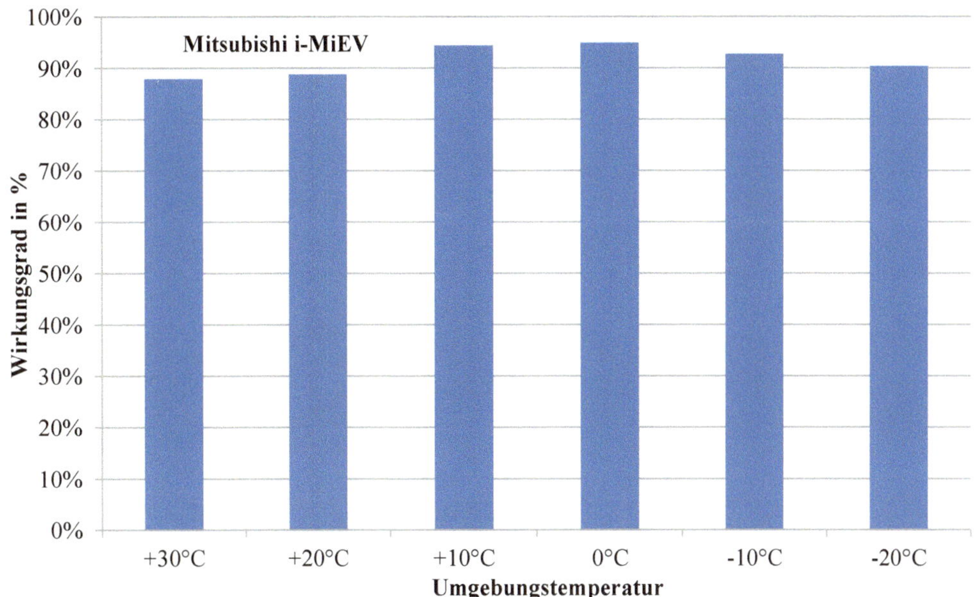

Abbildung 22: Wirkungsgrad der Hochvoltbatterie des Mitsubishi i-MiEV in Abhängigkeit von der Umgebungstemperatur in %

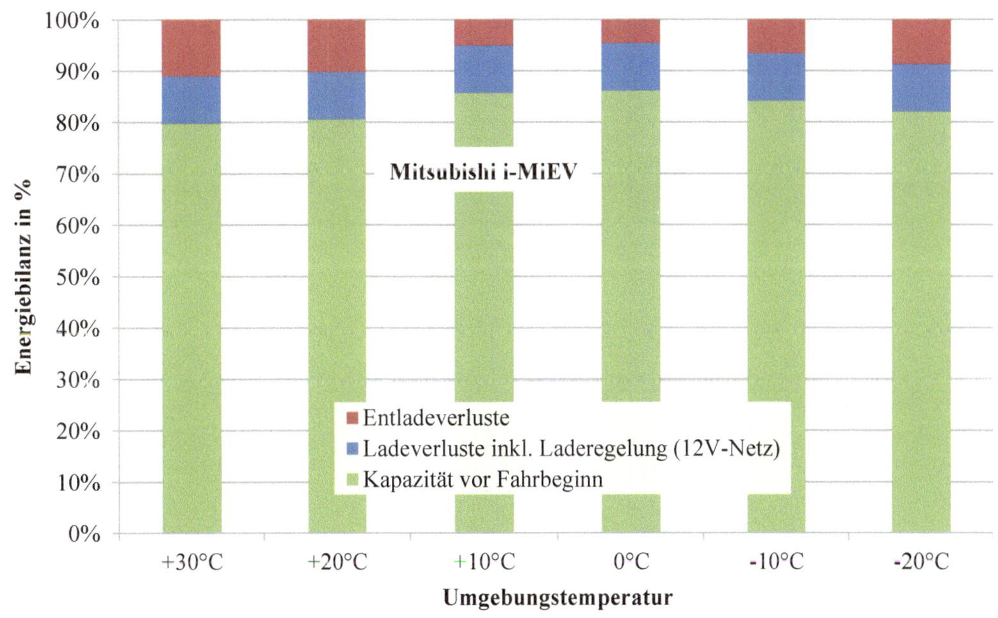

Abbildung 23: Energiebilanz der Hochvoltbatterie des Mitsubishi i-MiEV in Abhängigkeit von der Umgebungstemperatur in %

4.3.2.3 Ladevorgang

Die Ladedauer kann im Mittel mit 6 Std. 48 Min. angegeben werden.

4.3.2.4 Niedervoltverbraucher

Die, bezogen auf die Leistung, untergeordnete Rolle der Niedervoltverbraucher wird auch durch in **Abbildung 24** angegebenen durchschnittlichen Leistungsaufnahmen verdeutlicht.

Neben dem Elektromotor (Leistungsbedarf im Eco-Test bei -20 °C und 0 % Fahrbahnneigung: 5,7 kW) ist vor allem die Heizung mit 3,8 kW bei -20 °C im i-MiEV als dominanter Verbraucher zu nennen.

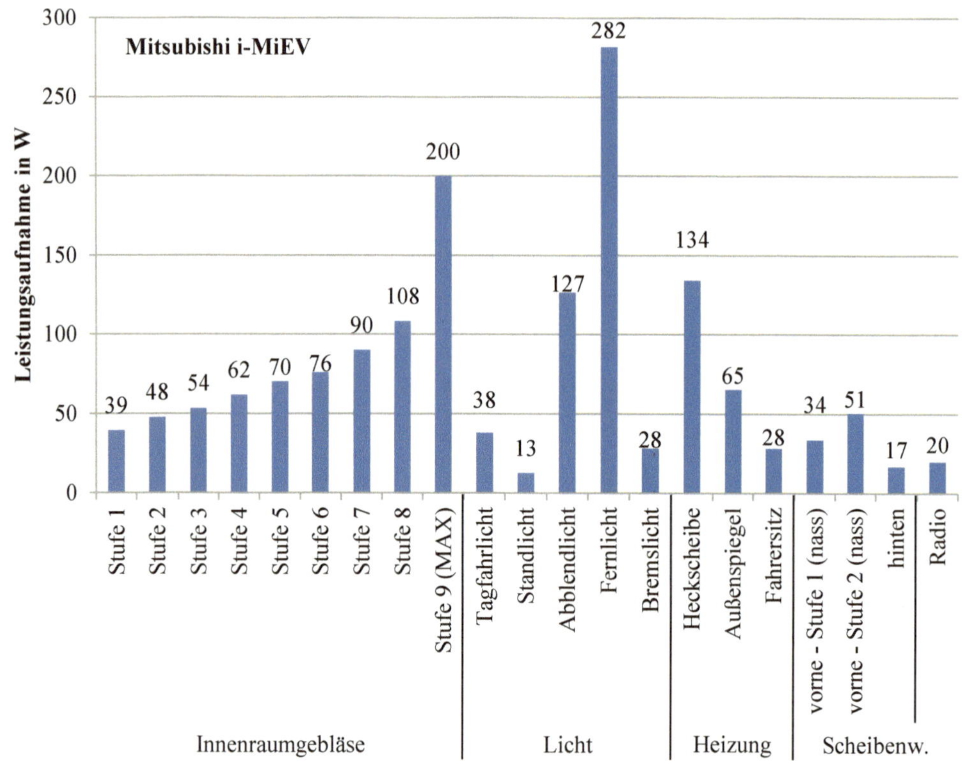

Abbildung 24: Energieaufnahme diverser 12V-Einzelverbraucher des Mitsubishi i-MiEV

4.3.2.5 Reichweite

Die im Eco-Test mit einer Batterieladung bei ebener Fahrbahn realisierbaren maximalen Reichweiten[10] werden in **Abbildung 25** in Abhängigkeit von der Umgebungstemperatur wiedergegeben. Eine Energiereserve von 25 km wurde in der Darstellung grafisch berücksichtigt.

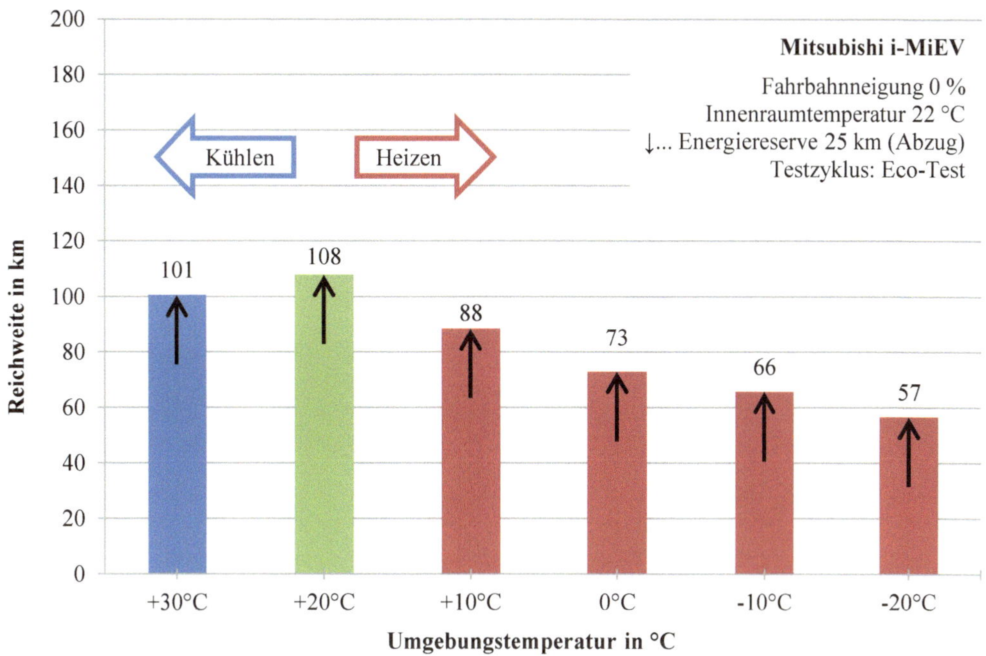

Abbildung 25: Reichweite des Mitsubishi i-MiEV in Abhängigkeit von der Umgebungstemperatur im Eco-Test bei einer Fahrbahnneigung von 0 %

4.3.3 Mercedes-Benz A-Klasse E-Cell

Im Folgenden wird auf die Messergebnisse des Mercedes-Benz A-Klasse E-Cell eingegangen.

4.3.3.1 Energiebedarf

Der Energiebedarf (inkl. Elektromotor, Inverter, Niedervoltsystem, DC/DC-Wandler sowie Lade- und Entladeverlust der Hochvoltbatterie) des E-Cell ist in Abhängigkeit von der Fahrsituation bei einer Fahrbahnneigung von +/-2 % und einer Umgebungstemperatur von

---

[10] Etwaige geringfügige Abweichungen zu [87] resultieren aus der für dieses Projekt abgeänderten Berechnungsmethode. In [87] wurde das Fahrzeug bis zur automatischen Abschaltung des Fahrzeuges betrieben und der Kilometerstand protokolliert. In dieser Studie wurden die positiv absolvierten Zyklusabschnitte (Innerorts, Außerorts und Autobahn) herangezogen und in Relation zur verfügbaren Batteriekapazität gesetzt.

20 °C (ohne Heizung und ohne Klimaanlage) in **Abbildung 26** wiedergegeben. Die angeführten Werte beschreiben den ab Stromnetz realisierten Energieverbrauch.

Der Energiebedarf des Elektromotors ist, wie bereits in Abbildung 20 gezeigt, im Gegensatz zum Energiebedarf des Verbrennungsmotors (siehe Abbildung 17) direkt proportional zur Geschwindigkeit.

Der um eine Fahrzeugkategorie größere PKW (verglichen mit dem i-MiEV – siehe Kapitel 4.1) weist erwartungsgemäß auch einen entsprechend höheren Energiebedarf auf.

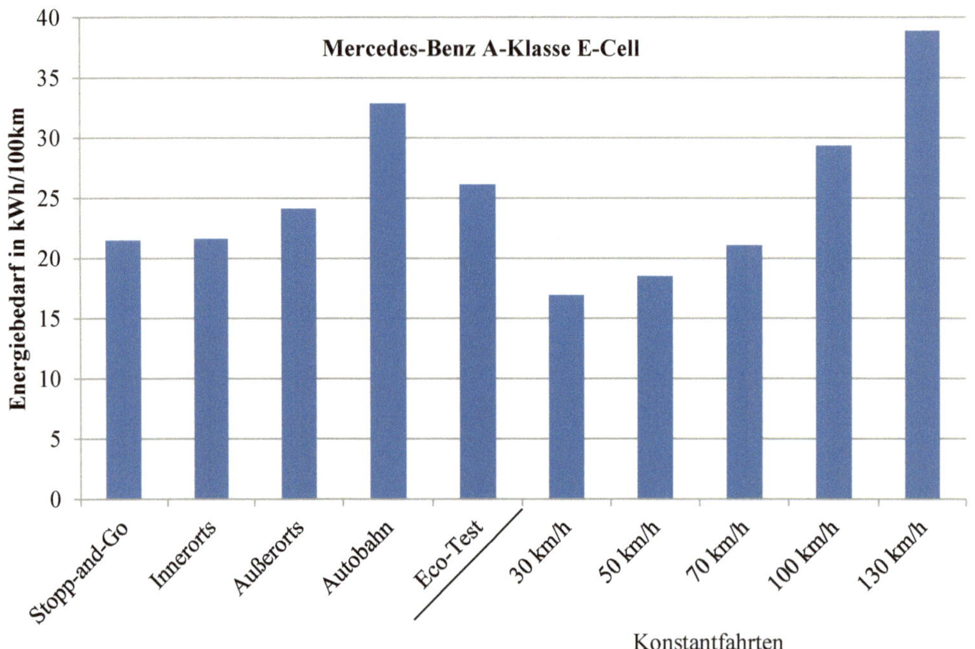

Abbildung 26: Energiebedarf des Mercedes-Benz A-Klasse E-Cell in Abhängigkeit von der Fahrsituation bei einer Fahrbahnneigung von +/-2 % und 20 °C Umgebungstemperatur (ohne Heizung und ohne Klimaanlage) in kWh/100km

Der Energiebedarf in Abhängigkeit von der Umgebungstemperatur im Eco-Test bei einer Fahrbahnneigung von +/-2 % (inkl. Heizung bzw. Klimaanlage) wird in **Abbildung 27** angegeben. Hierbei ist festzuhalten, dass bei -10 °C und -20 °C der Energiebedarf des E-Cell über dem des Polo liegt (vergleiche hierzu Abbildung 19). Der zu niedrigen Temperaturen hin ansteigende Heizbedarf und die steigenden Lade- und Entladeverluste führen dazu, dass der Wirkungsgradvorteil des elektrischen Antriebsstrangs bei diesen tiefen Temperaturen egalisiert wird.

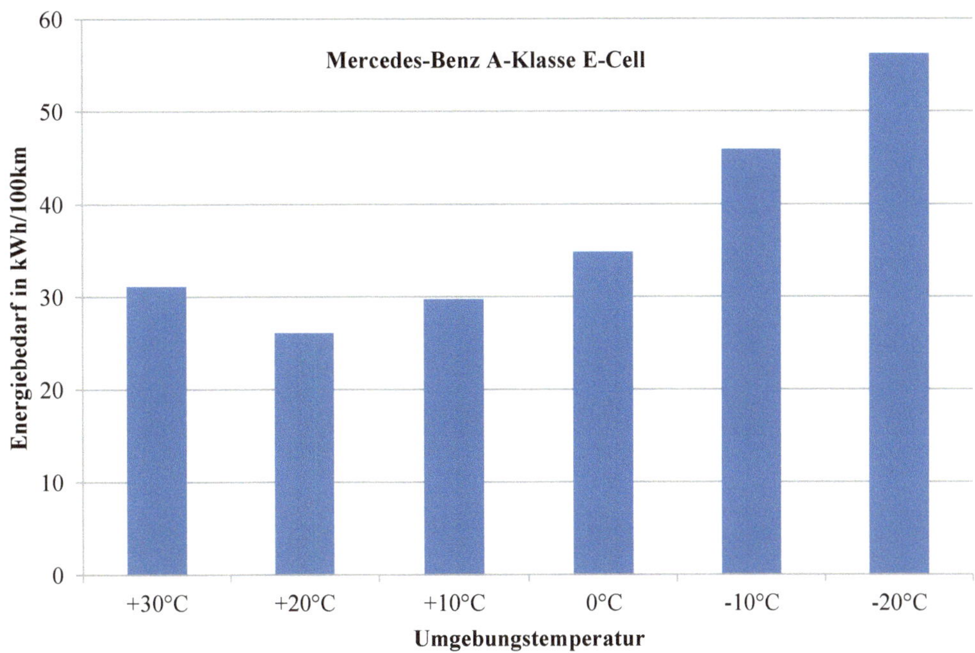

Abbildung 27: Energiebedarf des Mercedes-Benz A-Klasse E-Cell in Abhängigkeit von der Umgebungstemperatur im Eco-Test bei einer Fahrbahnneigung von +/-2 % (inkl. Heizung bzw. Klimaanlage) in kWh/100km

4.3.3.2 Wirkungsgrade

Die Wirkungsgrade der elektrischen Spannungswandler konnten wie folgt ermittelt werden:

Der Wirkungsgrad des On-board Chargers (Ladegerät) liegt, unabhängig von der Umgebungstemperatur, bei 89 %.

Der Wirkungsgrad der Hochvoltbatterie liegt zwischen 85 % und 93 % und weist im Gegensatz zum i-MiEV das Maximum nicht bei +10 °C bis 0 °C auf, sondern bei Umgebungstemperaturen von +20 °C bis +30 °C. Siehe hierzu auch **Abbildung 28**. Als Ursache hierfür ist ein abweichendes Thermomanagement der Batterie anzunehmen.

Die Wirkungsgrade des DC/DC-Wandlers bzw. Inverters konnten aufgrund der Bauweise (in einem gemeinsamen flüssigkeitsgekühlten Gehäuse) nicht ermittelt werden.

Im Gegensatz zum i-MiEV sind die Ladeverluste (inkl. Laderegelung) nicht unabhängig von der Umgebungstemperatur und liegen bei 16 bis 26 %. Die Entladeverluste zeigten ein ebenfalls von der Umgebungstemperatur abhängiges Verhalten mit einem Optimum bei +20 °C bzw. +30 °C. Insgesamt weist die Hochvoltbatterie, wie **Abbildung 29** entnommen werden kann, bei +20 °C die beste Energiebilanz auf.

Absolut wurden vor Fahrbeginn im Mittel 33,2 kWh durch die Hochvoltbatterie zur Verfügung gestellt. Das Maximum lag mit 34,7 kWh bei +20 °C, das Minimum mit 32,4 kWh bei +10 °C.

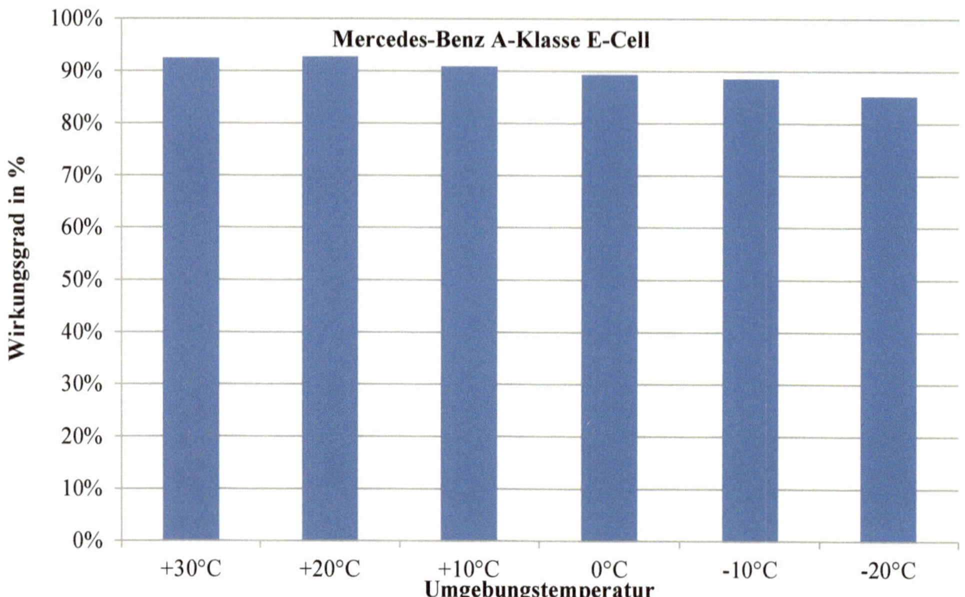

Abbildung 28: Wirkungsgrad der Hochvoltbatterie des Mercedes-Benz A-Klasse E-Cell in Abhängigkeit von der Umgebungstemperatur in %

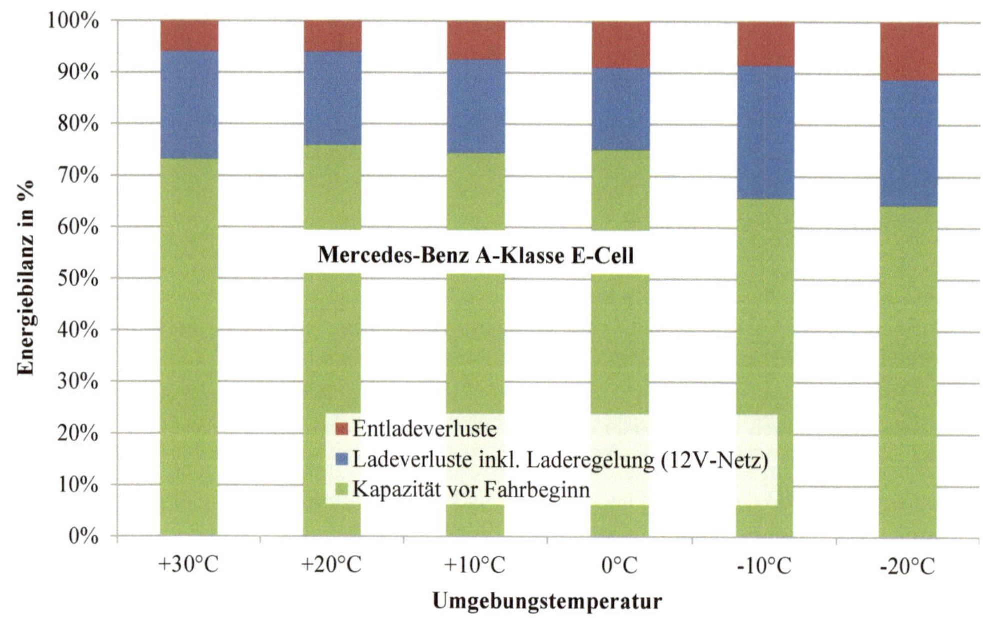

Abbildung 29: Energiebilanz der Hochvoltbatterie des Mercedes-Benz A-Klasse E-Cell in Abhängigkeit von der Umgebungstemperatur in %

4.3.3.3 Ladevorgang

Die Ladedauer kann im Mittel mit 15 Std. 27 Min. angegeben werden.

4.3.3.4 Niedervoltverbraucher

Die Leistungsaufnahme einzelner Niedervoltverbraucher wird in **Abbildung 30** zusammengefasst.

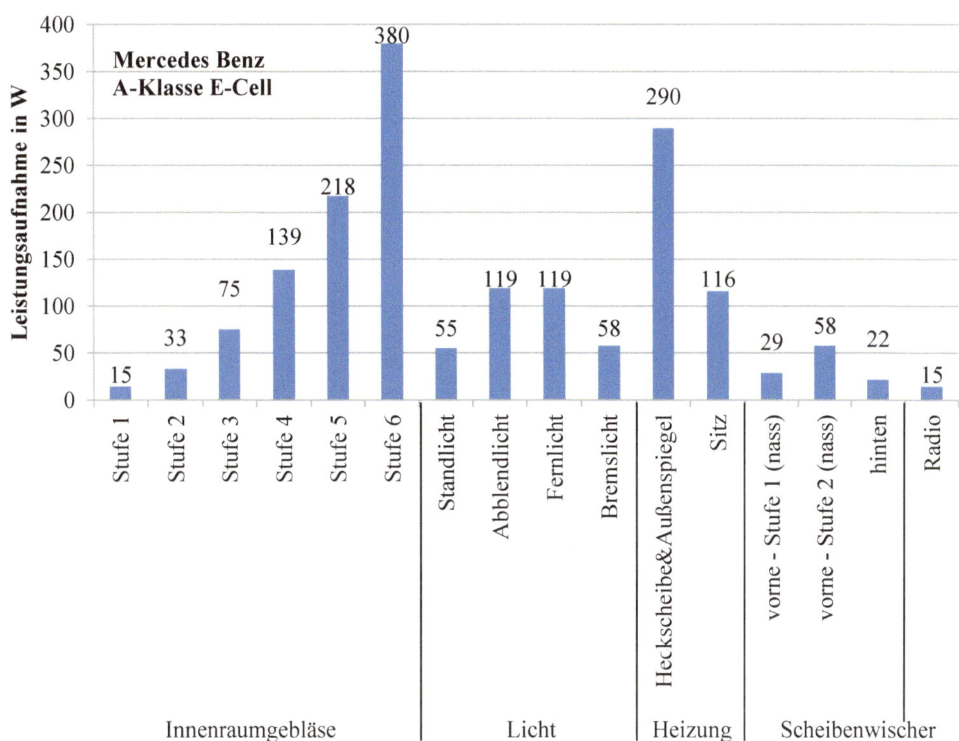

Abbildung 30: Energieaufnahme diverser 12V-Einzelverbraucher des Mercedes-Benz A-Klasse E-Cell

4.3.3.5 Reichweite

Die im Eco-Test bei einer Fahrbahnneigung von +/-2 % mit einer Batterieladung realisierbaren Reichweiten werden in **Abbildung 31** in Abhängigkeit von der Umgebungstemperatur wiedergegeben.

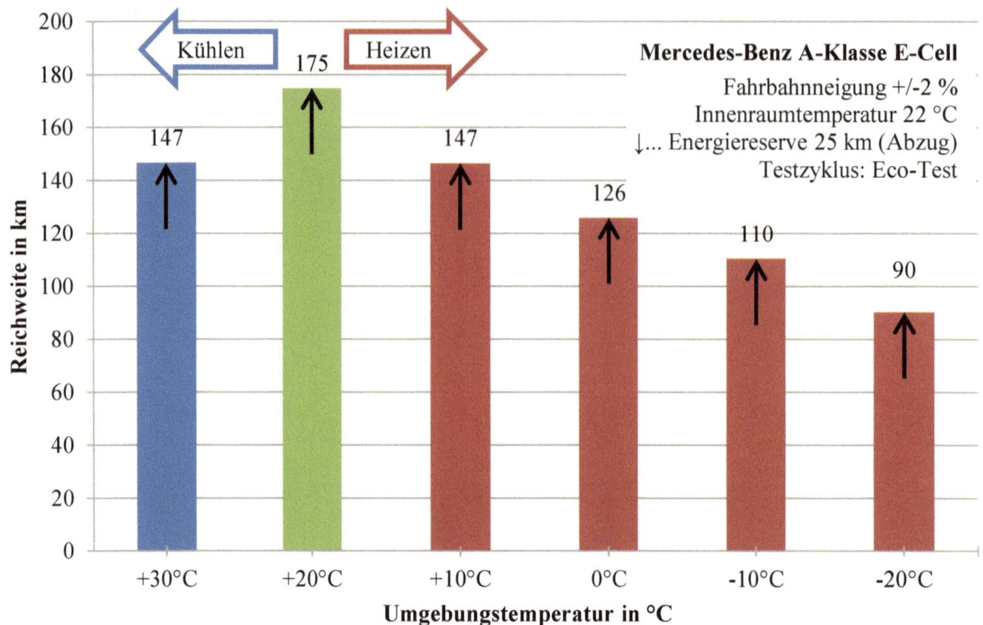

Abbildung 31: Reichweite des Mercedes-Benz A-Klasse E-Cell in Abhängigkeit von der Umgebungstemperatur im Eco-Test bei einer Fahrbahnneigung von +/-2 %

4.3.4 Smart Fortwo Electric Drive

Im Folgenden wird auf die Messergebnisse des Smart Fortwo Electric-Drive eingegangen.

4.3.4.1 Energiebedarf

Der sich für den Fortwo einstellende Energiebedarf (inkl. Elektromotor, Inverter, Niedervoltsystem, DC/DC-Wandler sowie Lade- und Entladeverlust der Hochvoltbatterie) ist bei einer Fahrbahnneigung von +/-2 % und einer Umgebungstemperatur von 20 °C in Abhängigkeit von der Fahrsituation **Abbildung 32** zu entnehmen. Die angeführten Werte beschreiben den ab Stromnetz realisierten Energieverbrauch.

Die realisierten Verbrauchswerte liegen deutlich unter den Verbrauchswerten des eine Fahrzeugklasse größeren E-Cell, jedoch geringfügig über jenes des i-MiEV. Dies ist damit zu begründen, dass der i-MiEV gegenüber dem Fortwo günstigere Fahrwiderstandswerte aufweist. Wie in Kapitel 4.1 ausgeführt, wurden sowohl der E-Cell als auch der Fortwo mit Winterreifen getestet. Dies führt zu höheren Rollwiderständen.

Da in diesem Projekt aus den gesammelten Daten der Elektrofahrzeuge ein Durchschnitts-Elektrofahrzeug gebildet wird, ist diese Vorgehensweise für die Bestimmung durchschnittlicher realer Fahrsituationen jedoch förderlich.

Der bei einer Fahrbahnneigung von +/-2 % im Eco-Test benötigte Energiebedarf in Abhängigkeit von der Umgebungstemperatur (inkl. Heizung bzw. Klimaanlage) wird in **Abbildung 33** angegeben. Es ist festzustellen, dass bei -20 °C knapp doppelt so viel Energie pro 100 km Fahrtstrecke benötigt wird als bei +20 °C.

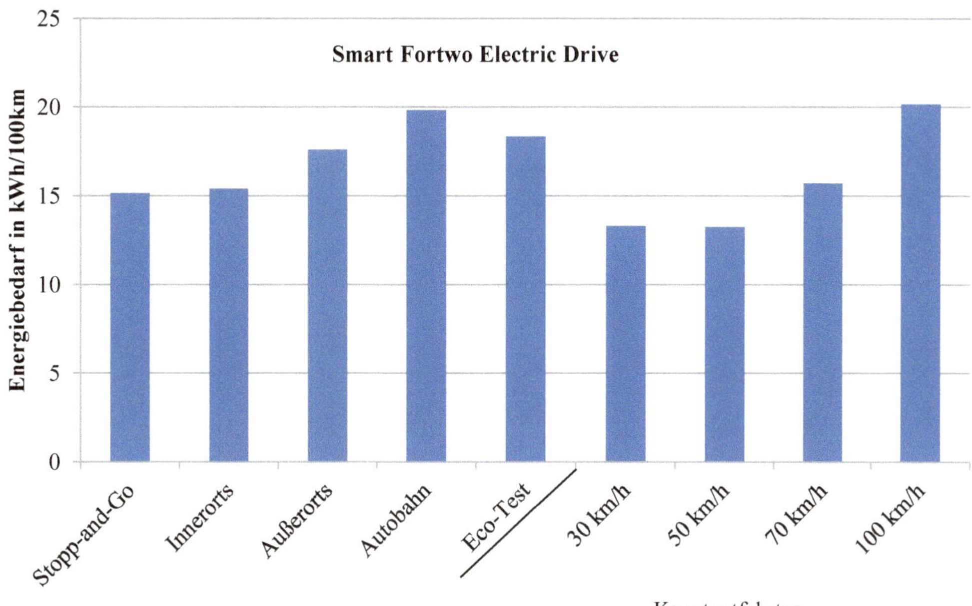

Abbildung 32: Energiebedarf des Smart Fortwo Electric Drive in Abhängigkeit von der Fahrsituation bei einer Fahrbahnneigung von +/-2 % und 20 °C Umgebungstemperatur (ohne Heizung und ohne Klimaanlage) in kWh/100km

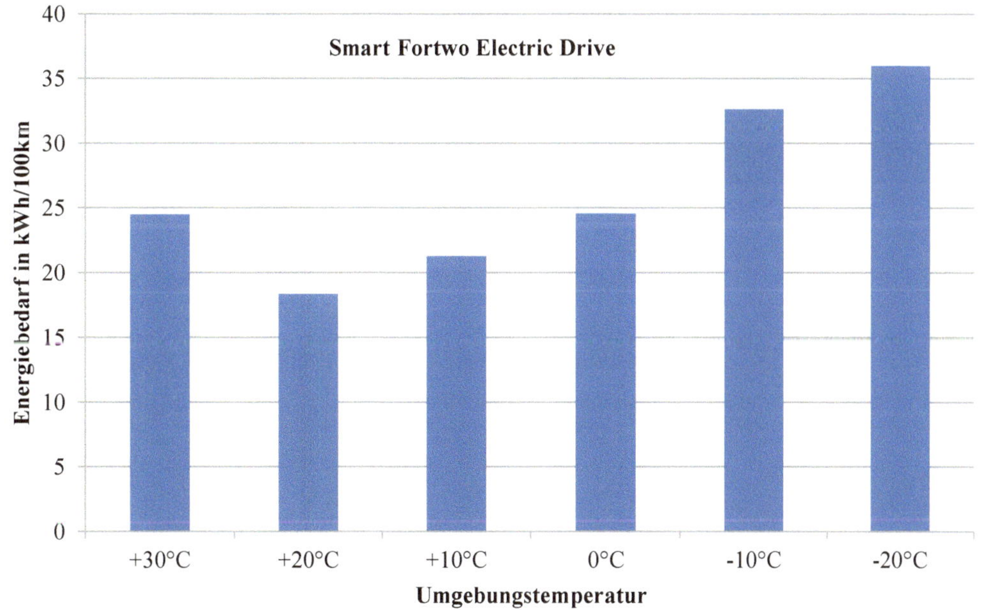

Abbildung 33: Energiebedarf des Smart Fortwo Electric Drive in Abhängigkeit von der Umgebungstemperatur im Eco-Test bei einer Fahrbahnneigung von +/-2 % (inkl. Heizung bzw. Klimaanlage) in kWh/100km

4.3.4.2 Wirkungsgrade

Die Wirkungsgrade der elektrischen Spannungswandler konnten wie folgt ermittelt werden:

Der Wirkungsgrad des On-board Chargers (Ladegerät) liegt, unabhängig von der Umgebungstemperatur, bei 90 %. Das Maximum des Hochvoltbatterie-Wirkungsgrads tritt, wie im Fall des E-Cell, bei Umgebungstemperaturen von +20 °C bis +30 °C auf und liegt bei 86 bis 94 %. Siehe hierzu auch **Abbildung 34**. Die Wirkungsgrade des DC/DC-Wandlers bzw. Inverters konnten aufgrund der Bauweise nicht ermittelt werden.

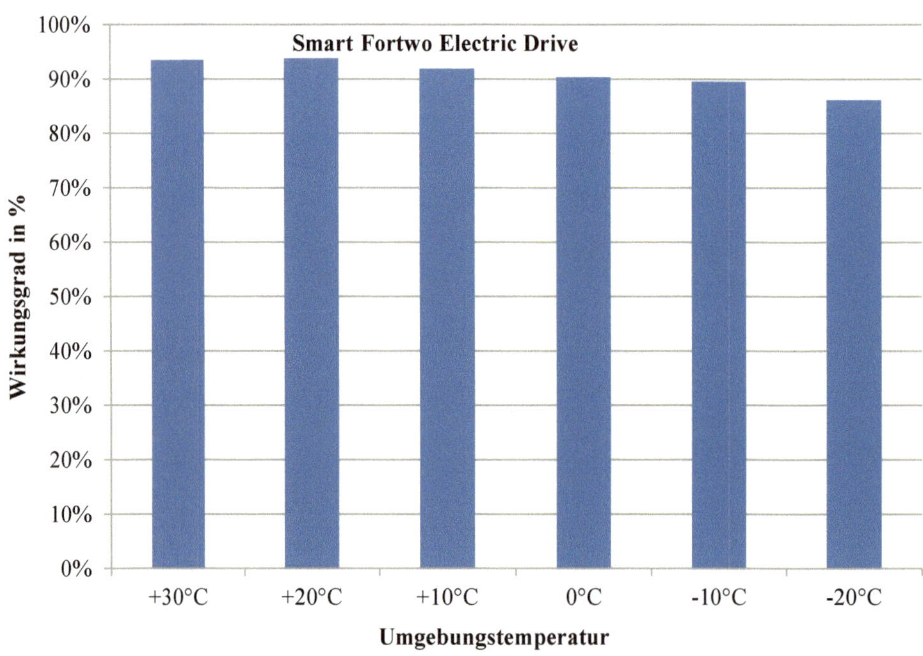

Abbildung 34: Wirkungsgrad der Hochvoltbatterie des Smart Fortwo Electric Drive in Abhängigkeit von der Umgebungstemperatur in %

Die Ladeverluste (inkl. Laderegelung) zeigen eine Abhängigkeit von der Umgebungstemperatur und liegen bei 15 bis 25 %. Die Entladeverluste zeigten ein ebenfalls von der Umgebungstemperatur abhängiges Verhalten mit einem Optimum bei 0 °C bzw. +10 °C. Insgesamt weist die Hochvoltbatterie bei +10 °C und +20 °C die beste Energiebilanz auf. Wie **Abbildung 35** jedoch entnommen werden kann, liegt der Anteil an nutzbarer Kapazität vor Fahrbeginn zwischen +30 °C und 0 °C etwa auf gleichem Niveau.

Absolut wurden vor Fahrbeginn im Mittel 17,2 kWh durch die Hochvoltbatterie zur Verfügung gestellt. Das Maximum lag mit 17,8 kWh bei +20 °C und +30 °C, das Minimum mit 16,5 kWh bei -20 °C.

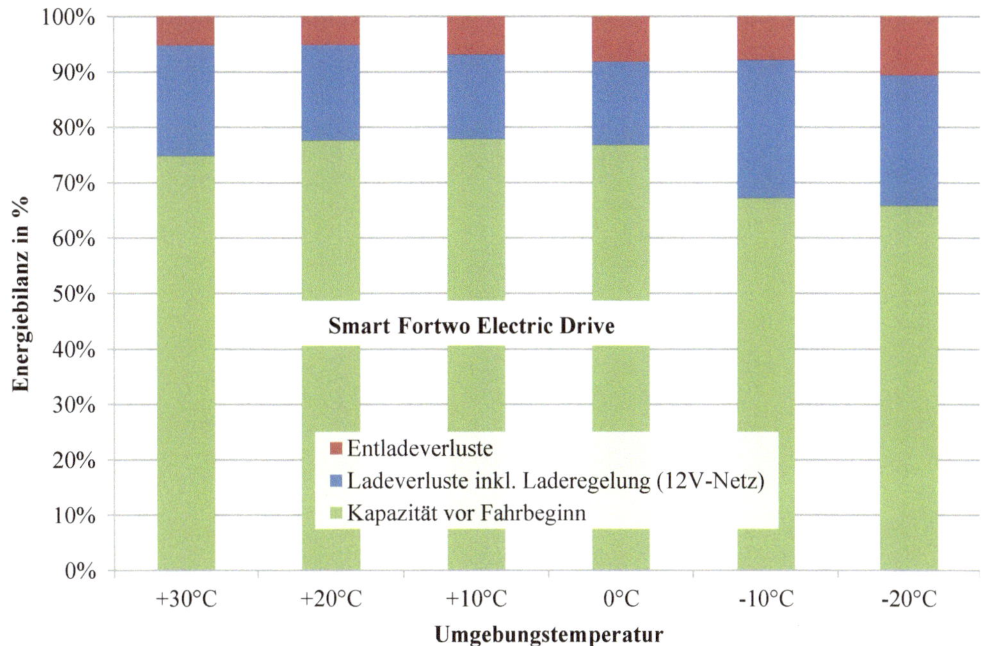

Abbildung 35: Energiebilanz der Hochvoltbatterie des Smart Fortwo Electric Drive in Abhängigkeit von der Umgebungstemperatur in %

4.3.4.3 Ladevorgang

Die Ladedauer kann im Mittel mit 8 Std. 15 Min. angegeben werden.

4.3.4.4 Niedervoltverbraucher

Die Leistungsaufnahmen der vermessenen Niedervoltverbraucher werden in **Abbildung 36** zusammengefasst.

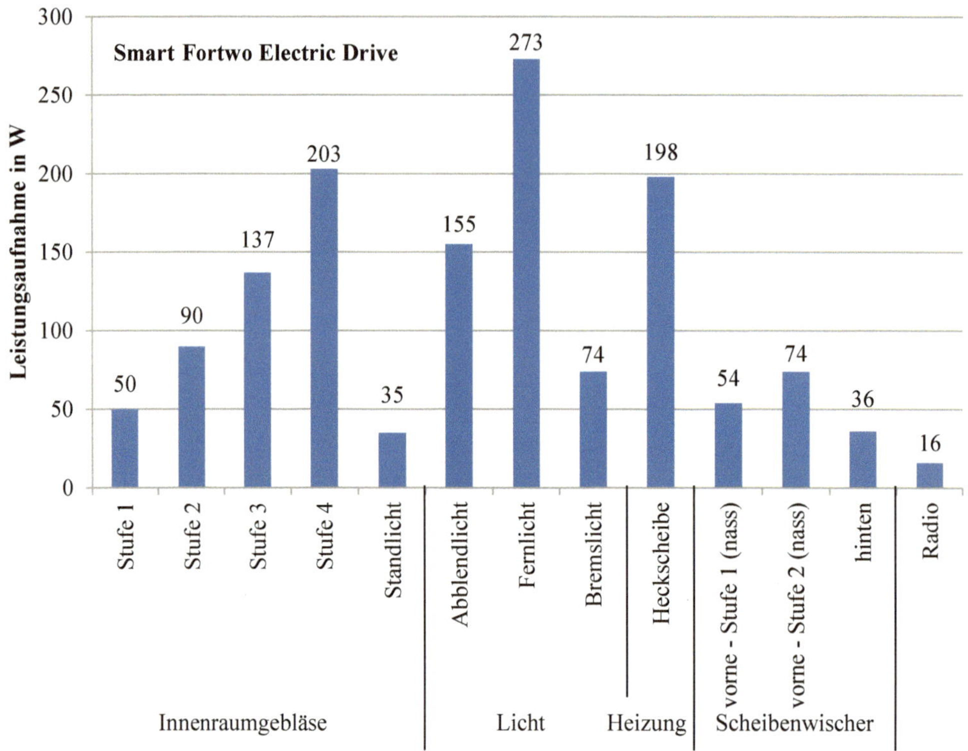

Abbildung 36: Energieaufnahme diverser 12V-Einzelverbraucher des Smart Fortwo Electric Drive

4.3.4.5 Reichweite

Die mit einer Batterieladung bei einer Fahrbahnneigung von +/-2 % im Eco-Test realisierbaren Reichweiten werden in **Abbildung 37** in Abhängigkeit von der Umgebungstemperatur wiedergegeben.

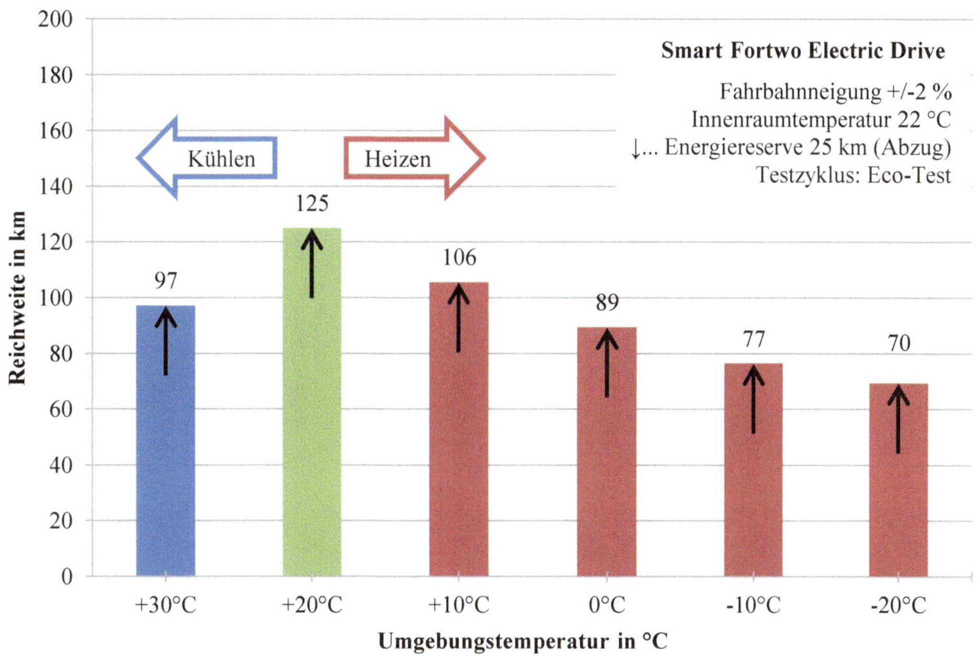

Abbildung 37: Reichweite des Smart Fortwo Electric Drive in Abhängigkeit von der Umgebungstemperatur im Eco-Test bei einer Fahrbahnneigung von +/-2 %

4.3.5 Nissan Leaf

Im Folgenden wird auf die Messergebnisse des Nissan Leaf eingegangen.

4.3.5.1 Energiebedarf

Der Leaf als PKW in einer zum E-Cell vergleichbaren Fahrzeugkategorie benötigt insbesondere bei niedrigen Geschwindigkeiten weniger Energie. **Abbildung 38** zeigt hierzu in Abhängigkeit von der Fahrsituation den Energiebedarf (inkl. Elektromotor, Inverter, Niedervoltsystem, DC/DC-Wandler sowie Lade- und Entladeverlust der Hochvoltbatterie) bei einer Fahrbahnneigung von +/-2 % und einer Umgebungstemperatur von 20 °C (ohne Heizung und ohne Klimaanlage). Die angeführten Werte beschreiben den ab Stromnetz realisierten Energieverbrauch.

Zu begründen ist das einerseits mit, verglichen zum E-Cell, geringeren Fahrwiderstandswerten des Leaf bei niedrigeren Geschwindigkeiten. Dies resultiert wieder daraus, dass der E-Cell mit Winterreifen und der Leaf mit Sommerreifen getestet wurde. Hier gilt dieselbe Argumentation wie beim Vergleich Fortwo und i-MiEV. Andererseits sind insbesondere die Ladeverluste der Hochvoltbatterie geringer.

In **Abbildung 39** wird der bei einer Fahrbahnneigung von +/-2 % im Eco-Test benötigte Energiebedarf in Abhängigkeit von der Umgebungstemperatur (inkl. Heizung bzw. Klimaanlage) wiedergegeben. Es ist festzustellen, dass auch bei -20 °C der Energiebedarf unter jenem des Polo bleibt (vergleiche hierzu Abbildung 19).

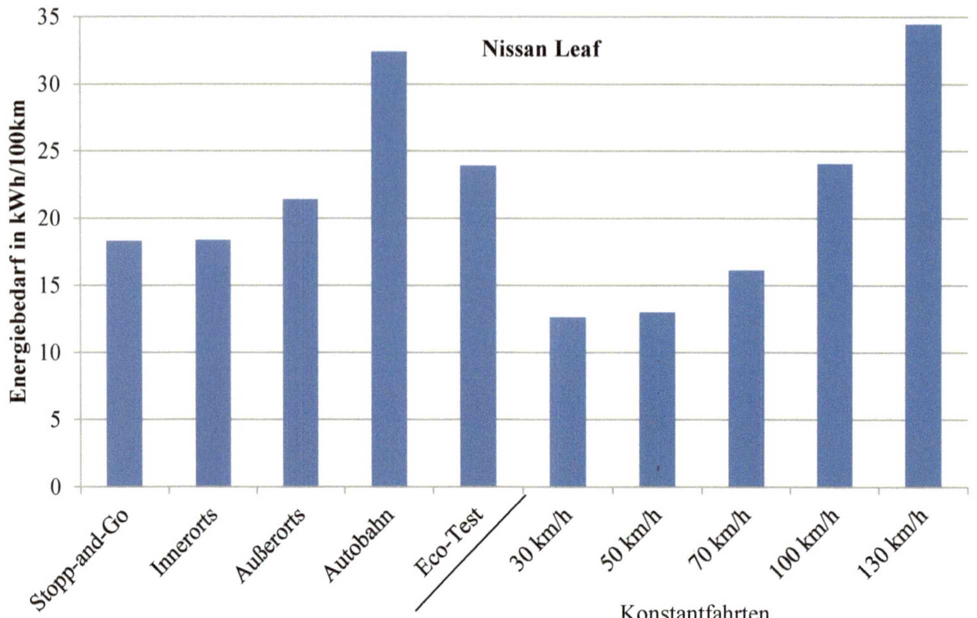

Abbildung 38: Energiebedarf des Nissan Leaf in Abhängigkeit von der Fahrsituation bei einer Fahrbahnneigung von +/-2 % und 20 °C Umgebungstemperatur (ohne Heizung und ohne Klimaanlage) in kWh/100km

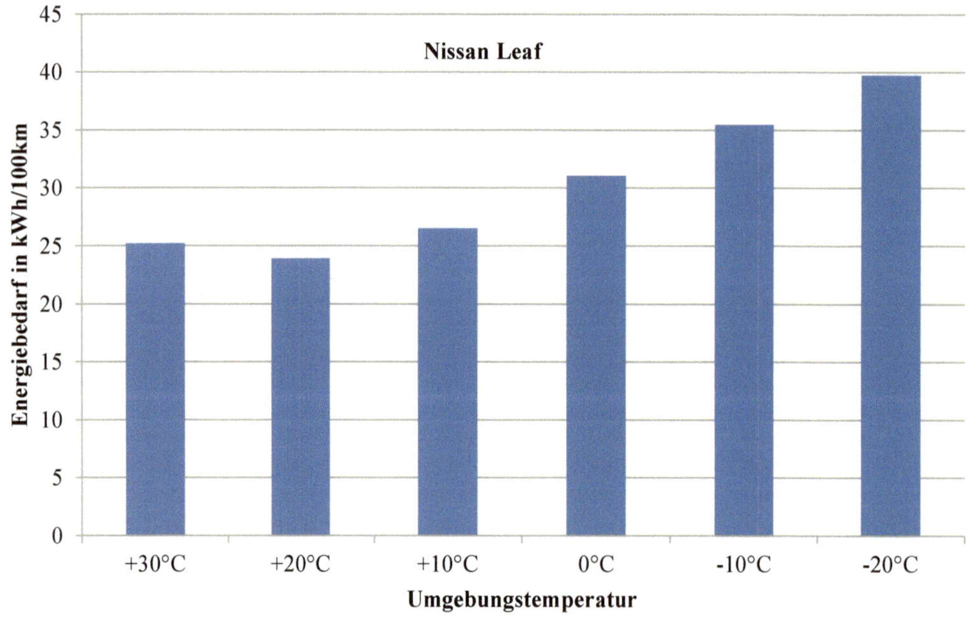

Abbildung 39: Energiebedarf des Nissan Leaf in Abhängigkeit von der Umgebungstemperatur im Eco-Test bei einer Fahrbahnneigung von +/-2 % (inkl. Heizung bzw. Klimaanlage) in kWh/100km

4.3.5.2 Wirkungsgrade

Die Wirkungsgrade der elektrischen Spannungswandler konnten wie folgt ermittelt werden:

Der Wirkungsgrad des On-board-Chargers (Ladegerät) liegt, unabhängig von der Umgebungstemperatur, bei 89 %.

Die Hochvoltbatterie weist ihren maximalen Wirkungsgrad bei +30 °C Umgebungstemperatur auf. Die Bandbreite liegt bei 90 bis 96 %. Siehe hierzu auch **Abbildung 40**.

Die Wirkungsgrade des DC/DC-Wandlers konnten aufgrund der Bauweise nicht ermittelt werden. Jener des Inverters liegt, unabhängig von der Umgebungstemperatur, bei 96 %.

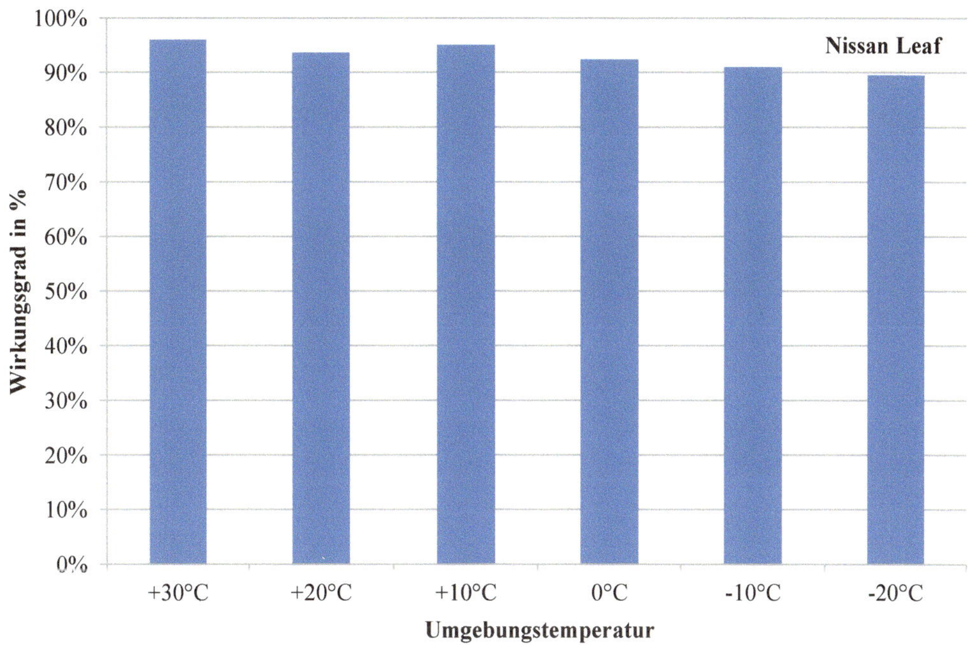

Abbildung 40: Wirkungsgrad der Hochvoltbatterie des Nissan Leaf in Abhängigkeit von der Umgebungstemperatur in %

Die Ladeverluste (inkl. Laderegelung) zeigen ein von der Umgebungstemperatur unabhängiges Verhalten und liegen bei 15 %. Die Entladeverluste hingegen sind von der Umgebungstemperatur abhängig und liegen zwischen 3 % und 9 %. Insgesamt weist die Hochvoltbatterie bei +30 °C die beste Energiebilanz auf. Wie **Abbildung 41** entnommen werden kann, liegt der Anteil an nutzbarer Kapazität vor Fahrbeginn zwischen +30 °C und +10 °C etwa auf gleichem Niveau.

Absolut wurden vor Fahrbeginn im Mittel 18,8 kWh durch die Hochvoltbatterie zur Verfügung gestellt. Das Maximum lag mit 19,6 kWh bei +30 °C, das Minimum mit 16,9 kWh bei -20 °C.

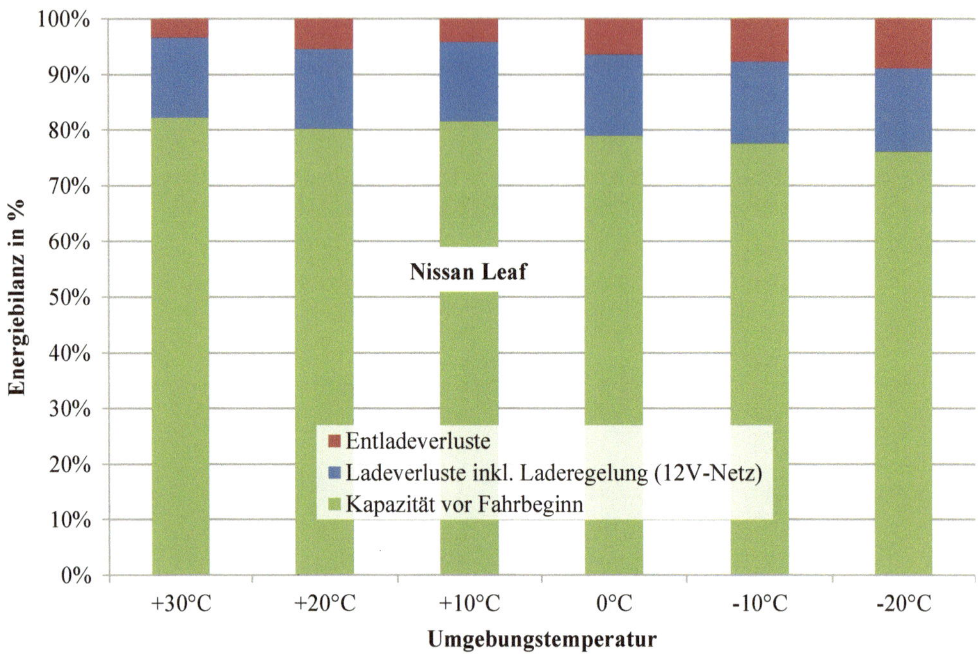

Abbildung 41: Energiebilanz der Hochvoltbatterie des Nissan Leaf in Abhängigkeit von der Umgebungstemperatur in %

4.3.5.3 Ladevorgang

Die Ladedauer kann im Mittel mit 6 Std. 47 Min. angegeben werden.

4.3.5.4 Niedervoltverbraucher

Die Leistungsaufnahmen der vermessenen Niedervoltverbraucher werden in **Abbildung 42** zusammengefasst. Durch die Aktivierung des Standlichtes wird die Beleuchtung im Armaturenbrett abgedunkelt. Dies führt zu einem Rückgang des Niedervolt-Leistungsbedarfs, sodass mit aktivem Standlicht 19 W weniger Leistung benötigt wird.

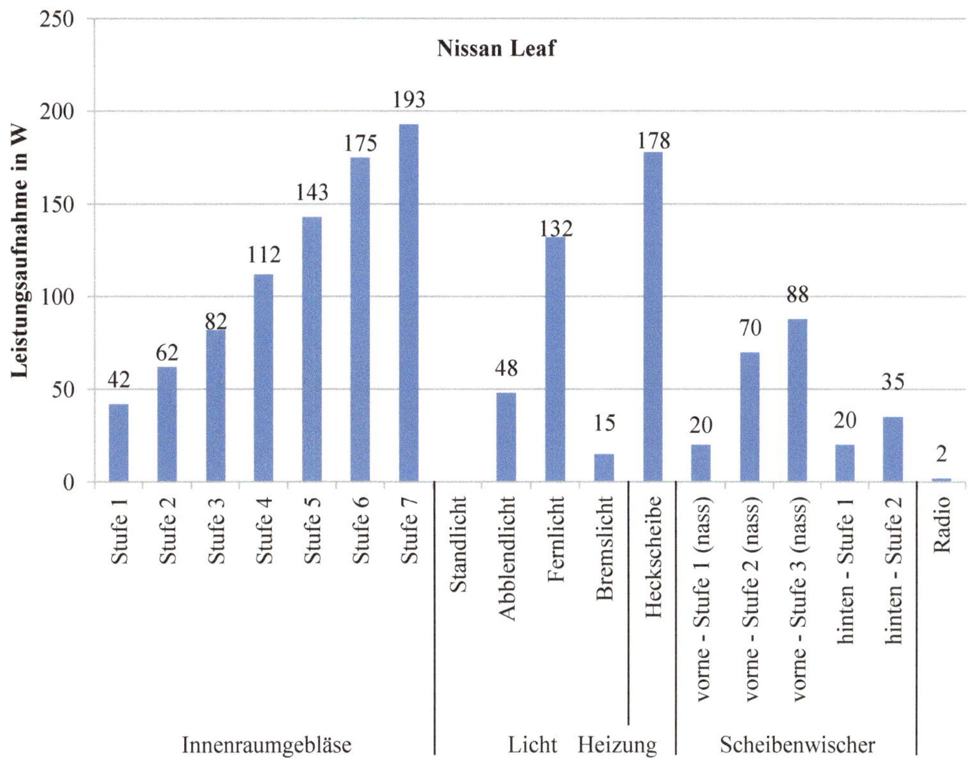

Abbildung 42: Energieaufnahme diverser 12V-Einzelverbraucher des Nissan Leaf

4.3.5.5 Reichweite

Die mit einer Batterieladung bei einer Fahrbahnneigung von +/-2 % im Eco-Test realisierbaren Reichweiten werden in **Abbildung 43** in Abhängigkeit von der Umgebungstemperatur wiedergegeben.

Die geringe Reichweite des Leaf resultiert daraus, dass das Fahrzeug als PKW der Kompaktklasse lediglich eine Batterie in der Größenordnung der Subkompaktklasse (i-MiEV, Smart) aufweist. Der E-Cell, ebenfalls ein Vertreter der Kompaktklasse, führt rund ¾ mehr nutzbare Energie mit sich.

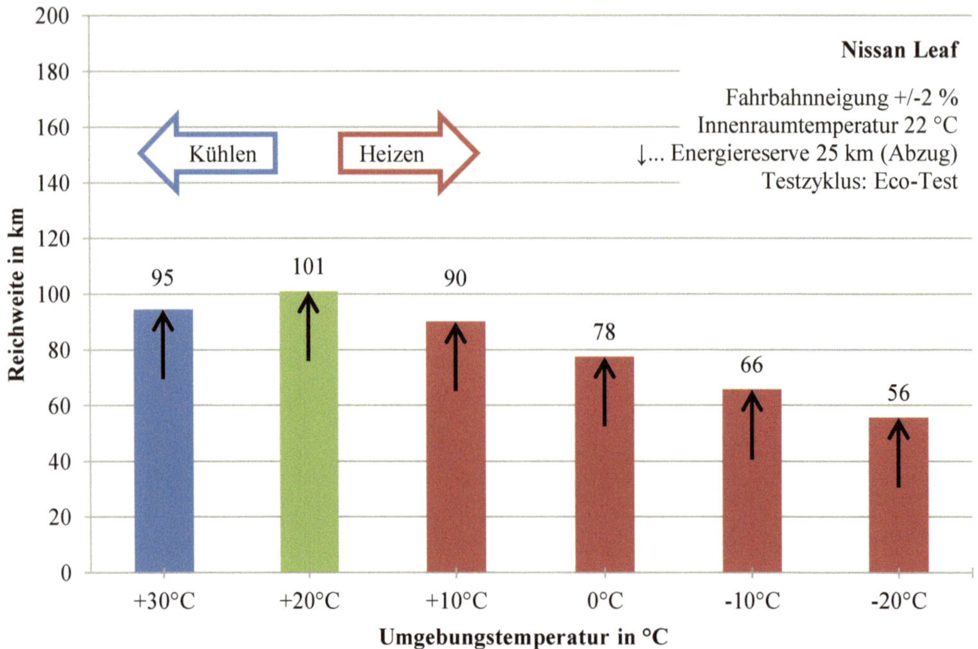

Abbildung 43: Reichweite des Nissan Leaf in Abhängigkeit von der Umgebungstemperatur im Eco-Test bei einer Fahrbahnneigung von +/-2 %

4.3.6 Citroën Berlingo

Im Folgenden wird auf die Messergebnisse des Citroën Berlingo eingegangen.

4.3.6.1 Energiebedarf

Im Gegensatz zu den bereits untersuchten E-PKW, bei denen eine Lithium-Ionen-Batterie als Traktionsbatterie verwendet wurde, verfügt der Berlingo über eine Nickel-Natriumchlorid-Batterie. Zudem wird das Fahrzeug als leichtes Nutzfahrzeug (Zweisitzer mit Laderaum) verwendet und nicht als PKW vorrangig für den Personentransport.

Abbildung 44 gibt in Abhängigkeit von der Fahrsituation den Energiebedarf (inkl. Elektromotor, Inverter, Niedervoltsystem, DC/DC-Wandler sowie Lade- und Entladeverlust der Hochvoltbatterie) bei einer Fahrbahnneigung von +/-2 % und einer Umgebungstemperatur von 20 °C (ohne Heizung und ohne Klimaanlage) wieder. Die angeführten Werte beschreiben den ab Stromnetz realisierten Energieverbrauch.

Der gegenüber dem E-Cell und dem Leaf höhere Energiebedarf ist nur teilweise durch die höheren Fahrwiderstände des Berlingo zu erklären. Der weit gewichtigere Unterschied zu E-Cell und Leaf liegt in der geringeren nutzbaren Kapazität der Traktionsbatterie in Relation zur Entnahme aus dem Stromnetz. Hierzu im Folgenden mehr.

An dieser Stelle ist festzuhalten, dass sich die bei 0 % Fahrbahnneigung einstellende maximale Geschwindigkeit von 100 km/h nicht durch eine elektronische oder mechanische Limitierung der Bauartgeschwindigkeit ergibt, sondern aus der maximalen Dauerleistungsfähigkeit der Traktionsbatterie.

Dies führt dazu, dass im Zuge der Absolvierung des Autobahn-Fahrprofils bei einem Gefälle von -2 % die Vorgabe von 130 km/h mit 125 km/h nur knapp unterschritten wird. Im Zuge der Autobahnfahrt bei +2 % Steigung sinkt die maximal erreichbare Geschwindigkeit auf 93 km/h.

Die dauerhaft realisierbare maximale Leistungsabgabe der Traktionsbatterie ist mit rund 20 kW anzugeben. Ein anhaltender Leistungsbedarf über diesem Niveau führt zu einer Überhitzung der Traktionsbatterie und in weiterer Folge zu einer Leistungsreduktion.

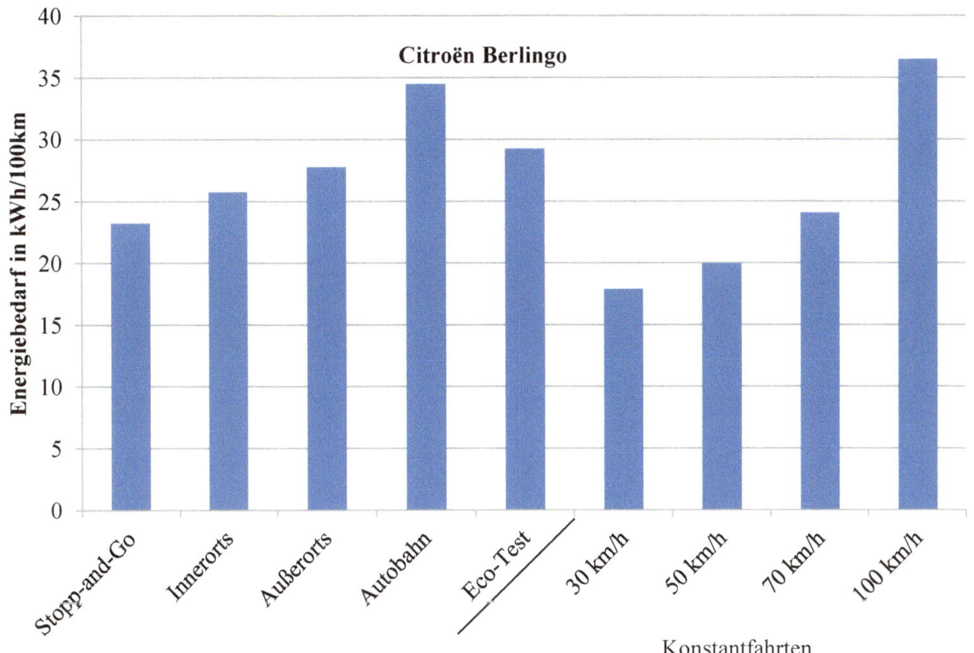

Abbildung 44: Energiebedarf des Citroën Berlingo in Abhängigkeit von der Fahrsituation bei einer Fahrbahnneigung von +/-2 % und 20 °C Umgebungstemperatur (ohne Heizung und ohne Klimaanlage) in kWh/100km

Da der Berlingo über keine Klimaanlage und keine elektrische Heizung verfügt, ergibt sich für den Energiebedarf in Abhängigkeit von der Umgebungstemperatur, dargestellt in **Abbildung 45**, ein zu den anderen batterieelektrischen Fahrzeugen abweichendes Bild.

Zu höheren Umgebungstemperaturen (+30 °C) hin sinkt der Energiedarf geringfügig aufgrund besserer Schmiereigenschaften der Öle und Fette. Dieser Vorteil wird, verglichen mit den anderen untersuchten batterieelektrischen Fahrzeugen, nicht durch die elektrische Klimaanlage kompensiert.

Der Anstieg des Energiebedarfs zu niedrigeren Umgebungstemperaturen (unter +20 °C) hin fällt aufgrund der nicht vorhandenen elektrischen Heizung geringer aus als bei den anderen untersuchten E-PKW und ist durch die höheren Reibungswiderstände bei niedrigen Temperaturen und dem Innenraumgebläse (elektrisch) für den Betrieb der (nicht elektrischen) Standheizung zu erklären, welche als Innenraumheizung im Fahrbetrieb verwendet wird.

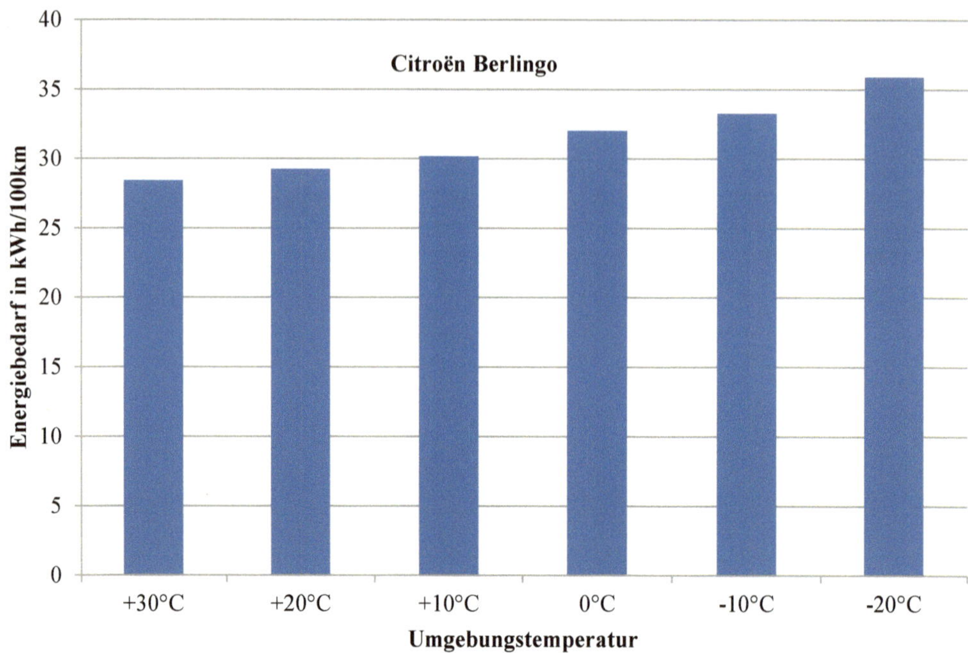

Abbildung 45: Energiebedarf des Citroën Berlingo in Abhängigkeit von der Umgebungstemperatur im Eco-Test bei einer Fahrbahnneigung von +/-2 % (inkl. Heizung) in kWh/100km

4.3.6.2 Wirkungsgrade

Der Wirkungsgrad des On-board-Chargers (Ladegerät) liegt bei 85 bis 91 % und sinkt bei niedrigen Umgebungstemperaturen. Der im Fahrzeug verbaute zusätzliche AC/DC-Wandler, welcher während des Ladevorganges bei Umgebungstemperaturen über 0°C das Niedervoltnetz direkt vom Stromnetz aus versorgt, weist einen Wirkungsgrad von 71 bis 79 % auf.

Der Wirkungsgrad der Hochvoltbatterie ist mit 75 bis 78 % relativ unabhängig von der Umgebungstemperatur. Siehe hierzu auch **Abbildung 46**.

Der Wirkungsgrad des DC/DC-Wandlers wurde bei einer Umgebungstemperatur von +20 °C mit 90 % bestimmt. Bei zu niedrigen Temperaturen fällt der Wirkungsgrad auf rund 70 %. Jener des Inverters liegt bei 93 bis 95 % und steigt mit sinkender Umgebungstemperatur.

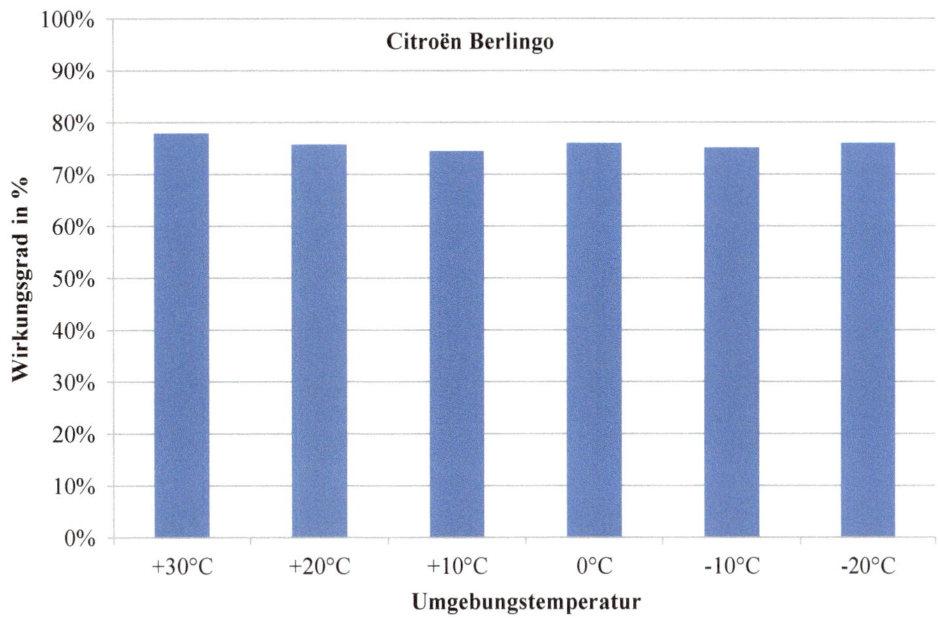

Abbildung 46: Wirkungsgrad der Hochvoltbatterie des Citroën Berlingo in Abhängigkeit von der Umgebungstemperatur in %

Der in **Abbildung 47** wiedergegebenen Grafik liegt zugrunde, dass das Fahrzeug bis unmittelbar vor dem Test am 230V-Stromnetz angeschlossen war. Das heißt, dass ein etwaiges Heizen der Traktionsbatterie durch eine zusätzliche Stromentnahme aus dem 230V-Netz realisiert wurde und nicht durch die Traktionsbatterie selbst. Etwaige Kapazitätsverluste in der Konditionierungsphase wurden somit unterbunden. Der Energiebedarf zum Erhalt der Betriebstemperatur der Traktionsbatterie in der Konditionierungsphase (nach der Vollladung und vor Fahrbeginn) wurde in der Darstellung nicht berücksichtigt und wird im Weiteren gesondert diskutiert.

Für die Ladung der Traktionsbatterie (Ladeverluste inkl. Laderegelung) wurden 13 % (bei +30 °C) bis 18 % (bei -20 °C) der vom 230V-Netz entnommenen Energie aufgewendet. Dies deckt sich mit den Erkenntnissen aus [88], wo Ladeverluste von 14 bzw. 25 % (Fiat 500 und Th!nk City) ermittelt wurden.

Die Entladeverluste des Berlingo liegen, bezogen auf der vom 230V-Netz entnommenen Energie, mit rund 20 % um etwa 9 %-Punkte höher als jene des in [88] untersuchten Th!nk City. Dies führt dazu, dass lediglich 61 % (bei -20 °C) bis 68 % (bei +30 °C) der vom 230V-Netz entnommenen Energie während der Fahrt zur Verfügung stehen.

Absolut wurden vor Fahrbeginn im Mittel 16,0 kWh durch die Hochvoltbatterie zur Verfügung gestellt. Das Maximum lag mit 16,5 kWh bei +30 °C, das Minimum mit 14,9 kWh bei -20 °C.

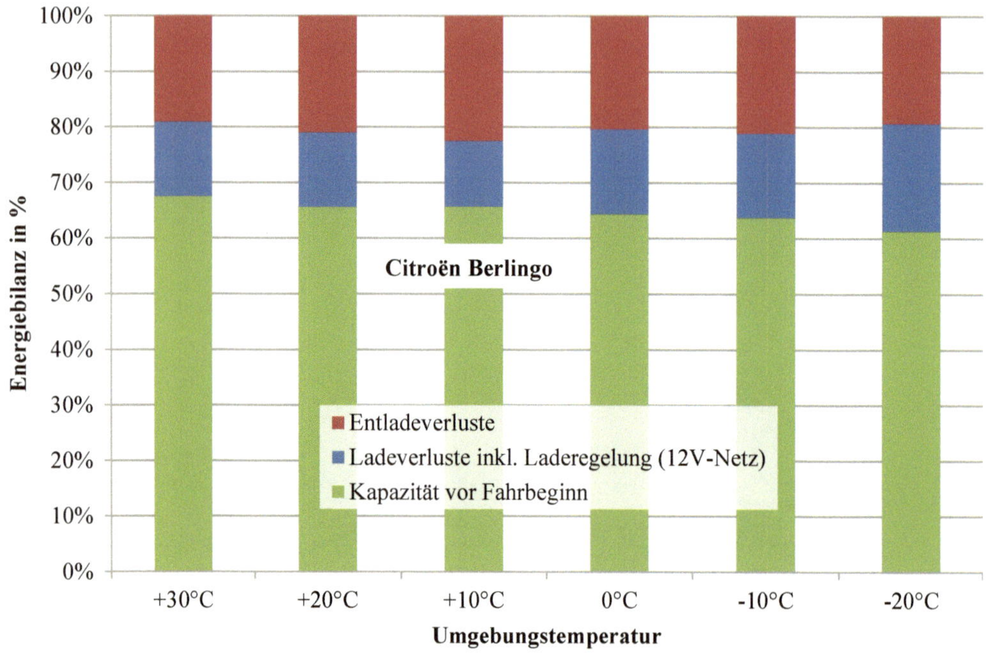

Abbildung 47: Energiebilanz der Hochvoltbatterie des Citroën Berlingo in Abhängigkeit von der Umgebungstemperatur in %

4.3.6.3 Ladevorgang

Die Ladedauer kann im Mittel mit 9 Std. 47 Min. angegeben werden.

4.3.6.4 Niedervoltverbraucher

Die Leistungsaufnahmen der vermessenen Niedervoltverbraucher werden in **Abbildung 48** zusammengefasst.

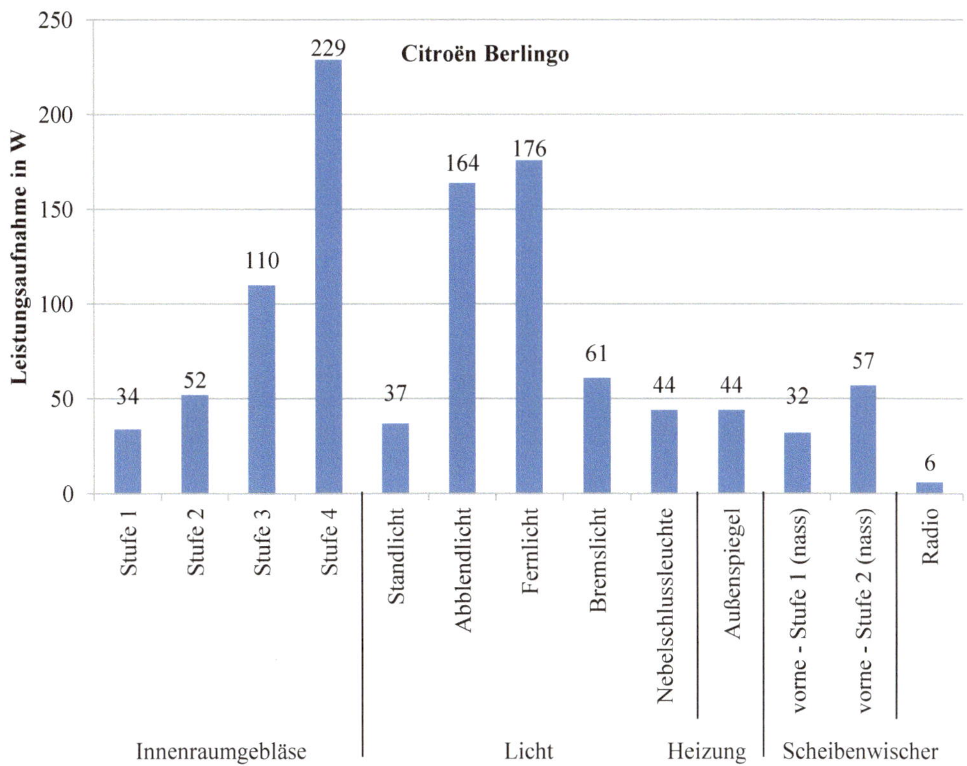

Abbildung 48: Energieaufnahme diverser 12V-Einzelverbraucher des Citroën Berlingo

4.3.6.5 Reichweite

Die mit einer Batterieladung bei einer Fahrbahnneigung von +/-2 % im Eco-Test realisierbaren Reichweiten werden in **Abbildung 49** in Abhängigkeit von der Umgebungstemperatur wiedergegeben.

Wie bereits im Obigen erörtert, führen die nicht verbaute Klimaanlage und die nicht elektrisch betriebene Innenraumheizung dazu, dass der Energiebedarf lediglich durch die von der Umgebungstemperatur abhängigen Fahrwiderstände und Wirkungsgrade der elektrischen Komponenten beeinflusst wird.

Die spärlichen Reichweiten des Berlingo sind vorrangig auf die für diese Fahrzeugkategorie geringe nutzbare Kapazität der Traktionsbatterie zurückzuführen.

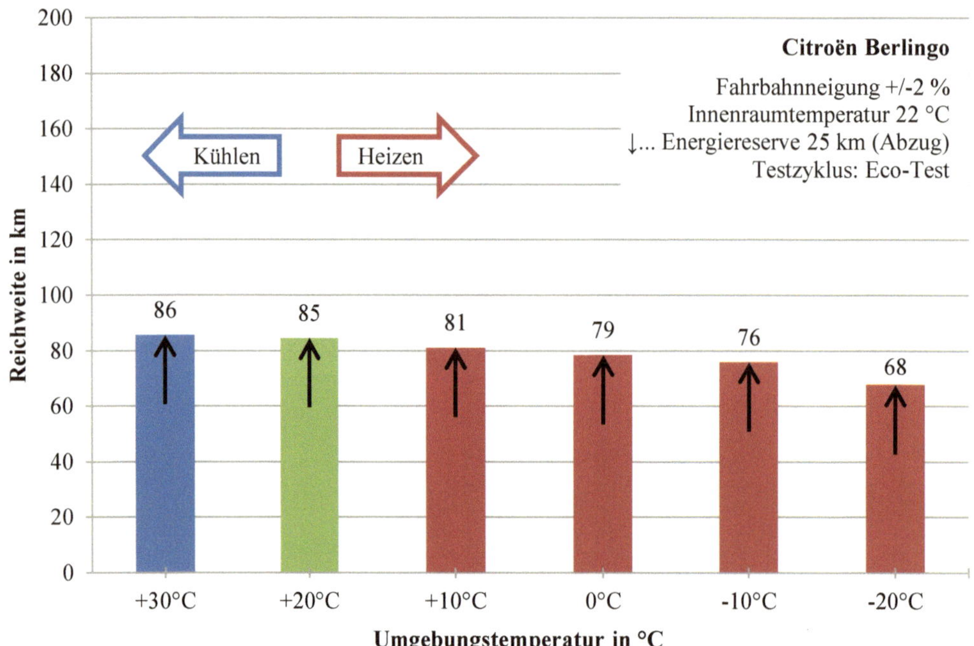

Abbildung 49: Reichweite des Citroën Berlingo in Abhängigkeit von der Umgebungstemperatur im Eco-Test bei einer Fahrbahnneigung von +/-2 %

4.3.6.6 Sondermessung

Wie bereits erörtert, verfügt der Berlingo nicht über eine elektrisch betriebene Innenraumheizung, sondern eine benzinbetriebene Standheizung, welche auch im Fahrbetrieb für die Klimatisierung des Fahrzeuginnenraumes verwendet wird. Dies bedeutet, dass die Energie der Traktionsbatterie nicht für die Beheizung des Innenraumes herangezogen werden muss.

Der Betrieb der Standheizung mit Ottokraftstoff führt jedoch zu Emissionen während der Nutzung. Für Umgebungstemperaturen unter +20 °C wurden der Kraftstoffverbrauch, die CO_2-Emission und die Emissionen der limitierten Schadstoffe CO, HC und NO_x bestimmt. Wie auch im Fall der elektrisch betriebenen Heizung wurde im Innenraum des Fahrzeuges während des Tests eine Temperatur von +22°C eingestellt.

Die Ergebnisse werden in **Tabelle 13** zusammengefasst. Die temperaturgesteuert in zwei Stufen (Teil- bzw. Volllast) betriebene Standheizung wird zu niedrigen Temperaturen hin zunehmend oft aktiviert, bzw. häufiger in der Volllaststufe betrieben.

Der Kraftstoffverbrauch bzw. die Emissionen der Standheizung sind im Rahmen einer Ökobilanz dieses Elektrofahrzeuges zu berücksichtigen.

Das Emissionsniveau liegt, sofern es mit den Grenzwerten für PKW der Euro 6 Gesetzgebungsstufe verglichen wird, deutlich unter den Vorgaben von 1 g/km CO, 0,1 g/km HC und 0,06 g/km NO_x. Es konnten keine erhöhten Kohlenwasserstoffemissionen detektiert werden.

Tabelle 13: Emissionen und Kraftstoffverbrauch der Innenraumheizung (Standheizung) des Citroën Berlingo bei unterschiedlichen Umgebungstemperaturen und einer Innenraumtemperatur von +22 °C

Umgebungs-temperatur	CO_2 [g/km]	CO [g/km]	NO_x [g/km]	Verbrauch [l/100km]
+10°C	9,6	0,004	0,004	0,4
0°C	16,7	0,007	0,007	0,7
-10°C	26,1	0,013	0,011	1,1
-20°C	31,9	0,018	0,014	1,3

Die im Berlingo eingebaute Nickel-Natriumchlorid-Batterie ist eine Hochtemperaturbatterie. Batterien dieses Typs benötigen eine Betriebstemperatur von rund 300 °C [89]. Im Fall des Berlingo liegt das untere Temperaturniveau bei etwa 250 °C.

Sofern die Traktionsbatterie mit dem 230V-Netz verbunden ist, wird der zur Temperierung erforderliche Strom diesem entnommen. In **Tabelle 14** wird der Energiebedarf pro Stunde (ab 230V-Netz), abhängig von der Umgebungstemperatur, angegeben.

Sobald das Fahrzeug vom 230V-Netz abgesteckt wird, muss die in der Traktionsbatterie gespeicherte Energie für den Erhalt des Temperaturniveaus herangezogen werden. Für die Umgebungstemperatur von +10 °C wurde der Einfluss auf die Kapazität der Traktionsbatterie untersucht. Pro Stunde sinkt diese um 84 Wh.

[90] gibt den thermischen Verlust einer Nickel-Natriumchlorid-Batterie mit etwa 5 W pro kWh Speichervermögen an und liefert demnach einen vergleichbaren Wert. Die beiden in [91] untersuchten Fahrzeuge (Th!nk City und Fiat 500) weisen einen vergleichbaren Energieverbrauch (ab 230V-Netz) im Stand-By-Betrieb (Fahrzeug geladen und im Stillstand) von 104 bzw. 167 Wh/h auf. Der negative Einfluss auf den Stand-By-Verbrauch, zu niedrigen Umgebungstemperaturen hin, wird ebenfalls bestätigt.

Tabelle 14: Energiebedarf pro Stunde ab 230V-Netz für den Erhalt der Betriebstemperatur der Traktionsbatterie des Citroën Berlingo bei unterschiedlichen Umgebungstemperaturen

Umgebungs-temperatur	[Wh/h]
+30°C	117
+20°C	100
+10°C	146
0°C	171
-10°C	177
-20°C	229

Der Energiebedarf für die Beheizung der Traktionsbatterie führt im nicht (am 230V-Netz) angesteckten Zustand bei einer Umgebungstemperatur von +10 °C dazu, dass die Batterie nach 8 Tagen leer ist bzw. jenen Ladezustand erreicht hat, den die Batterie aufweist, wenn sich das

Fahrzeug selbsttätig im Rahmen der Nutzung abschaltet und keinen weiteren Betrieb mehr zulässt. Ein Defekt der Batterie ist zu diesem Zeitpunkt aber noch nicht zu erwarten.

4.4   Durchschnittliches E-Fahrzeug

Um im Weiteren das Referenzfahrzeug (VW Polo) mit einem durchschnittlichen Elektrofahrzeug zu vergleichen, werden die Ergebnisse der vier Elektrofahrzeuge mit Lithium-Ionen-Traktionsbatterie anhand arithmetischer Mittelwertbildung zu einem kombiniert. Der Citroën Berlingo wird aufgrund seines deutlich abweichenden Fahrzeugkonzeptes (keine Klimaanlage, Benzin-Standheizung als Innenraumheizung, Nickel-Natriumchlorid-Traktionsbatterie) nicht in den Vergleich aufgenommen.

Neben der umgebungstemperaturabhängigen Klimatisierung des Innenraumes wurde auch der im Jahr variierenden Bereifung (Sommer- und Winterreifen) Rechnung getragen.

Als zusätzlich aktive Niedervoltverbraucher wurde das Radio und – sofern vorhanden – das Tagfahrlicht berücksichtigt. Wie aus den obigen Ausführungen jedoch hervorgeht, stellen diese keine essentiellen Verbraucher dar. Zudem ist anzumerken, dass auch das Fahrzeug mit Verbrennungsmotor bei aktiven Niedervoltverbrauchern einen erhöhten Energiebedarf aufweist. Der mögliche Fehler bei diesem direkten Vergleich ist somit als gering einzustufen.

Der Energiebedarf des Durchschnitts-Elektrofahrzeuges bei 20 °C Umgebungstemperatur und einer Fahrbahnneigung von +/-2 % kann für die unterschiedlichen betrachteten Fahrsituationen, wie in **Abbildung 50** wiedergegeben, beschrieben werden. Im Eco-Test benötigt das Fahrzeug bei 20 °C Umgebungstemperatur rund 22 kWh/100 km.

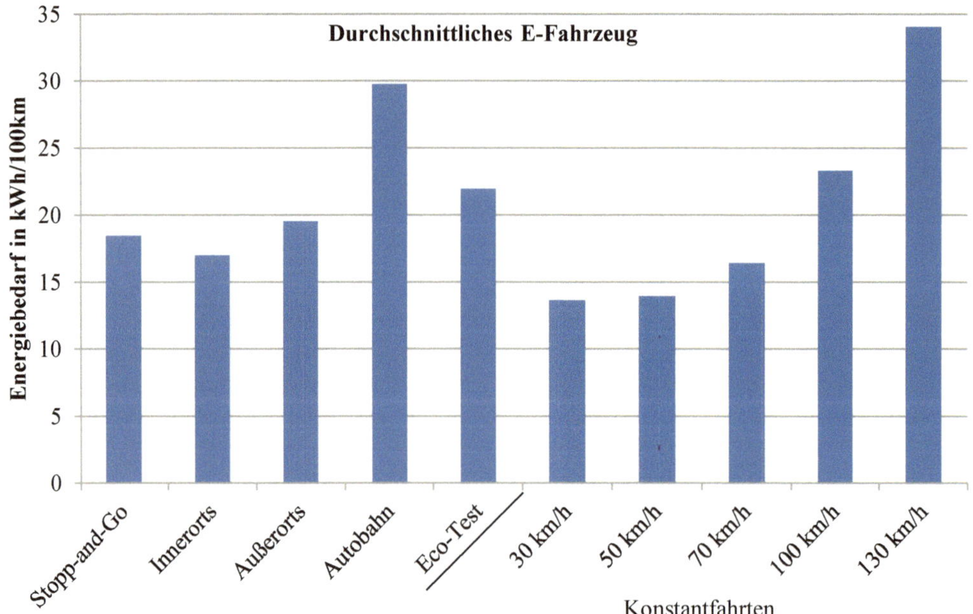

Abbildung 50: Energiebedarf des durchschnittlichen E-Fahrzeuges in Abhängigkeit von der Fahrsituation bei einer Fahrbahnneigung von +/-2 % und 20 °C Umgebungstemperatur (ohne Heizung und ohne Klimaanlage) in kWh/100km

Der Einfluss der Umgebungstemperatur (durch Heizen bzw. Kühlen) auf den Energiebedarf des Durchschnitts-Elektrofahrzeuges wird in **Abbildung 51** dargestellt.

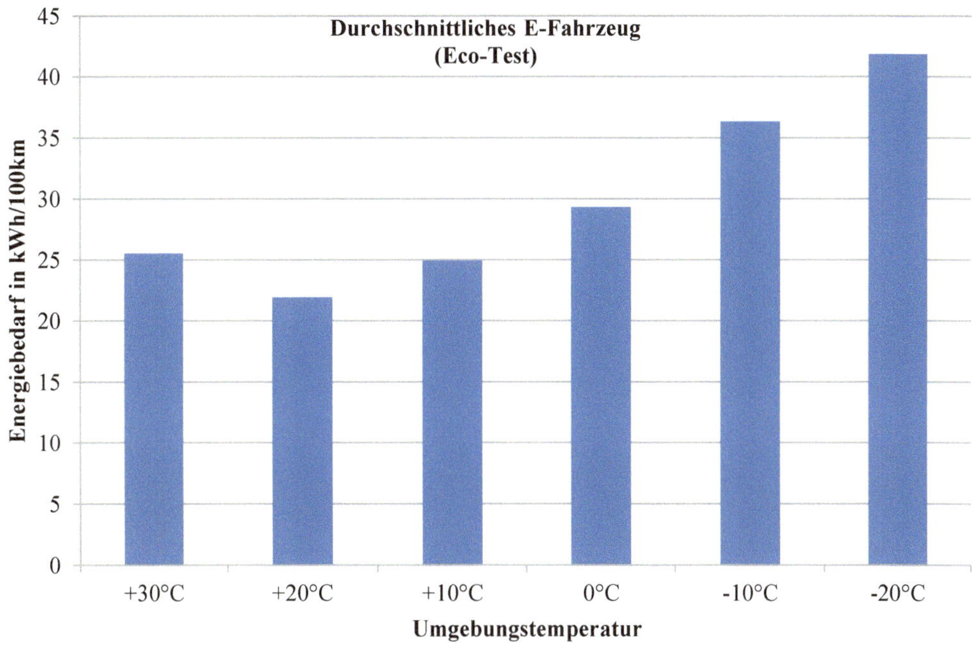

Abbildung 51: Energiebedarf des durchschnittlichen E-Fahrzeuges in Abhängigkeit von der Umgebungstemperatur im Eco-Test bei einer Fahrbahnneigung von +/-2 % (inkl. Heizung bzw. Klimaanlage) in kWh/100km

4.5 Vergleich der Fahrzeugkonzepte und realen Betriebsbedingungen

Im Folgenden werden der jährliche Energiebedarf, die Treibhausgasemissionen und die Energiekosten des durchschnittlichen batterieelektrischen PKW und des PKW mit hochmodernem Verbrennungsmotor verglichen.

Der Vergleich wird dabei sowohl für Österreich als auch für die Europäische Union unter realen Betriebsbedingungen durchgeführt. Darunter wird verstanden, dass

- abhängig von der monatlichen Durchschnittstemperatur der Betrieb der Heizung bzw. Klimaanlage berücksichtigt wird.
- der Einfluss der unterschiedlichen Fahrsituationen
    - Stopp-and-Go,
    - Innerorts,
    - Außerorts,
    - Autobahn

Berücksichtigung findet.

- der Leistungsbedarf bei durchschnittlicher Fahrbahnneigung von +/-2 % (50 % der Strecke mit Steigung und 50 % mit Gefälle) herangezogen wird.
- Kaltstartverhalten beim PKW mit Verbrennungsmotor in die Berechnung mit einfließt.
- die im Zuge der Energiebereitstellung (Diesel bzw. Elektrizität) anfallenden Treibhausgasemissionen und die zur Bereitstellung erforderliche Energie berücksichtigt werden.

Die für die Produktion (Bau der Anlagen, Herstellung des Fahrzeuges, Recycling,...) der batterieelektrischen Fahrzeuge benötigte Energie bzw. die anfallenden Treibhausgasemissionen finden aufgrund der langfristig schwierig abzuschätzenden Entwicklungen im Bereich der Hochvoltbatterieherstellung keine Berücksichtigung. Gemäß [58] ist der Energieaufwand zur Herstellung der Hochvoltbatterie eines Mittelklassefahrzeuges mit rund 11 kWh/100km anzusetzen. [92] gibt den (rein fossilen) Energieaufwand zur Herstellung der Hochvoltbatterie mit rund 8,5 kWh/100km an. Eine exemplarische Berücksichtigung des Energieaufwandes zur Hochvoltbatterieherstellung erfolgt in **Kapitel 4.5.2, Abbildung 56**.

4.5.1 Rahmenbedingungen

Für die Beschreibung unterschiedlichen Nutzerverhaltens wurden zwei FahrerInnentypen definiert.

StadtfahrerIn:

Die monatliche Fahrleistung wurde mit 625 km festgelegt, sodass sich eine jährliche Fahrleistung von 7.500 km einstellt. Dieses auf den Stadtverkehr abzielende Fahrprofil setzt sich gemäß Annahme aus folgenden Fahrsituationen zusammen:

- Stopp-and-Go   25 %
- Innerorts   40 %
- Außerorts   30 %
- Autobahn   5 %

ÜberlandfahrerIn:

Die jährliche Fahrleistung wurde bei diesem Nutzermodell mit 15.000 km bestimmt und ebenfalls über die einzelnen Monate gleich verteilt. Die Zusammensetzung der Fahrprofile lautet wie folgt:

- Stopp-and-Go   5 %
- Innerorts   30 %
- Außerorts   40 %
- Autobahn   25 %

Zur Bestimmung des Heiz- bzw. Kühlbedarfs des Innenraumes wurden für Österreich und die Europäische Union durchschnittliche Umgebungstemperaturen bestimmt. Die [93] entnommenen Klimadaten basieren auf Monatsmittelwerten des Vergleichszeitraumes 1971-2000.

Für Österreich wurden die Monatsmittelwerte der Städte

- Innsbruck,
- Klagenfurt und
- Wien

herangezogen.

Die durchschnittlichen monatlichen Temperaturen in Europa wurden aus drei nördlichen und drei südlichen Städten ermittelt, welche wie folgt lauten:

- Hamburg
- London
- Stockholm
- Athen
- Madrid
- Rom

Die daraus bestimmten österreichischen bzw. europäischen Monatsmittelwerte der Umgebungstemperatur können **Tabelle 15** entnommen werden.

Tabelle 15: Durchschnittliche Umgebungstemperaturen in Österreich und der Europäischen Union

Monatsmittel	Österreich	Europa
Jänner	-1 °C	5 °C
Februar	1 °C	5 °C
März	6 °C	7 °C
April	9 °C	10 °C
Mai	15 °C	15 °C
Juni	17 °C	19 °C
Juli	19 °C	21 °C
August	19 °C	21 °C
September	15 °C	18 °C
Oktober	10 °C	13 °C
November	4 °C	9 °C
Dezember	0 °C	6 °C

Der benötigte Energieaufwand für die Bereitstellung des Dieselkraftstoffes bzw. der Elektrizität wurde [68] entnommen. Der dem fossilen Dieselkraftstoff beigemischte Biodiesel wurde für Österreich aus [94] übernommen und in der Berechnung berücksichtigt. Der Biodieselkraftstoffanteil in der Europäischen Union wurde im Mittel mit 7 Vol.% angenommen. Daraus folgen unten stehende Energieaufwände je kWh Energie. Aufgrund der in Österreich und der Europäischen Union unterschiedlichen Vorketten (z.B. zur Erzeugung von Elektrizität) weicht der Energiebedarf (x kWh Input pro 1 kWh Output) in Österreich von dem in der Europäischen Union ab.

Berücksichtigte Energieaufwände je kWh Energie

- Österreich
  - o   1,6 kWh/kWh Elektrizität
  - o   1,2 kWh/kWh Diesel
- Europäische Union
  - o   2,8 kWh/kWh Elektrizität
  - o   1,1 kWh/kWh Diesel

Die Bestimmung der Treibhausgasemissionen zur Bereitstellung von Elektrizität erfolgte ebenfalls mittels [68]. Die bei der Bereitstellung des österreichischen Dieselkraftstoffes (inkl. Berücksichtigung des Biodieselanteils) anfallenden Treibhausgasemissionen beruhen auf [95], jene der Europäischen Union auf [96]. Die Emissionsfaktoren lauten wie folgt:

- Österreich
  - o   195,6 gCO_2e/kWh Elektrizität
  - o   56 gCO_2e/kWh Diesel
- Europäische Union
  - o   479,7 gCO_2e/kWh Elektrizität
  - o   60,5 gCO_2e/kWh Diesel

Zur Berechnung der jährlichen Energiekosten wurden die Energiepreise inkl. Steuern und Abgaben für Elektrizität [97] und für Dieselkraftstoff [98] entnommen. Der Anteil an Steuern und Abgaben für Dieselkraftstoff wurde [99] entnommen und liegt in Österreich bei 47 % des Endpreises (inkl. Steuern und Abgaben). Für die Europäische Union wurde ein Mittelwert von 46 % gewählt. Die Energiepreise exkl. Steuern und Abgaben wurden für Elektrizität [97] entnommen.

- Energiepreise in Österreich inkl. / exkl. Steuern und Abgaben
  - o   0,195 / 0,141 €/kWh Elektrizität
  - o   0,145 / 0,076 €/kWh Diesel
- Energiepreise in der Europäischen Union inkl. / exkl. Steuern und Abgaben
  - o   0,170 / 0,123 €/kWh Elektrizität
  - o   0,149 / 0,081 €/kWh Diesel

4.5.2 Vergleich des jährlichen Energiebedarfs

Der Vergleich des jährlichen Energiebedarfs berücksichtigt die im vorigen Kapitel angeführten Rahmenbedingungen. Durch Interpolation der vorliegenden Daten (10 °C Schritte) auf die monatlichen österreichischen bzw. europäischen durchschnittlichen Umgebungstemperaturen wurde der Energiebedarf entsprechend angepasst.

Abbildung 52 gibt den jährlichen Energiebedarf eines/einer StadtfahrerIn in Österreich wieder. Es ist festzustellen, dass der Energiebedarf im Fall des E-PKW niedriger liegt.

Insgesamt benötigt der Diesel-PKW im Stadtverkehr jährlich um 35 % mehr Energie als der E-PKW. Der deutliche Mehraufwand resultiert aus dem um 75 % höheren Energiebedarf für den Betrieb des Fahrzeuges. Wie in Kapitel 4.3 ausgeführt, ist bei batterieelektrischen Fahrzeugen der Energiebedarf direkt proportional zur gefahrenen Geschwindigkeit. Im Fall des mit Verbrennungsmotor betriebenen PKW liegt das Wirkungsgradoptimum bei deutlich höheren Geschwindigkeiten, als sie in diesem Szenario (Stadtverkehr) erreicht werden.

Der Nachteil der energieintensiven Heizung batterieelektrischer Fahrzeuge wirkt sich bei den in Österreich durchschnittlich vorliegenden Umgebungstemperaturen nicht derart stark aus, dass es zu einer Kompensation des Antriebsstrang-Wirkungsgradvorteiles kommen würde.

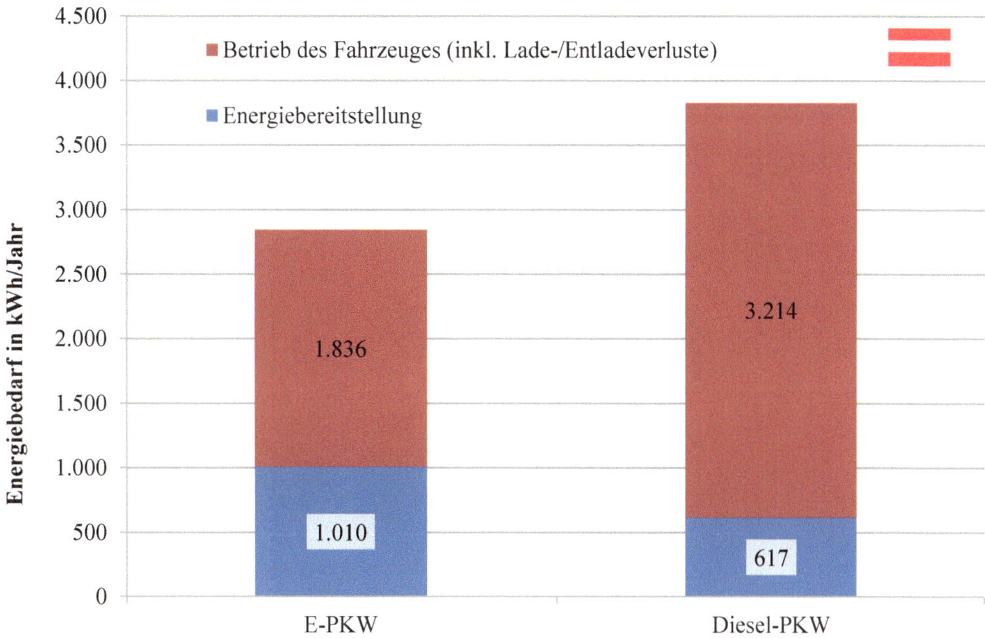

Abbildung 52: Jährlicher Energiebedarf eines/einer StadtfahrerIn in Österreich (7.500 km/Jahr)

Der jährliche Energiebedarf eines/einer StadtfahrerIn in der Europäischen Union wird in **Abbildung 53** wiedergegeben. Das tendenziell höher liegende mittlere Umgebungstemperaturniveau führt zu einem geringfügig niedrigeren Energiebedarf für den Betrieb des Fahrzeuges.

Wesentlich ist jedoch der im Vergleich zu Österreich deutlich höhere energetische Aufwand zur Energiebereitstellung von Elektrizität aufgrund des sich unterscheidenden Energiemix (siehe Kapitel 4.5.1). Dieser führt dazu, dass der jährliche Energiebedarf des E-PKW um 33 % über jenem des Diesel-PKW liegt.

An dieser Stelle ist anzumerken, dass der derzeit noch energieintensiveren Produktion von E-PKW (zufolge der Hochvoltbatterie) in dieser Kalkulation nicht Rechnung getragen wurde.

Der jährliche Energiebedarf eines/einer ÜberlandfahrerIn liegt etwa doppelt so hoch wie jener der StadtfahrerIn. Dies folgt primär aus der doppelten Fahrleistung.

Der Energiebedarf für den Betrieb eines E-PKW in Österreich steigt lediglich von 24,5 kWh/100km (StadtfahrerIn) auf 25,5 kWh/100km (ÜberlandfahrerIn). Für Europa gelten aufgrund der niedrigeren mittleren Umgebungstemperaturen 22,8 kWh/100km und 24,2 kWh/100km.

Für den Fall eines in Österreich betriebenen Diesel-PKW führt die Erhöhung der durchschnittlichen Geschwindigkeit durch den höheren Außerortsanteil zu einer Verbesserung des Fahrzeugwirkungsgrades und demnach zu einer Reduktion des Energiebedarfs von 42,9 kWh/100km (StadtfahrerIn) auf 42,1 kWh/100km (ÜberlandfahrerIn). Selbiges gilt für Europa. Hier ergibt sich eine Reduktion von 42,8 kWh/100km auf 42,0 kWh/100km.

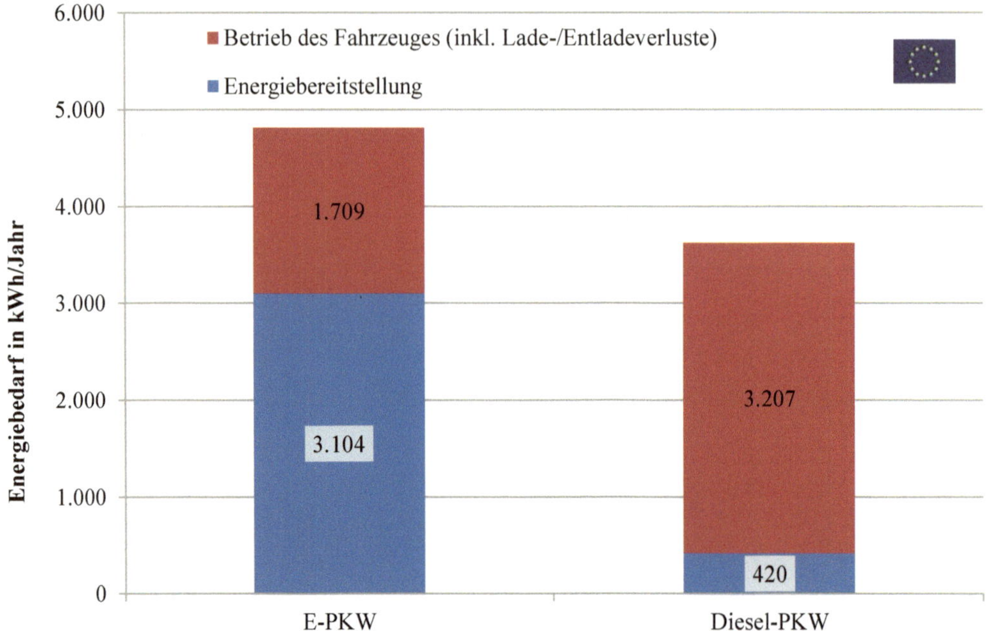

Abbildung 53: Jährlicher Energiebedarf eines/einer StadtfahrerIn in der EU (7.500 km/Jahr)

Wie **Abbildung 54** zu entnehmen ist, führt dies für einen/eine ÜberlandfahrerIn mit Diesel-PKW in Österreich zu einem um 27 % höheren Energiebedarf gegenüber einem E-PKW.

Für den/die ÜberlandfahrerIn in Europa, dargestellt in **Abbildung 55**, stellt sich ein gänzlich anderes Bild dar. Der Energiebedarf für den Betrieb des Fahrzeuges liegt zwar wie bereits beim/bei der StadtfahrerIn temperaturbedingt unter den österreichischen Werten, der Energiebedarf für die Energiebereitstellung führt jedoch dazu, dass der E-PKW einen um 43 % höheren jährlichen Energiebedarf aufweist als der Diesel-PKW.

Wie im Fall des/der StadtfahrerIn ist die derzeit noch energieintensivere Produktion des E-PKW (zufolge der Hochvoltbatterie) in dieser Kalkulation nicht berücksichtigt.

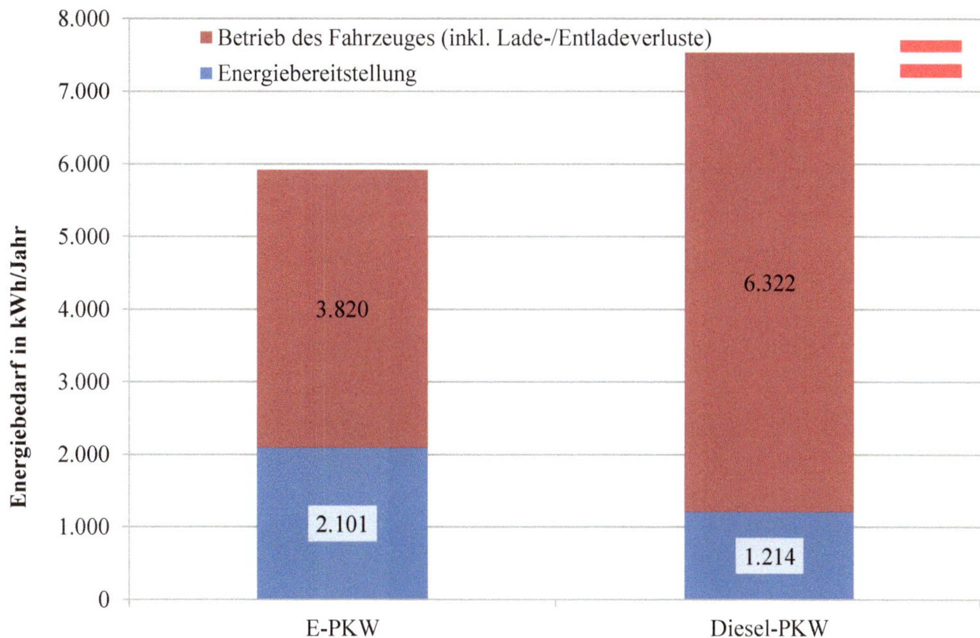

Abbildung 54: Jährlicher Energiebedarf eines/einer ÜberlandfahrerIn in Österreich (15.000 km/Jahr)

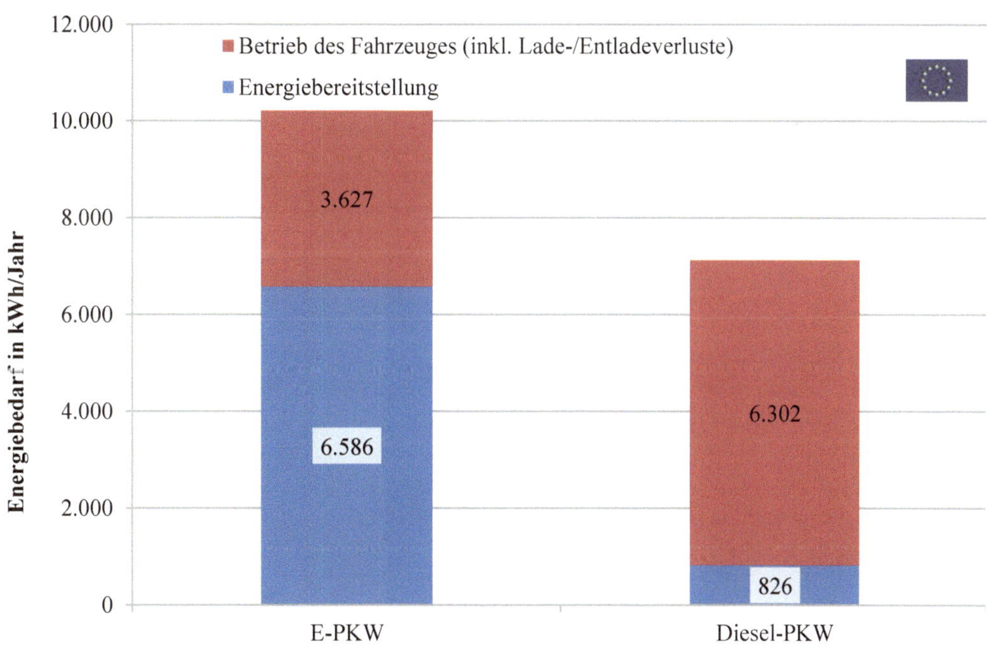

Abbildung 55: Jährlicher Energiebedarf eines/einer ÜberlandfahrerIn in der EU (15.000 km/Jahr)

Zur exemplarischen Darstellung der Relevanz der Hochvoltbatterieherstellung für den Gesamtenergiebedarf wurde der gegenüber Abbildung 55 zusätzliche Energieaufwand in **Abbildung 56** berücksichtigt. 13 % des jährlichen Energiebedarfs resultieren hierbei aus der Herstellung der Hochvoltbatterie.[11]

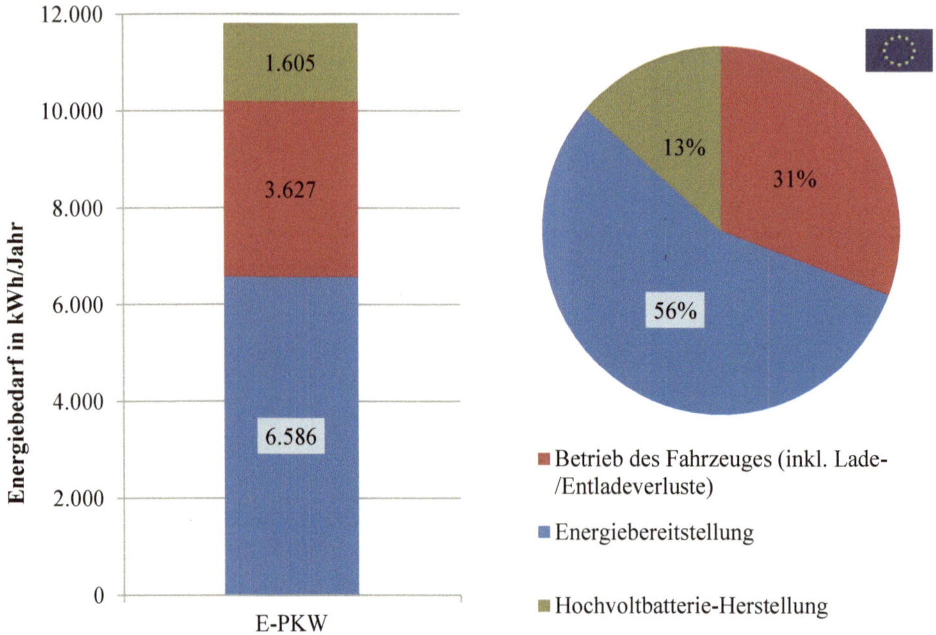

Abbildung 56: Jährlicher Energiebedarf eines/einer ÜberlandfahrerIn in der EU (15.000 km/Jahr) inkl. Herstellung der Hochvoltbatterie **[58]**, **[92]** und [eigene Berechnungen]

4.5.3 Vergleich der jährlichen Treibhausgasemissionen

Der Vergleich der berechneten Treibhausgasemissionen (als CO_2-Äquivalent – CO_2e) führt tendenziell zu vergleichbaren Aussagen.

Aufgrund der Verwendung von Elektrizität als Energieträger produziert der E-PKW im Betrieb keine Treibhausgasemissionen. Die höherwertige Energieform – Elektrizität – verursacht jedoch im Zuge ihrer Bereitstellung deutlich höhere Treibhausgasemissionen als Dieselkraftstoff (vergleiche hierzu Kapitel 4.5.1).

Wie **Abbildung 57** entnommen werden kann, sind die Treibhausgasemissionen der Energiebereitstellung in Österreich für einen E-PKW eines/einer StadtfahrerIn doppelt so hoch wie jene des Diesel-PKW. Insgesamt sind die Treibhausgasemissionen des Diesel-PKW jährlich jedoch um 167 % höher.

---

[11] Nicht berücksichtigt wurde der Energiebedarf zur Herstellung des Fahrzeuges (Karosserie, Fahrwerk, Innenausstattung etc.), da dieser mit dem konventionellen Diesel-PKW vergleichbar ist.

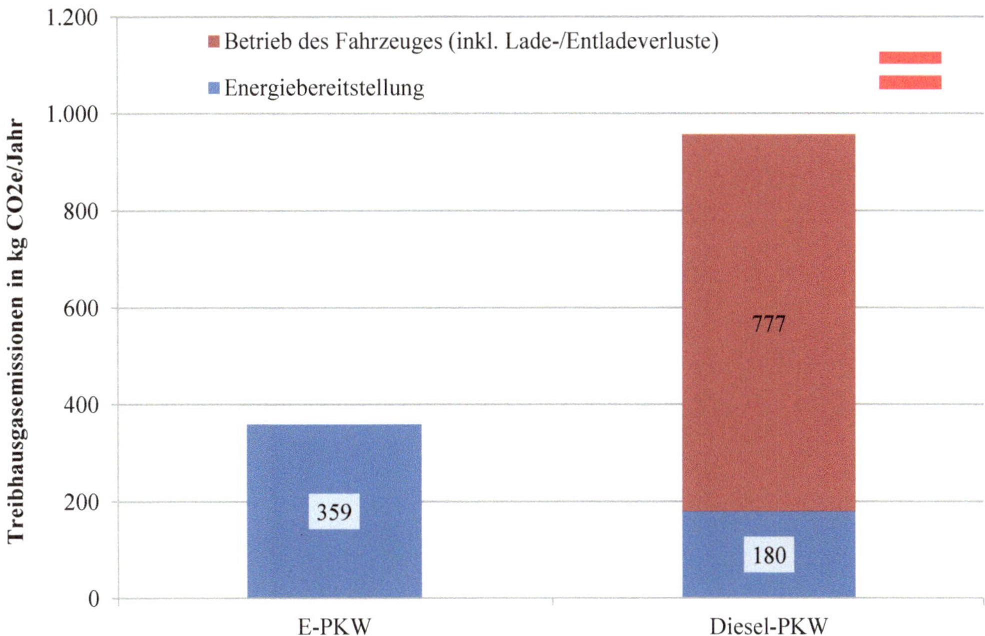

Abbildung 57: Jährlich verursachte Treibhausgasemissionen eines/einer StadtfahrerIn in Österreich (7.500 km/Jahr)

Die jährlich durch einen/eine StadtfahrerIn in Europa verursachten Treibhausgasemissionen werden in **Abbildung 58** wiedergegeben. Die deutlich höheren Treibhausgasemissionen, verursacht durch die Bereitstellung von Elektrizität in Europa, führen dazu, dass der E-PKW um lediglich 17 % geringere Treibhausgasemissionen aufweist.

Wie bereits in Kapitel 4.5.2 ausgeführt, ist die derzeit noch energieintensivere und damit auch treibhausgasintensivere Produktion des E-PKW (zufolge der Hochvoltbatterie) in dieser Kalkulation nicht berücksichtigt.

Für die ÜberlandfahrerInnen in Österreich – **Abbildung 59** – und Europa – **Abbildung 60** – ergibt sich ein zu den StadtfahrerInnen vergleichbares Bild.

Das gegenüber dem/der StadtfahrerIn etwa doppelt so hohe Emissionsniveau resultiert primär aus der doppelten Fahrleistung der ÜberlandfahrerInnen.

Im Unterschied zur Energiebetrachtung bleibt im Fall der Treibhausgasemissionen der Vorteil des E-PKW gegenüber dem Diesel-PKW auch für den/die ÜberlandfahrerIn in Europa mit 12 % erhalten (treibhausgasintensivere Produktion des E-PKW nicht berücksichtigt).

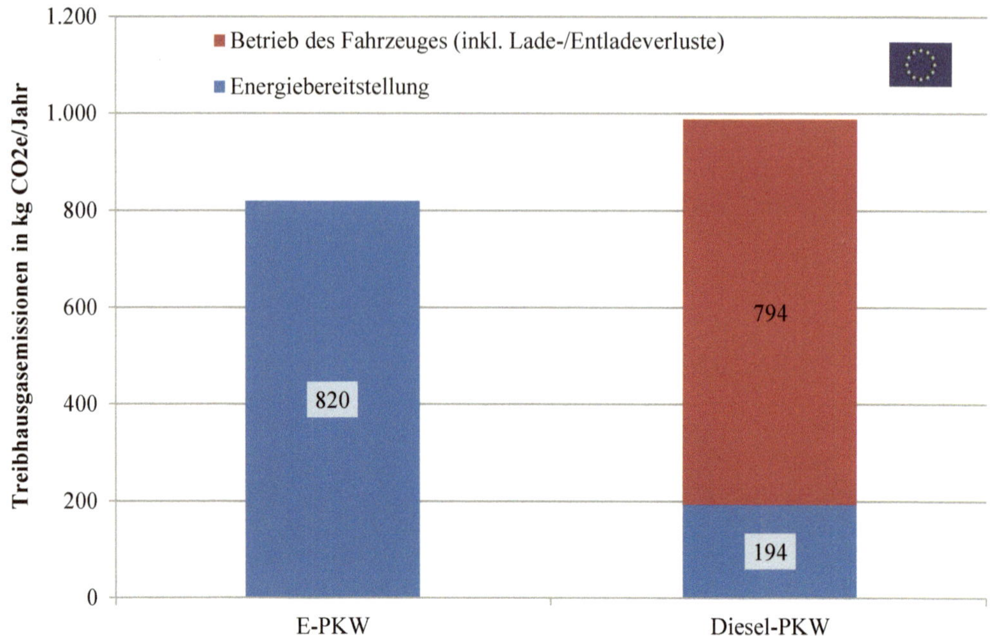

Abbildung 58: Jährlich verursachte Treibhausgasemissionen eines/einer StadtfahrerIn in der EU (7.500 km/Jahr)

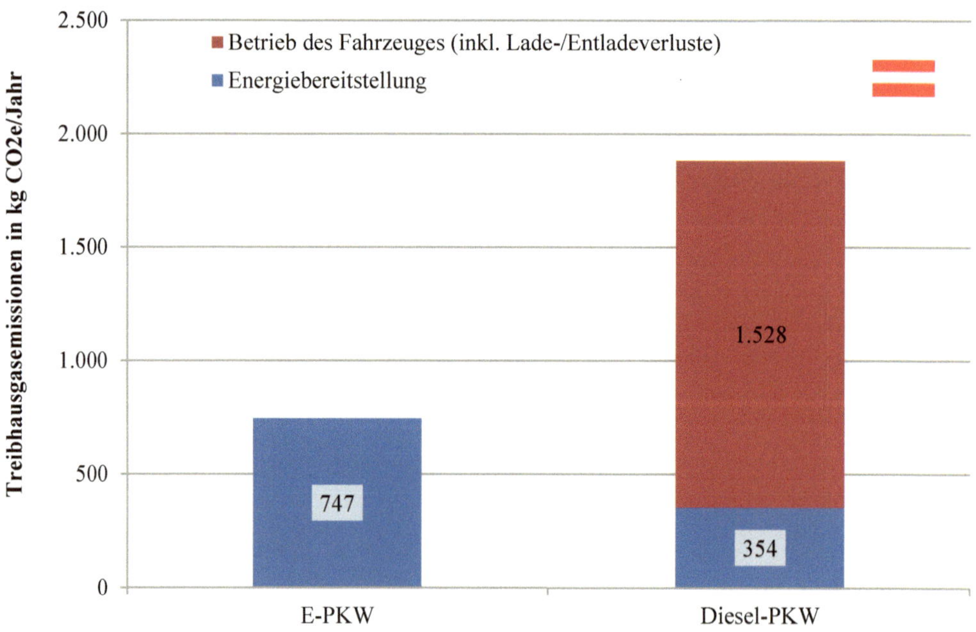

Abbildung 59: Jährlich verursachte Treibhausgasemissionen eines/einer ÜberlandfahrerIn in Österreich (15.000 km/Jahr)

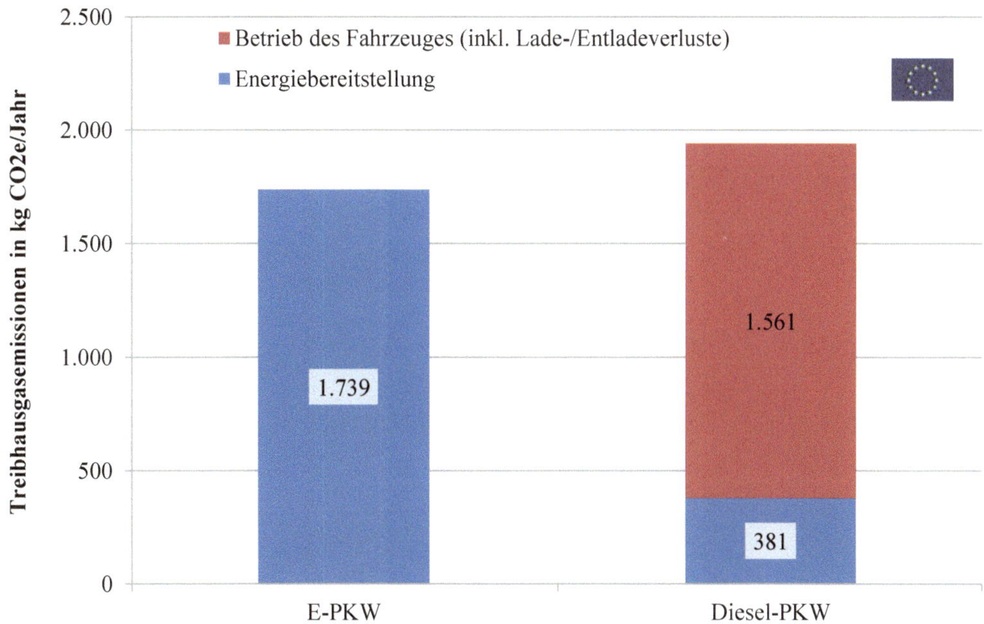

Abbildung 60: Jährlich verursachte Treibhausgasemissionen eines/einer ÜberlandfahrerIn in der EU (15.000 km/Jahr)

4.5.4 Vergleich der jährlichen Energiekosten

Die Energiekosten für den jährlichen Betrieb des Fahrzeuges werden in **Abbildung 61** zusammengefasst. Diese sind inkl. Steuern und Abgaben, für E-PKW immer günstiger – unabhängig davon, ob das Fahrzeug in Österreich oder Europa betrieben wird, und gleich, ob es sich um StadtfahrerInnen oder ÜberlandfahrerInnen handelt.

Der Vergleich der Energiekosten exkl. Steuern und Abgaben zeigt jedoch, dass der städtisch betriebene E-PKW sowohl in Österreich als auch in der Europäischen Union zu höheren Kosten führt. Die höheren spezifischen Energiekosten von Elektrizität (siehe Kapitel 4.5.1) können durch die höhere Energieeffizienz des E-PKW (bei einer von Steuern und Abgaben bereinigten Betrachtung) nicht kompensiert werden. In diesem Zusammenhang wird auf Kapitel 3.3 verwiesen.

Die Kosten für eine private Ladestation wurden nicht berücksichtigt, da die Ladung kurz- und mittelfristig über die private Haushaltssteckdose erfolgen wird. Die Produktionskosten intelligenter Ladestationen für den privaten Gebrauch werden für das Jahr 2020 auf € 700.- geschätzt [100].

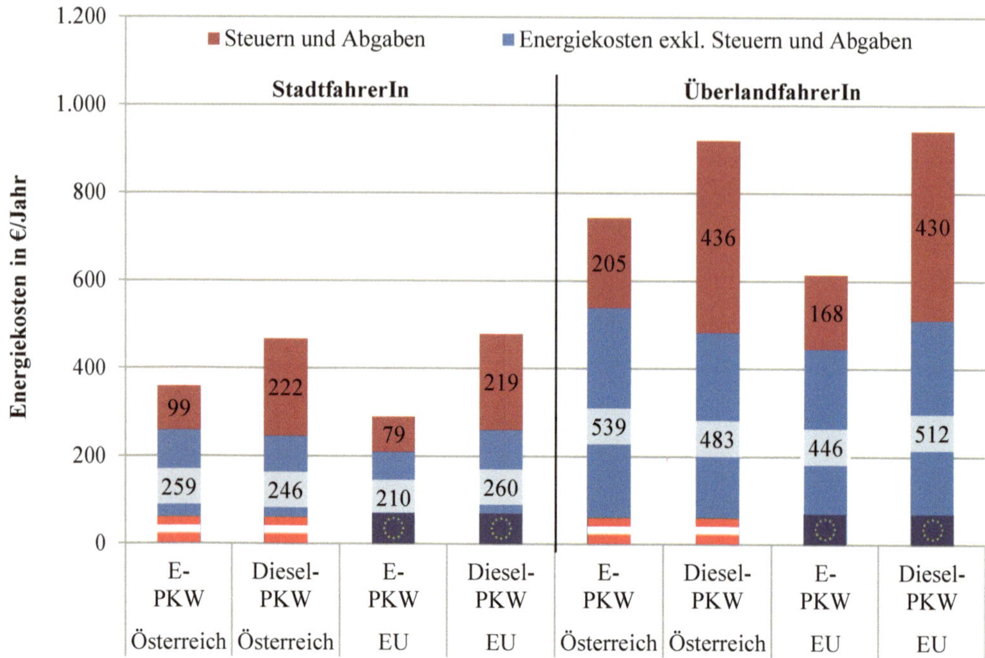

Abbildung 61: Vergleich der jährlichen Energiekosten für den Betrieb des Fahrzeuges

4.6 Fazit

In diesem Kapitel wurden die Vor- und Nachteile von batterieelektrischen PKW jenen eines modernen konventionellen Diesel-PKW gegenübergestellt – dies unter realitätsnahen Bedingungen. Zusammenfassend lassen sich die Erkenntnisse betreffend energetischem und klimatischem Nutzen, Reichweite und Komfort sowie Energiekosten wie folgt beschreiben.

Energetischer Nutzen

Der durchschnittliche Energiebedarf für den reinen Fahrbetrieb wird in **Tabelle 16** wiedergegeben. Berücksichtigt wurde dabei die Energie für das Fahren bei durchschnittlicher Fahrbahnneigung, für die Klimatisierung des Fahrzeuginnenraumes (Heizen und Kühlen in Abhängigkeit von der durchschnittlichen monatlichen Umgebungstemperatur) und für die Lade- bzw. Entladeverluste der Hochvoltbatterie.

Der **Energiebedarf für** den **Fahrbetrieb** eines **E-PKW** liegt **in einer europäischen Stadt** bei **53 % eines Diesel-PKW**. Bei dieser Betrachtung lässt sich der energetische Vorteil batterieelektrischer Fahrzeuge im reinen Fahrbetrieb erkennen.

Wird dagegen auch der Energiebedarf für die Strom- bzw. Dieselherstellung in Europa berücksichtigt, benötigt der städtisch betriebene E-PKW 33 % mehr Energie als der Diesel-PKW. Wie **Tabelle 17** entnommen werden kann, führt die Berücksichtigung der Energiebereitstellung zu einer drastischen Verschlechterung der energetischen Betrachtung. Bei Überlandbetrieb in Europa benötigt der E-PKW 43% mehr Energie als der Diesel-PKW.

Tabelle 16: Durchschnittlicher Energiebedarf für den Fahrbetrieb (<u>exkl.</u> Energiebereitstellung) in kWh/100km

Energiebedarf in kWh/100km		StadtfahrerIn		ÜberlandfahrerIn	
Österreich	Diesel-PKW	42,9	100 %	42,1	100 %
	E-PKW	24,5	57 %	25,5	61 %
Europäische Union	Diesel-PKW	42,8	100 %	42,0	100 %
	E-PKW	22,8	53 %	24,2	58 %

Tabelle 17: Durchschnittlicher Energiebedarf für den Fahrbetrieb (<u>inkl.</u> Energiebereitstellung) in kWh/100km

Energiebedarf in kWh/100km		StadtfahrerIn		ÜberlandfahrerIn	
Österreich	Diesel-PKW	51,1	100 %	50,2	100 %
	E-PKW	37,9	74 %	39,5	79 %
Europäische Union	Diesel-PKW	48,4	100 %	47,5	100 %
	E-PKW	64,2	133 %	68,1	143 %

Die derzeit noch energieintensive Produktion von E-PKW (zufolge der Hochvoltbatterie) wurde in diesen Kalkulationen mangels ausreichender Daten nicht berücksichtigt bzw. nur in Abbildung 56 (Seite 76) exemplarisch betrachtet. Die Herstellung der Hochvoltbatterie dürfte aber zur Zeit bei etwa 13 % des jährlichen Energiebedarfs eines E-PKW liegen [58], [92].

Klimatischer Nutzen

Die durch den Fahrbetrieb und die Energiebereitstellung emittierten **Treibhausgasemissionen** (als CO_2-Äquivalent) liegen **in Österreich** aufgrund des hohen regenerativen Energieanteiles in der Stromerzeugung **für den städtisch betriebenen E-PKW bei 38 % des Diesel-PKW**. Auf **europäischer Ebene** ist der darstellbare **Vorteil mit 83 % deutlich geringer. Tabelle 18** gibt hierzu einen Überblick. Auch hier gilt es festzuhalten, dass die Fahrzeugproduktion und im Speziellen die Herstellung der Hochvoltbatterie nicht berücksichtigt wurden.

Tabelle 18: Durchschnittliche Treibhausgasemissionen für den Fahrbetrieb (inkl. Energiebereitstellung) in g CO_2e/km

Treibhausgasemissionen in g CO_2e/km		StadtfahrerIn		ÜberlandfahrerIn	
Österreich	Diesel-PKW	128	100 %	126	100 %
	E-PKW	48	38 %	50	40 %
Europäische Union	Diesel-PKW	132	100 %	129	100 %
	E-PKW	109	83 %	116	90 %

Reichweite und Komfort

Bei einer durchschnittlichen Fahrweise und einer geringen Fahrbahnneigung können die in **Tabelle 19** dargestellten Reichweiten realisiert werden.

Der Betrieb der Klimaanlage bei einer Umgebungstemperatur von +30 °C reduziert die Reichweite durchschnittlich um 14 %. Durch die Beheizung des Innenraumes bei einer Umgebungstemperatur von 0 °C erfolgt eine Reichweitenreduktion von durchschnittlich 27 %.

Tabelle 19: Realisierbare Reichweiten

Reichweite abzüglich einer Reservereichweite von 25 km Fahrzeug	Umgebungstemperatur		
	20 °C ohne Heizung und Klimaanlage	**0 °C** inkl. Heizung	**-10 °C** inkl. Heizung
Mitsubishi i-MiEV	83 km	48 km	41 km
Mercedes-Benz A-Klasse E-Cell	150 km	101 km	85 km
Smart Fortwo Electric Drive	100 km	64 km	52 km
Nissan Leaf	76 km	53 km	41 km
Citroën Berlingo	60 km	54 km	51 km
Volkswagen Polo BlueMotion	1.090 km	1.036 km	989 km

Energiekosten

Die **Energiekosten** des **E-PKW** (für den Endkunden) sind aufgrund der aktuellen Steuern und Abgaben für Elektrizität bzw. Dieselkraftstoff **geringer als** jene des **Diesel-PKW**. Eine von Steuern und Abgaben bereinigte Betrachtung zeigt jedoch einen Kostennachteil für E-PKW im Stadtverkehr auf.

<u>Zusammenfassend kann festgehalten werden:</u>

1. **Klimawirksamkeit und Energiebedarf**
   Wird ein E-PKW in einem Land betrieben, welches im Bereich der Energiebereitstellung einen hohen regenerativen Anteil aufweist (wie z.B. Österreich), können mit einem E-PKW sowohl der Energiebedarf als auch die Treibhausgasemissionen dieses Landes reduziert werden. Betrachtet man die gesamte Europäische Union, so ist kaum ein Vorteil zu sehen. In Ländern mit einem geringen regenerativen Energieanteil, niedrigen Temperaturen oder hohen Fahrleistungen bei mittleren Geschwindigkeiten kann der Diesel-PKW sogar einen geringeren Energiebedarf bzw. geringere Treibhausgasemissionen aufweisen.
2. Die **Reichweite** der untersuchten derzeit im Handel erhältlichen E-PKW ist, verglichen mit herkömmlichen Fahrzeugen, stark begrenzt und von der Umgebungstemperatur abhängig. Eine Änderung dieses Umstandes ist auch längerfristig nicht zu erwarten.
3. **Laden und Komfort**
   Wesentlich für den Betrieb bzw. die Aufladung des E-PKW ist eine Strom-Steckdose im Nahebereich des Fahrzeugparkplatzes. Der Batterieladeprozess macht dabei eine zusätzliche technische Manipulation (An- und Abstecken) erforderlich.
4. Die **Energiekosten** für den Betrieb eines E-PKW sind bei den aktuellen Steuern und Abgaben auf Elektrizität bzw. Dieselkraftstoff geringer als jene eines Diesel-PKW.

5 Analyse eines batterieelektrischen Kraftfahrzeuges mit Range-Extender

Wie im Obigen ausgeführt, kann die Elektrifizierung des Antriebsstranges von Kraftfahrzeugen unter den beschriebenen Voraussetzungen auch in der Praxis als wirksames Mittel zur Senkung des Energiebedarfs und der Treibhausgasemissionen angesehen werden. Je nach Elektrifizierungskonzept (Micro-, Mild-, Full-, Plug-In-Hybrid, batterieelektrisches Fahrzeug, Brennstoffzellenfahrzeug, u.a.m.) sind die Reduktionspotenziale unterschiedlich groß und gegebenenfalls auch mit Nutzungseinschränkungen verbunden.

Der Opel Ampera eignet sich aufgrund der Vielfalt der in diesem Fahrzeug realisierten Antriebsarten (rein elektrisch sowie serieller und leistungsverzweigter Hybrid) besonders für die Untersuchung der unterschiedlichen Elektrifizierungsstufen und die Darstellung der Potenziale elektrifizierter Antriebskonzepte.

Die Ermittlung der elektrischen Reichweite unter variierenden Umgebungsbedingungen, bei verschiedenen Fahrsituationen und bei wechselnden Batterieladezuständen (State of Charge - SOC) war eine der Kernfragen in [101]. Zur Beschreibung und Analyse des elektrifizierten Antriebsstranges des Opel Ampera wurden die Verbrennungskraftmaschine und die Elektro-Einheit untersucht.

Im Falle der Verbrennungskraftmaschine lag dabei der Fokus auf der Analyse des Kraftstoffverbrauchs, der Emissionen nach Katalysator (CO_2, CO, HC, NO_x) und dem Aufheizverhalten.

Im Zentrum der Betrachtungen der Elektro-Einheit standen die Bilanzierung des elektrischen Energiebedarfs, die Bestimmung der Komponentenwirkungsgrade und das Aufheizverhalten.

Zur Beschreibung des Antriebsstranges wurden das Zusammenspiel der Verbrennungskraftmaschine und der Elektro-Einheit, die Heizstrategie des Heiz-/Kühlkreislaufes, der Energiebedarf (kWh/100km bzw. l/100km) sowie die elektrische Reichweite analysiert.

Zudem wurde der Einfluss

- der Fahrbahnneigung,
- des Fahrstils,
- des Batterieladezustandes (SOC) und
- der Umgebungstemperatur

auf

- die Betriebsstrategie bzw. die Betriebsmodi,
- das Aufheizverhalten bzw. die Aufheizstrategie (Verbrennungskraftmaschine und Elektro-Einheit),
- den Energiebedarf,
- die elektrische Reichweite und
- den Komfort

untersucht.

In Ergänzung wurden das ideale Fahrverhalten bzw. die idealen Rahmenbedingungen zur Maximierung der Effizienzvorteile eines hybriden Antriebskonzeptes abgeleitet.

5.1 Untersuchtes Fahrzeug

Bei dem Fahrzeug handelt es sich um einen Opel Ampera. Technische Eckdaten sind untenstehender Aufstellung zu entnehmen.

E-Maschine A (primär Generator)	54 kW, 200 Nm
E-Maschine B (primär Antriebsmotor)	111 kW, 370 Nm
Lithium-Ionen-Hochvoltbatterie	16 kWh
Benzinmotor	63 kW, 126 Nm, 1,4 l
Kraftstoffverbrauch (nach ECE-Regelung)	1,2 l/100 km
CO_2-Emission (nach ECE-Regelung)	27 g/km
Elektrische Reichweite (nach ECE-Regelung)	83 km
Typische elektrische Reichweite (laut Opel)	40-80 km

Der Aufbau des Antriebsstranges kann **Abbildung 62** entnommen werden. Dieser besteht aus zwei Elektromaschinen – E-Maschine A (vorwiegend als Generator genutzt) und E-Maschine B (vorwiegend motorisch genutzt) – und einer Verbrennungskraftmaschine (VKM). Die Verbrennungskraftmaschine und die zwei Elektromaschinen sind mittels Planetengetriebe miteinander verbunden. Zwischen den möglichen Betriebsmodi des Fahrzeuges kann mit drei Kupplungen (C_1, C_2 und C_3) während der Fahrt gewechselt werden. Details hierzu sind **Kapitel 5.3.2.1** zu entnehmen.

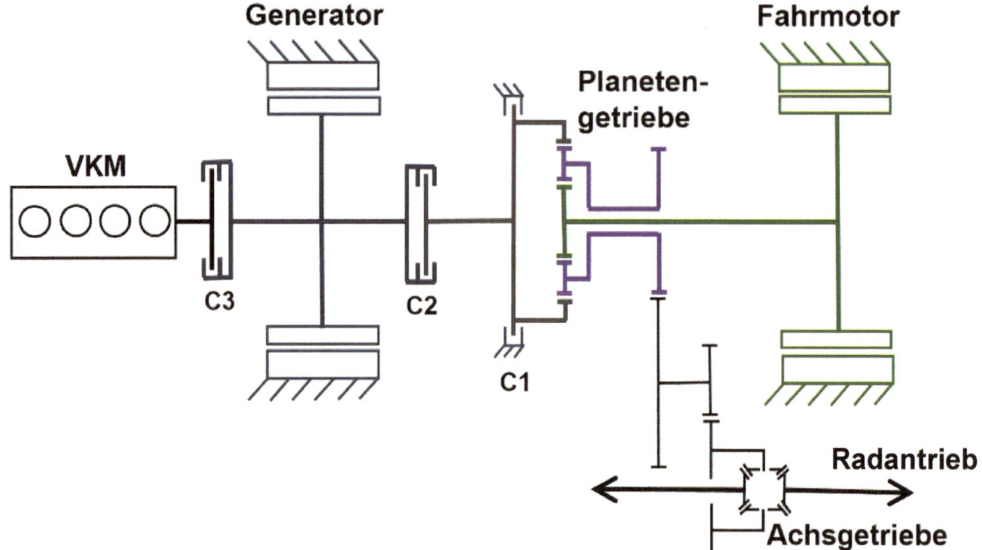

Abbildung 62: Antriebsstrangsschema [7]

5.2   Messprogramm und Messaufbau

Die Untersuchungen wurden auf einem klimatisierten Vierrad-Rollenprüfstand mit Sonnensimulation (mittels über dem Fahrzeug angeordneter Infrarot-Strahler) durchgeführt. Die zur Prüfstandskonfiguration erforderlichen Fahrwiderstandswerte des zu untersuchenden Fahrzeuges wurden mittels Ausrollversuch ermittelt und eingestellt.

Die Darstellung verschiedener Fahrsituationen erfolgte durch die Absolvierung des Eco-Test Zyklus (siehe hierzu Abbildung 14, Seite 35 und Tabelle 10, Seite 35). Im Zuge der Auswertung wurden der gesamte Zyklus und die drei Teilphasen Innerorts, Außerorts und Autobahn betrachtet.

Zur Bewertung des Einflusses der Umgebungstemperatur wurden die Tests bei -10 °C, +20 °C und +40 °C (inkl. 1.000 W/m² Sonneneinstrahlung, mittels IR-Strahler) durchgeführt.

Die Auswirkungen reduzierter und erhöhter Lastanforderungen wurden durch die Simulation unterschiedlicher Fahrbahnneigungen (-2 % Gefälle bzw. +2 % Steigung) untersucht.

Zur Abbildung des Einflusses des Batterieladezustandes wurden die Tests mit „voller" (SOC_{max}) Hochvolt-/Traktionsbatterie und „leerer" (SOC_{min}) Hochvolt-/Traktionsbatterie durchgeführt.

Die Beurteilung des Fahrereinflusses (aggressiver bzw. ökonomischer Fahrstil) erfolgte anhand einer auf +/- 5 km/h ausgeweiteten Bandbreite in der Geschwindigkeitsvorgabe.

Während der Tests wurde die Fahrzeuginnenraumtemperatur im Automatikmodus (mittels Heizung bzw. Klimaanlage für Temperatur und Gebläsestufe) fahrzeugseitig auf +22 °C geregelt. Alle Ausströmer wurden in die Mittelstellung gestellt. Im Zuge der Tests bei der Umgebungstemperatur von +20 °C wurde die Innenraumklimatisierung deaktiviert. Radio (auf geringer Lautstärke) und Tagfahrlicht waren während der Tests aktiviert.

Die am Rollenprüfstand durchgeführten Untersuchungen werden in **Tabelle 20** zusammenfassend wiedergegeben.

Zudem wurde die Leistungsaufnahme folgender Niedervolt-Verbraucher stationär (einmalig) vermessen:

- Fahrzeuginnenraumgebläse (alle 6 Stufen)
- Licht
    - o   Tagfahrlicht
    - o   Standlicht
    - o   Abblendlicht
    - o   Fernlicht
    - o   Bremslicht
    - o   Nebelschlussleuchte
- Heizung
    - o   Heckscheibe & Außenspiegel
    - o   Fahrersitzheizung (alle 3 Stufen)
- Scheibenwischer vorne (alle 2 Stufen)
- Radio

Die Ladevorgänge erfolgten bei der jeweiligen Test-Umgebungstemperatur.

Der Kraftstoffverbrauch wurde volumetrisch bestimmt. Die Emissionen nach Katalysator (CO_2, CO, HC, NO_x) wurden mittels CVS-Methode (kontinuierlicher Volumenstrom) modal (zeitaufgelöst) ermittelt. Zur Betrachtung des Aufheizverhaltens der Verbrennungskraftmaschine wurde der Kühlkreislauf im Motorraum mit Temperatur- und Volumenstromsensoren ausgestattet. Die Positionierung der Messstellen ist **Abbildung 63** zu entnehmen.

Für die Erstellung der elektrischen Energiebilanz und zur Bestimmung der Wirkungsgrade der elektrischen Komponenten wurde die Leistung (mittels Strom- und Spannungsmessung) an folgenden Positionen im Stromlauf ermittelt:

- Vor dem Ladegerät (230 V Stromnetz)
- Nach dem Ladegerät
- Am Eingang der Hochvoltbatterie
- Am Ausgang der Hochvoltbatterie
- An der Niedervoltbatterie
- Am Eingang der Umrichtereinheit (DC/DC-Konverter)
- Am Eingang der Umrichtereinheit (DC/AC - AC/DC-Konverter, kurz Inverter)
- Am Ausgang der Umrichtereinheit Richtung Niedervoltnetz
- Am Ausgang der Umrichtereinheit Richtung E-Maschine A
- Am Ausgang der Umrichtereinheit Richtung E-Maschine B
- An der elektrischen Klimaanlage (Klimakompressor)
- An der elektrischen Heizung (Elektrisches Heizelement)

Die Strommessung an der elektrischen Ölpumpe war technisch nicht möglich. Die Positionierung der Messstellen ist **Abbildung 64** zu entnehmen.

Tabelle 20: Untersuchungsumfang

Zyklus und Fahrbahnneigung	Fahrstil	Start SOC	Umgebungstemperatur und Fahrzeugtemperatur am Messbeginn		Klimatisierung auf +22 °C	Dauer des Tests
Eco-Test 0 %	"normal" +/- 2 km/h Toleranz	SOC_{max}	-10 °C		Heizung	Bis die VKM startet. Nach dem Start der VKM wurde der angefangene Zyklus zu Ende gefahren und ein weiterer Zyklus direkt angeschlossen.
			+20 °C		-	
			+40 °C und Sonnensimulation[*]		Klimaanlage	
		SOC_{min}	-10 °C		Heizung	1 Zyklus
			+20 °C		-	
			+40 °C und Sonnensimulation[*]		Klimaanlage	
Eco-Test -2 %		SOC_{max}	+20 °C		-	
		SOC_{min}				
Eco-Test +2 %		SOC_{max}				
		SOC_{min}				
Eco-Test 0 %	aggressiv +/- 5 km/h Toleranz	SOC_{max}				
		SOC_{min}				
	ökonomisch +/- 5 km/h Toleranz	SOC_{max}				
		SOC_{min}				

[*] Die Sonnensimulation (1.000 W/m²) wurde 1 Stunde vor Messbeginn aktiviert. Die Umgebungstemperatur am Messbeginn betrug +40 °C. Die Fahrzeuginnenraumtemperatur lag zu Messbeginn bei +58 °C.

VKM... Verbrennungskraftmaschine

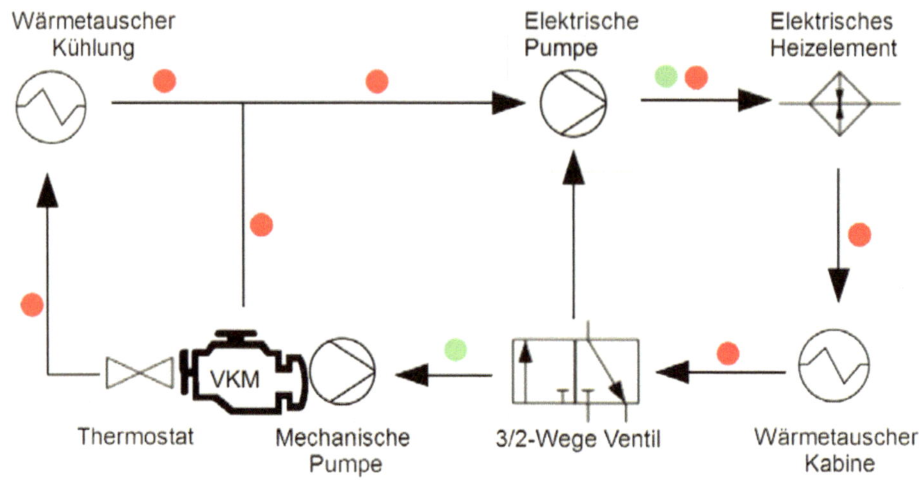

Abbildung 63: Temperatur- und Volumenstromsensoren im Kühlkreislauf im Motorraum

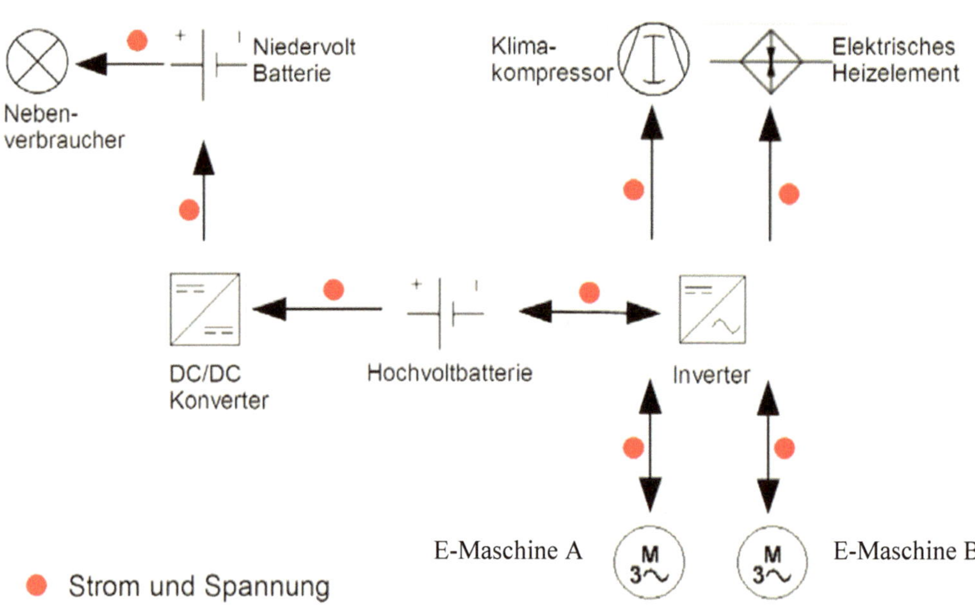

Abbildung 64: Strom- und Spannungsmessstellen

5.3 Analyseergebnisse

Die Durchführung des im Obigen beschriebenen Untersuchungsumfanges ermöglichte die Analyse des Antriebsstranges, des Ladevorganges, des Zusammenwirkens von Verbrennungskraftmaschine und Elektro-Einheit sowie des Heiz- und Kühlkonzeptes des untersuchten Fahrzeuges. Im Weiteren werden die Erkenntnisse dieser Analysen dargelegt.

5.3.1 Fahren und Laden

Im Folgenden werden zur Beschreibung des Antriebsstranges des Opel Ampera die Energiebilanz, der Energiebedarf (elektrische Energie und Ottokraftstoff), die elektrische Reichweite, die Wirkungsgrade der elektrischen Komponenten und die Abgasemissionen bei unterschiedlichen Umgebungstemperaturen, Batterieladezustände, Fahrbahnneigungen und Fahrstile analysiert. Zudem werden die Ladevorgänge und die Niedervoltverbraucher betrachtet. Siehe auch Kapitel 5.2 bzw. Tabelle 20.

5.3.1.1 Umgebungstemperatur +20 °C

Auf Basis der Messungen bei +20 °C Umgebungstemperatur wird folgend der Einsatz der zwei verbauten E-Maschinen und der Verbrennungskraftmaschine analysiert.

Die Hochvoltbatterie verfügt über einen Energieinhalt von 16 kWh („brutto"). Sie wird jedoch nicht über rund 85 % geladen und nicht unter rund 20 % entladen. Effektiv genutzt werden somit rund 65 % (bzw. ca. 10,4 kWh).

Im rein elektrischen Fahrbetrieb (Start mit $SOC_{max.}$) erfolgte bei +20 °C Umgebungstemperatur der erste Zustart der Verbrennungskraftmaschine im wiederholt durchfahrenen Eco-Test nach rund 60 km bzw. nach einer Energieentnahme aus der Hochvoltbatterie von insgesamt 10,1 kWh.

Der durchschnittliche Energiebedarf im Eco-Test (ab Hochvoltbatterie) liegt dabei bei 17,5 kWh/100km. Davon entfielen 14,1 kWh/100km auf die E-Maschine B und 1,1 kWh/100km auf die E-Maschine A.

Im hybriden Fahrbetrieb – dieser beginnt nach dem Erreichen von $SOC_{min.}$ („leere" Hochvoltbatterie) – werden durchschnittlich 0,6 kWh/100km zum Erhalt des Batterieladezustandes in die Hochvoltbatterie rückgespeist. Die E-Maschine B benötigt im hybriden Fahrbetrieb 5,8 kWh/100km und die E-Maschine A produziert 9,1 kWh/100km. In **Abbildung 65** wird die weitere Aufteilung des elektrischen Energiebedarfs auf die untersuchten elektrischen Komponenten (E-Maschinen A und B, Kühlwasserheizung, Klimakompressor und Niedervoltsystem) wiedergegeben. Im Fall des +20 °C Tests war die Innenraumklimatisierung (Klimakompressor) deaktiviert. Der Kraftstoffverbrauch liegt bei 6,7 l/100km.

Neben den Ergebnissen im Eco-Test (gesamt) werden auch die drei Teilphasen (Innerorts, Außerorts und Autobahn) untenstehend betrachtet. Der Vergleich dieser drei Phasen im rein elektrischen Fahrbetrieb zeigt den mit der Fahrzeuggeschwindigkeit zunehmenden Einsatz der E-Maschine A als Motor auf. Innerorts wird der Fahrbetrieb zur Gänze mit der E-Maschine B (inkl. Rekuperation) realisiert. Siehe hierzu auch Kapitel 5.3.2.

Bei Betrachtung der hybriden Teilphasen ist festzustellen, dass Innerorts noch die E-Maschine B das Fahrzeug antreibt. Die dafür erforderliche elektrische Energie wird durch die E-Maschine A bzw. mittels Verbrennungskraftmaschine generiert. Außerorts und auf der Autobahn erfolgt der Antrieb, mit der Geschwindigkeit zunehmend, direkt durch die Verbrennungskraftmaschine. Dies ist durch den geringeren Energiebedarf der E-Maschine B (HV-Modus verglichen zu EV-Modus) zu erkennen. Siehe hierzu ebenfalls Kapitel 5.3.2.

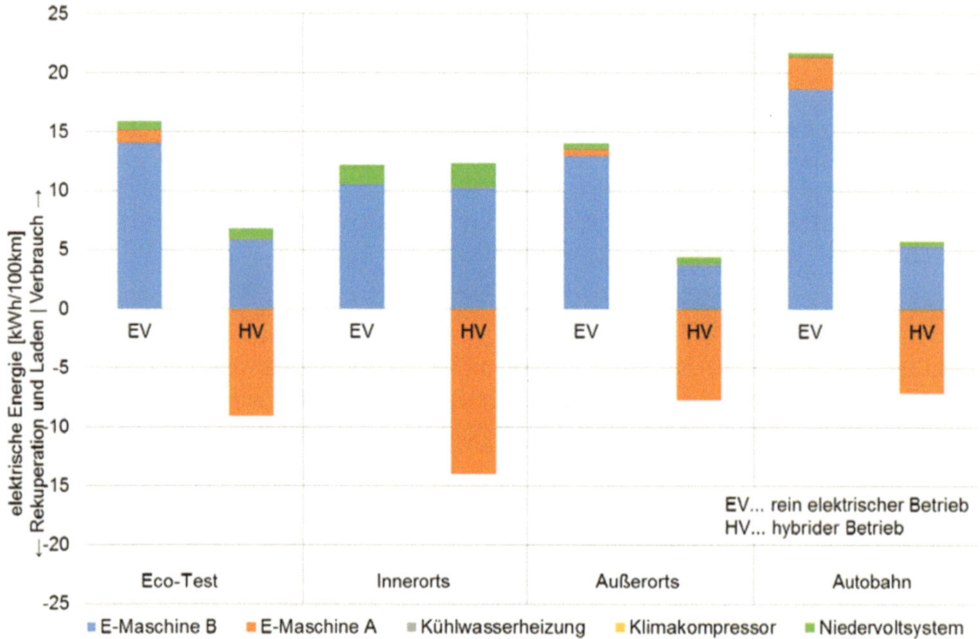

Abbildung 65: Energiebilanz im Eco-Test bei einer Umgebungstemperatur von +20 °C

Abbildung 66 gibt die Bilanz an der Hochvoltbatterie wieder. Im hybriden Fahrbetrieb ist diese etwa ausgeglichen.

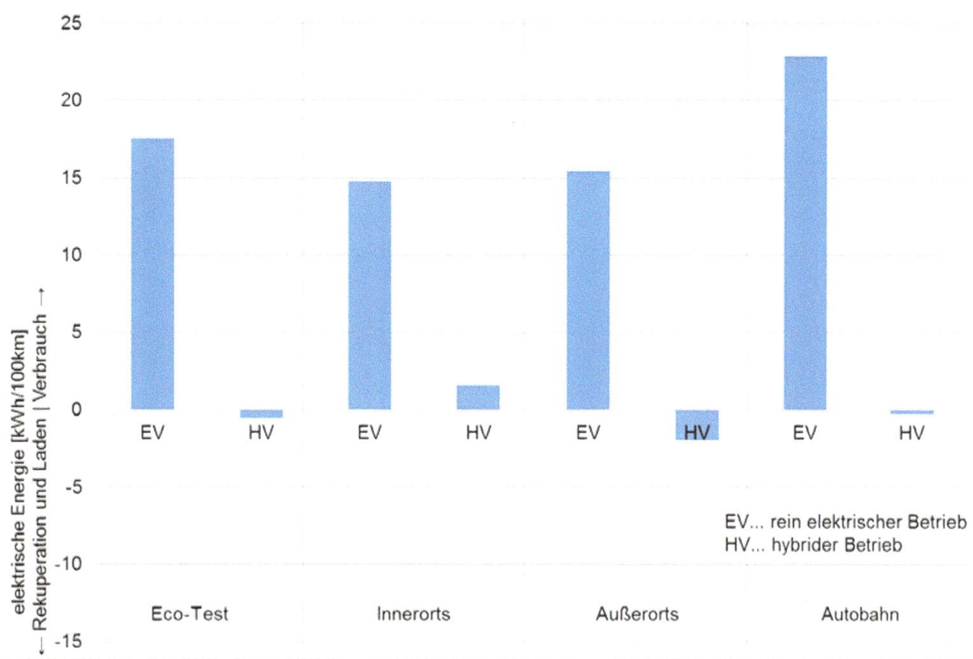

Abbildung 66: Bilanz der Hochvoltbatterie im Eco-Test bei einer Umgebungstemperatur von +20 °C

Im rein elektrischen Fahrbetrieb entstehen keine Emissionen durch die Verbrennungskraftmaschine. Im hybriden Fahrbetrieb wurden diese nach dem Katalysator kontinuierlich mittels CVS-Methode (kontinuierlicher Volumenstrom) gemessen. **Abbildung 67** gibt die ermittelten Werte wieder. Die Euro 5-Grenzwerte[12] (bezogen auf den Neuen Europäischen Fahrzyklus) für CO (1 g/km), HC (0,1 g/km) und NO_x (0,06 g/km) werden im Eco-Test eingehalten. Im Autobahnabschnitt überschreiten die CO-Emissionen den Grenzwert. Innerorts liegen die CO- und NO_x-Emissionen marginal über dem Grenzwert.

Abbildung 68 sind die Kraftstoffverbräuche und die CO_2-Emissionen zu entnehmen. Im Eco-Test sind die Werte mit 6,7 l/100km bzw. 155 g CO_2/km anzugeben.

---

[12]   In diesem Zusammenhang ist darauf hinzuweisen, dass die Euro 5-Grenzwerte im Rahmen der Typprüfung gemäß der Verordnung 692/2008 bei der Absolvierung des Neuen Europäischen Fahrzyklus gelten und nicht für den in dieser Untersuchung gewählten Fahrzyklus.

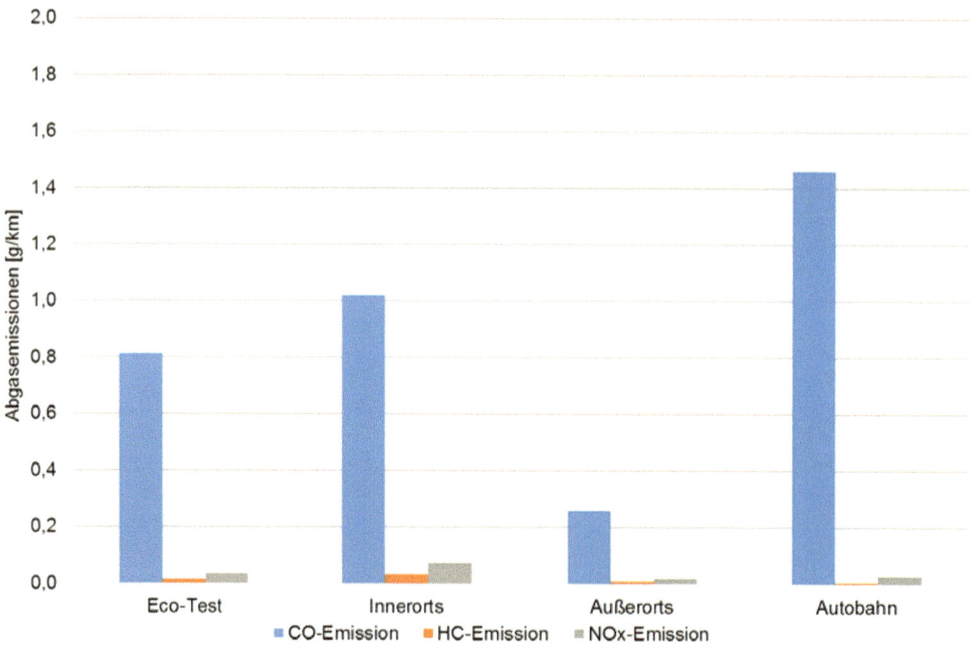

Abbildung 67: CO, HC und NO$_x$-Emissionen der Verbrennungskraftmaschine im hybriden Fahrbetrieb, im Eco-Test bei einer Umgebungstemperatur von +20 °C

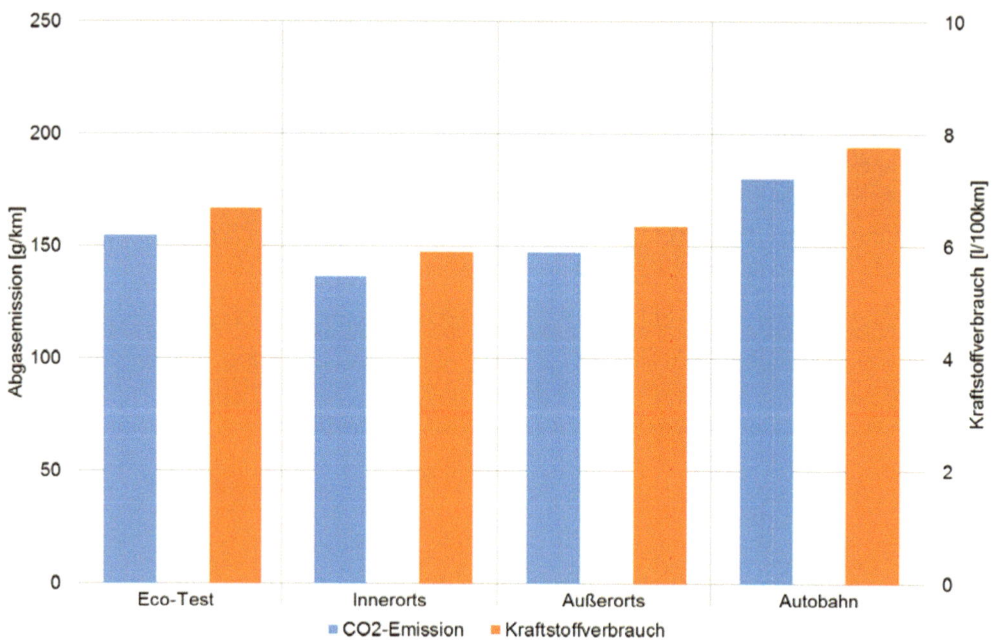

Abbildung 68: CO$_2$-Emissionen und Kraftstoffverbrauch der Verbrennungskraftmaschine im hybriden Fahrbetrieb, im Eco-Test bei einer Umgebungstemperatur von +20 °C

Die Ladedauer der Hochvoltbatterie bei +20 °C an einem typischen Hausanschluss mit 230 V und 16 A (theoretische Anschlussleistung 3,68 kW) ist mit 5 Std. 32 Min. anzugeben. Effektiv wurden 12,7 kWh dem Stromnetz entnommen und 10,4 kWh der Hochvoltbatterie zugeführt. Der Wirkungsgrad des Onboard-Charger (Ladegerät) ist mit rund 82 % anzugeben. Jener der Hochvoltbatterie (Ladung zu Entladung) liegt bei rund 94 %. Die Wirkungsgradanalyse des DC/DC-Wandlers und der Inverter war messtechnisch nicht möglich.

Die Leistungsaufnahmen der einzelnen vermessenen Niedervoltverbraucher werden in **Abbildung 69** angeführt.

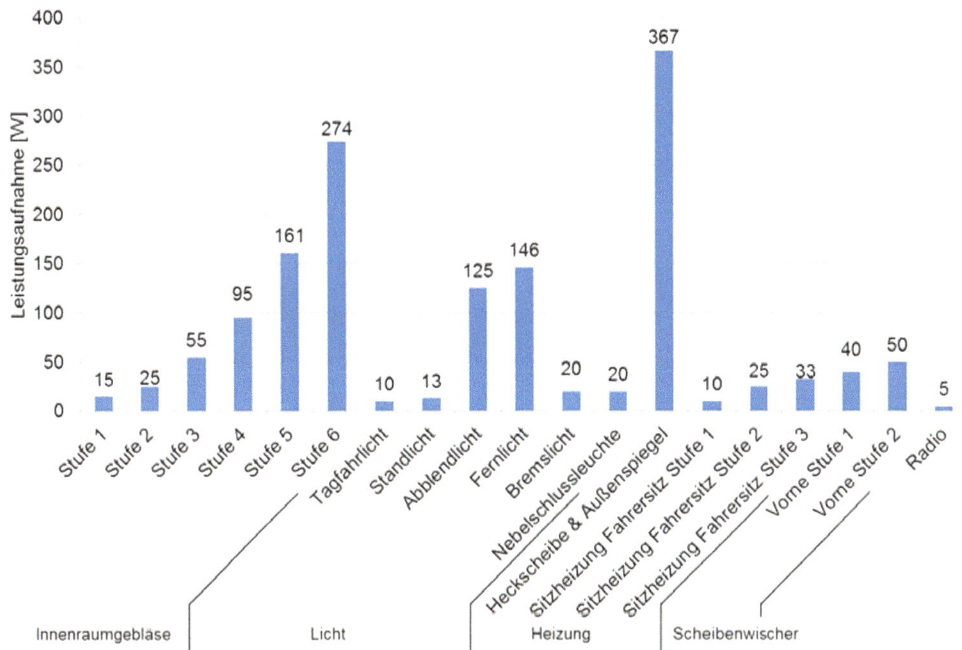

Abbildung 69: Leistungsaufnahme der Niedervoltverbraucher

5.3.1.2 Umgebungstemperatur -10 °C

Im Zuge der Messungen war festzustellen, dass die Verbrennungskraftmaschine rund 50 s nach Beginn der Fahrt für etwa 2 Min. zugestartet hat. Danach wurde dieser bis Kilometer 11,4 - dies entspricht etwa dem Ende des Neuen Europäischen Fahrzyklus (siehe Abbildung 14) - nicht mehr aktiviert. Bis zu diesem Zeitpunkt (11,4 km) betrug die Energieentnahme aus der Hochvoltbatterie 3,2 kWh.

Bei einer Umgebungstemperatur von +20 °C wurde die nutzbare Kapazität für den rein elektrischen Fahrbetrieb verwendet, bevor das Fahrzeug in den hybriden Betrieb mit Erhalt des Ladezustandes wechselte. Bei -10 °C Umgebungstemperatur hingegen wird das Fahrzeug bereits mit (nahezu) voller Hochvoltbatterie hybrid betrieben. Das führt dazu, dass die verfügbare Energie der Hochvoltbatterie für die Innenraumklimatisierung und den elektrischen Antrieb genutzt werden kann. Der Betrieb entspricht daher eher dem elektrischen Modus.

Im Eco-Test erfolgt, verglichen mit der Fahrt bei +20 °C Umgebungstemperatur, bei -10 °C eine durchschnittliche Entladung der Hochvoltbatterie von 11 kWh/100km. Die E-Maschine B benötigt dabei 11,1 kWh/100km und die E-Maschine A produziert 6,7 kWh/100km. Der Kraftstoffverbrauch liegt aufgrund der verfügbaren elektrischen Energie der Hochvoltbatterie bei 5,0 l/100km (statt 6,7 l/100km bei +20 °C Umgebungstemperatur).

Da die Innerorts- und Autobahnphasen des Eco-Tests nicht rein elektrisch absolviert werden konnten, ist die Angabe eines Energiebedarfs im rein elektrischen Fahrbetrieb für den Eco-Test nicht möglich. Lediglich die Außerortsphase konnte rein elektrisch absolviert werden.

Die Energiebilanz wird in **Abbildung 70** wiedergegeben. Der elektrische Energiebedarf der Kühlwasserheizung zur Innenraumklimatisierung und der höhere energetische Anteil der E-Maschine B (im Vergleich zur +20 °C Messung; siehe Abbildung 65) sind dabei erkennbar.

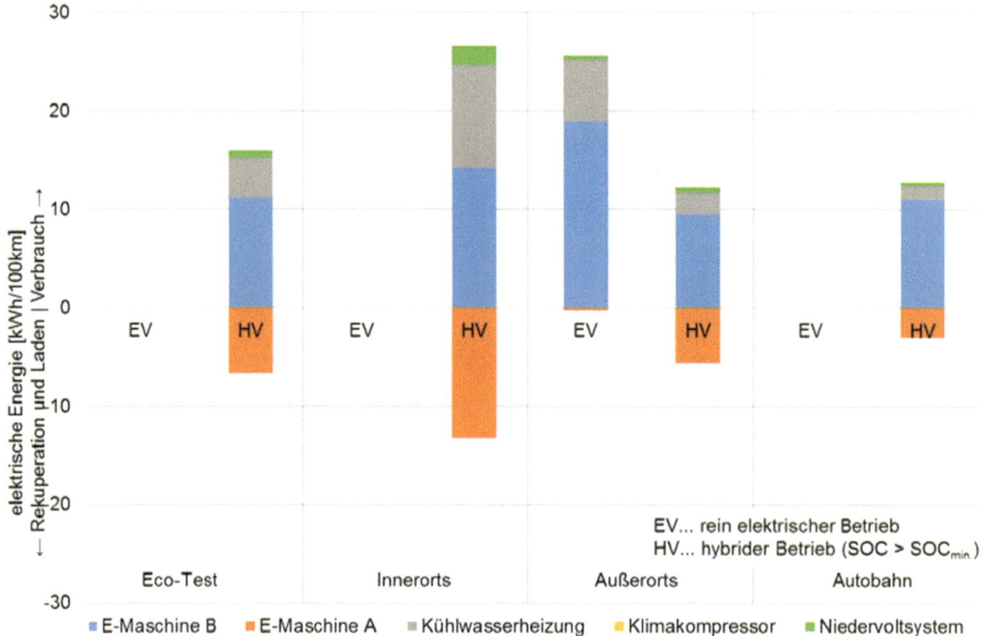

Abbildung 70: Energiebilanz im Eco-Test bei einer Umgebungstemperatur von -10 °C (Hybridbetrieb bei SOC > SOC$_{min.}$)

Abbildung 71 gibt die Bilanz an der Hochvoltbatterie wieder. Es ist festzustellen, dass im hybriden Fahrbetrieb der Batterieladezustand, verglichen mit Abbildung 66 (+20 °C Umgebungstemperatur), nicht ausgeglichen ist, sondern die verfügbare Energie genutzt wurde. Wie in Abbildung 70 gezeigt wurde, wurde diese verfügbare Energie primär für die Kühlwasserheizung und den Vortrieb eingesetzt und damit weniger elektrische Energie generatorisch erzeugt (als bei +20 °C Umgebungstemperatur; siehe Abbildung 65).

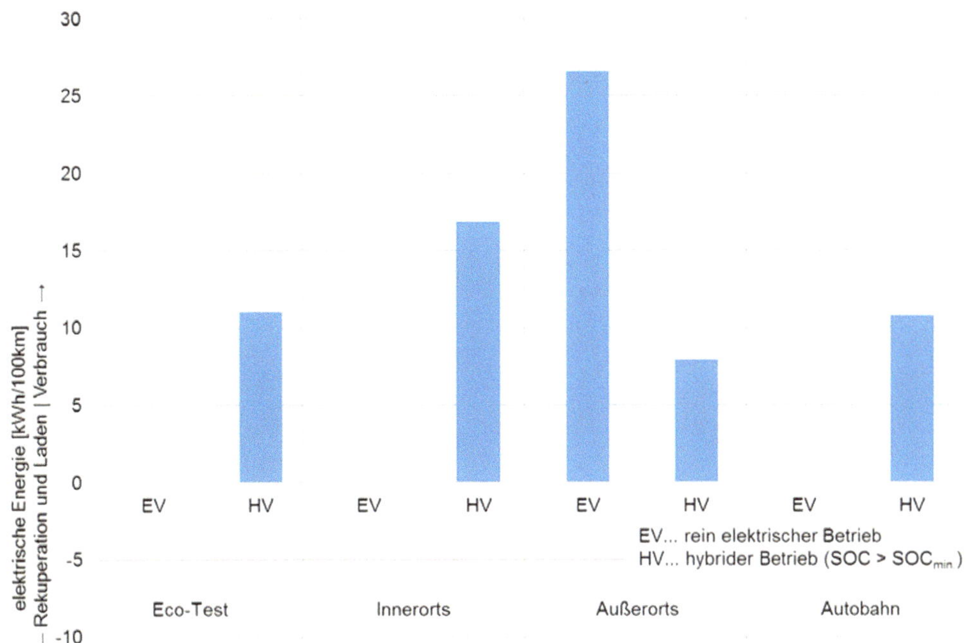

Abbildung 71: Bilanz der Hochvoltbatterie im Eco-Test bei einer Umgebungstemperatur von -10 °C (Hybridbetrieb bei SOC > SOC_{min}.)

Abbildung 72 gibt die CO, HC und NOx-Emissionen der Verbrennungskraftmaschine im hybriden Fahrbetrieb wieder. Die Euro 5-Grenzwerte (bezogen auf den Neuen Europäischen Fahrzyklus) für CO (1 g/km), HC (0,1 g/km) und NO_x (0,06 g/km) werden im Eco-Test eingehalten. Im Autobahnabschnitt überschreiten die CO-Emissionen den Grenzwert. Innerorts liegen die CO- und NO_x-Emissionen marginal über dem Grenzwert.

Abbildung 73 sind der Kraftstoffverbrauch und die CO_2-Emissionen zu entnehmen. Im Eco-Test sind die Werte mit 5,0 l/100km bzw. 116 g CO_2/km anzugeben. Es ist darauf hinzuweisen, dass in diesem Fahrbetrieb der Batterieladezustand nicht ausgeglichen ist und somit auch mehr elektrische Energie verbraucht als erzeugt wird. Der elektrische Energiebedarf ist in diesem Fahrbetrieb im Eco-Test mit 11 kWh/100km anzugeben.

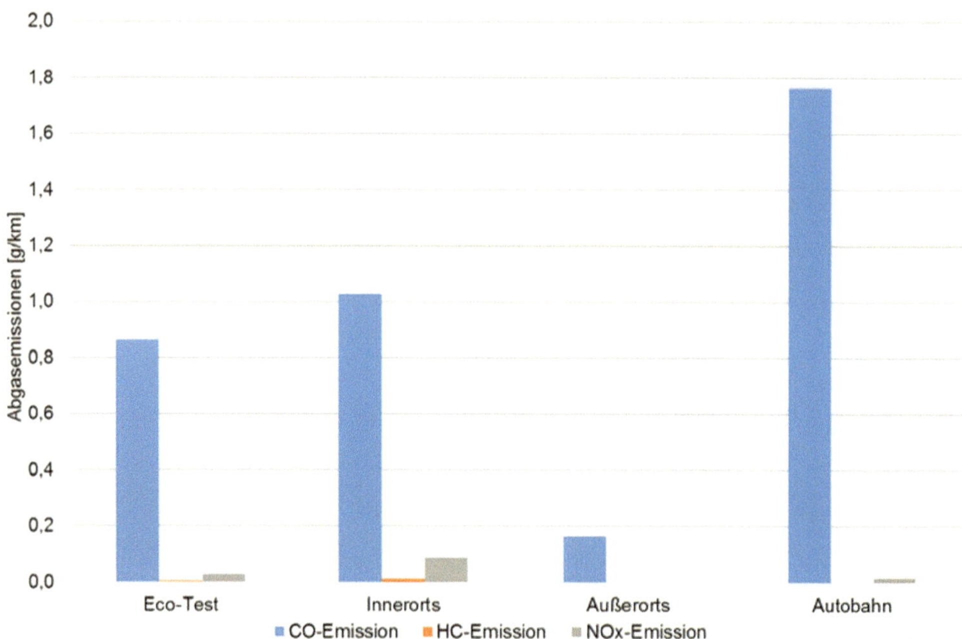

Abbildung 72: CO, HC und NO_x-Emissionen der Verbrennungskraftmaschine im hybriden Fahrbetrieb im Eco-Test bei einer Umgebungstemperatur von -10 °C (Hybridbetrieb bei SOC > $SOC_{min.}$)

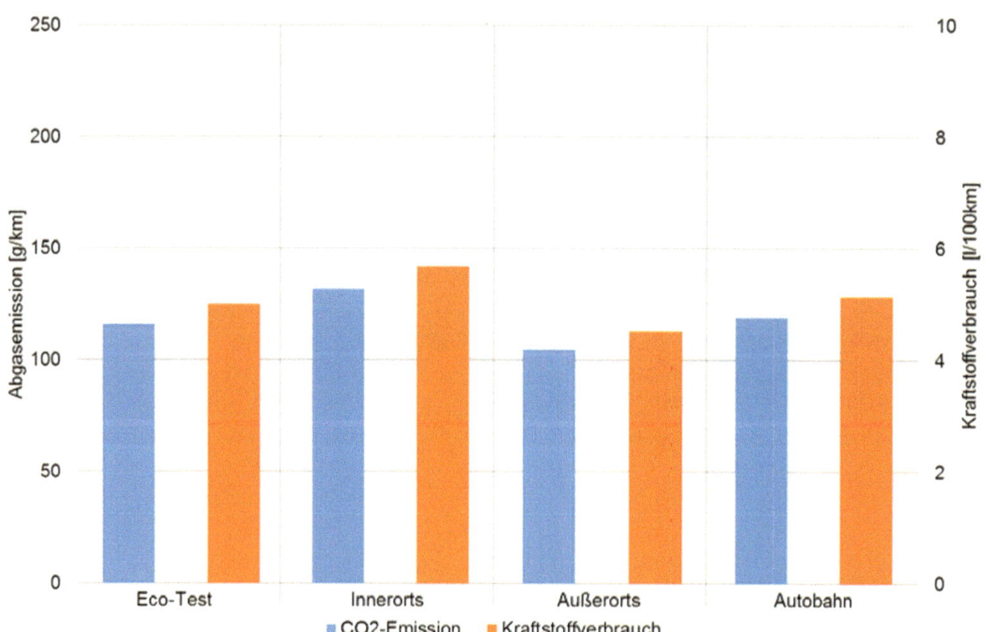

Abbildung 73: CO_2-Emissionen und Kraftstoffverbrauch der Verbrennungskraftmaschine im hybriden Fahrbetrieb im Eco-Test bei einer Umgebungstemperatur von -10 °C (Hybridbetrieb bei SOC > $SOC_{min.}$)

Wird nun der hybride Fahrbetrieb nach dem Erreichen von $SOC_{min.}$ („leere" Hochvoltbatterie) betrachtet – siehe hierzu **Abbildung 74** –, so ist gegenüber dem hybriden Fahrbetrieb bei SOC > $SOC_{min.}$ – siehe hierzu Abbildung 70 – ein geringerer elektrischer Energiebedarf für die Kühlmittelheizung (Innenraumklimatisierung) zu erkennen. Dies ist damit zu begründen, dass die Verbrennungskraftmaschine im hybriden Fahrbetrieb (bei $SOC_{min.}$) verstärkt für die Innenraumklimatisierung (Heizung) aufkommt. Außerorts und auf der Autobahn erfolgt die Innenraumklimatisierung (Heizung) nahezu vollständig über die Verbrennungskraftmaschine.

Wie auch bei der Umgebungstemperatur von +20 °C ist der Ladezustand der Hochvoltbatterie im hybriden Fahrbetrieb bei $SOC_{min.}$ etwa ausgeglichen.

Die Emissionen steigen im hybriden Fahrbetrieb bei $SOC_{min.}$ dahingehend an, dass die Euro 5-Grenzwerte (bezogen auf den Neuen Europäischen Fahrzyklus) im Eco-Test für HC (0,1 g/km) und NO_x (0,06 g/km) eingehalten und für CO (1 g/km) marginal überschritten werden. In Teilphasen kommt es zu Überschreitungen (CO Innerorts und Autobahn, NO_x Innerorts).

Der Kraftstoffverbrauch im Eco-Test, dargestellt in **Abbildung 75**, ist im hybriden Fahrbetrieb bei $SOC_{min.}$ mit 9,3 l/100km anzugeben. Der hohe innerstädtische Kraftstoffverbrauch ist primär durch den generatorischen Betrieb der E-Maschine A (29,4 kWh/100km) zu erklären.

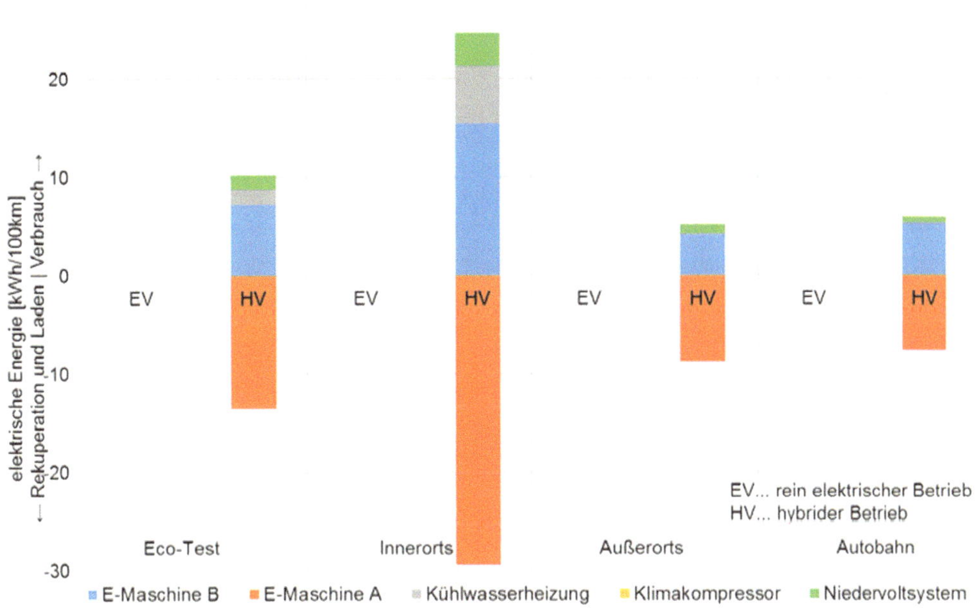

Abbildung 74: Energiebilanz im Eco-Test bei einer Umgebungstemperatur von -10 °C (Hybridbetrieb bei $SOC_{min.}$)

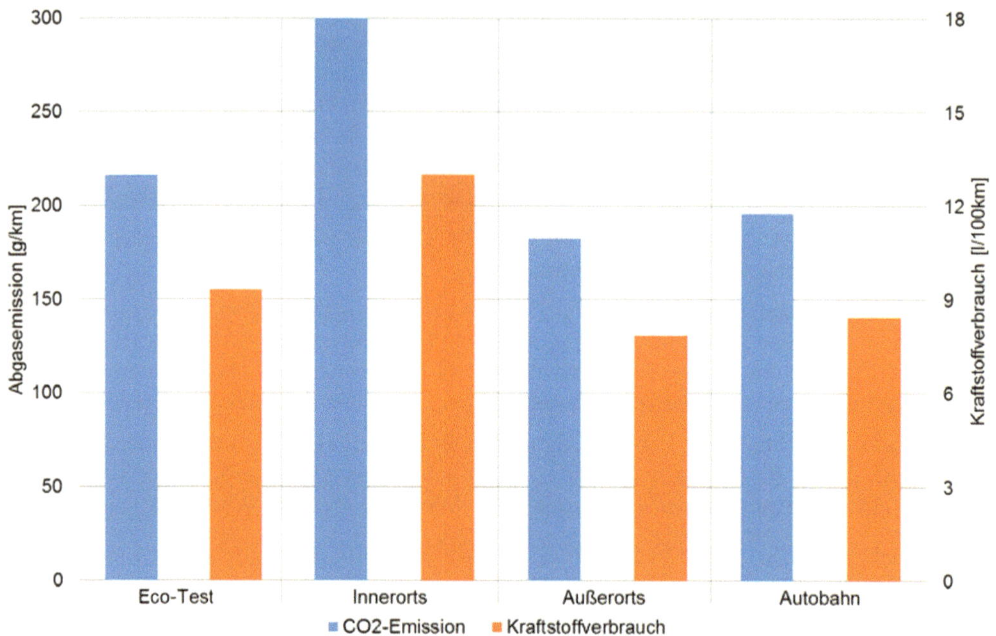

Abbildung 75: CO₂-Emissionen und Kraftstoffverbrauch der Verbrennungskraftmaschine im hybriden Fahrbetrieb, im Eco-Test bei einer Umgebungstemperatur von -10 °C (Hybridbetrieb bei $SOC_{min.}$)

Die Ladedauer der Hochvoltbatterie bei einer Umgebungstemperatur von -10 °C an einem typischen Hausanschluss mit 230 V und 16 A ist mit 5 Std. 18 Min. anzugeben. Entnommen werden dem Stromnetz dabei 12,9 kWh und 10,6 kWh der Hochvoltbatterie zugeführt. Der Wirkungsgrad des Onboard-Charger (Ladegerät) ist mit rund 83 % anzugeben. Jener der Hochvoltbatterie (Ladung zu Entladung) liegt bei rund 86 % und dabei deutlich unter dem Wert bei +20 °C Umgebungstemperatur.

5.3.1.3 Umgebungstemperatur +40 °C mit Sonnensimulation von 1.000 W/m²

Bei einer Umgebungstemperatur von +40 °C und einer Sonneneinstrahlung von 1.000 W/m² wurde die nutzbare Kapazität der Hochvoltbatterie zur Gänze für den rein elektrischen Fahrbetrieb verwendet (wie auch bei +20 °C), bevor das Fahrzeug in den hybriden Betrieb mit Erhalt des Ladezustandes wechselte. Die Sonneneinstrahlung wurde in diesem Test 1 Std. vor Fahrtbeginn aktiviert, sodass die Fahrzeuginnenraumtemperatur am Beginn +58 °C betragen hat.

Der erste Zustart der Verbrennungskraftmaschine erfolgte nach 48,5 km bzw. nach einer Energieentnahme aus der Hochvoltbatterie von insgesamt 10,5 kWh. Das Fahrzeug wurde zuvor bei +20 °C vollständig geladen. Wie im Folgenden noch gezeigt wird, war eine vollständige Ladung bei +40 °C nicht möglich.

Der durchschnittliche Energiebedarf im rein elektrischen Fahrbetrieb ist bei Absolvierung des Eco-Tests mit 21,1 kWh/100km anzugeben. Der gegenüber dem +20 °C Test höhere Werte ist damit zu begründen, dass im Eco-Test durchschnittlich 4,5 kWh/100km für die

Innenraumklimatisierung (Klimakompressor) aufgewendet werden und auch das Niedervoltsystem (Innenraumgebläse) einen höheren Energiebedarf aufweist.

Abbildung 76 kann die Aufteilung des elektrischen Energiebedarfs auf die E-Maschinen A und B, die Kühlwasserheizung, den Klimakompressor und das Niedervoltsystem entnommen werden. Der elektrische Energiedarf des Klimakompressors ist vor allem Innerorts mit rund 11 kWh/100km ein dominanter Verbrauchsfaktor.

Im hybriden Fahrbetrieb werden durchschnittlich 0,8 kWh/100km zum Erhalt des Batterieladezustandes in die Hochvoltbatterie rückgespeist. Der gegenüber dem +20 °C Test höhere Kraftstoffverbrauch von 7,6 l/100km ist damit zu begründen, dass mittels E-Maschine A mehr elektrische Energie generiert werden muss, um den Klimakompressor und das Innenraumgebläse zu betreiben.

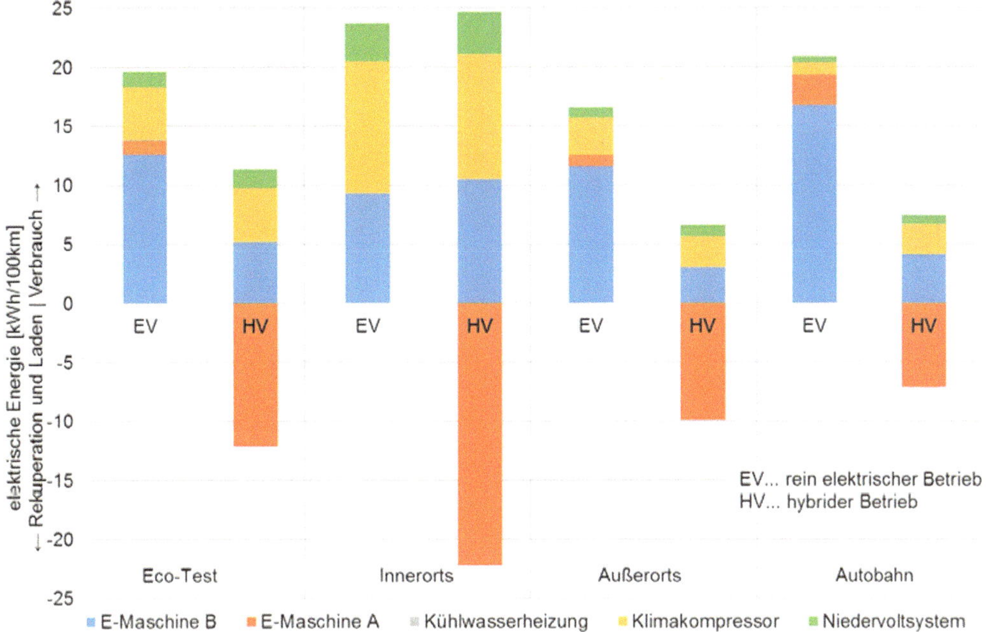

Abbildung 76: Energiebilanz im Eco-Test bei einer Umgebungstemperatur von +40 °C

Wie **Abbildung 77** zu entnehmen ist, ist auch bei einer Umgebungstemperatur von +40 °C im hybriden Fahrbetrieb die Bilanz der Hochvoltbatterie etwa ausgeglichen.

Wie **Abbildung 78** entnommen werden kann, werden die Euro 5-Grenzwerte (bezogen auf den Neuen Europäischen Fahrzyklus) für CO (1 g/km) nur Innerorts eingehalten. Die Euro 5 Grenzwerte für HC (0,1 g/km) und NO_x (0,06 g/km) wurden durchgängig eingehalten.

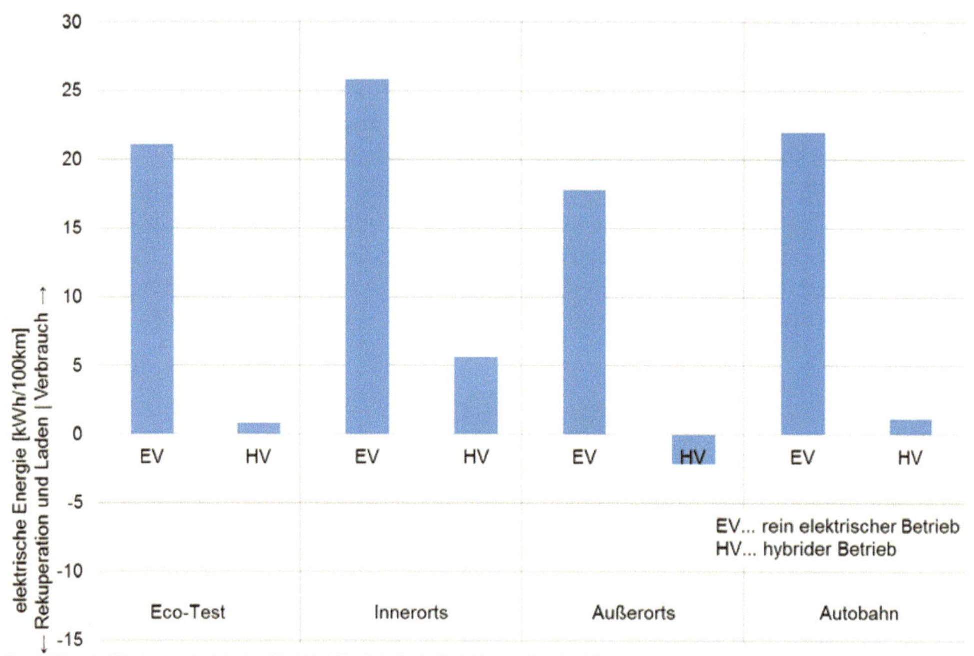

Abbildung 77: Bilanz der Hochvoltbatterie im Eco-Test bei einer Umgebungstemperatur von +40 °C

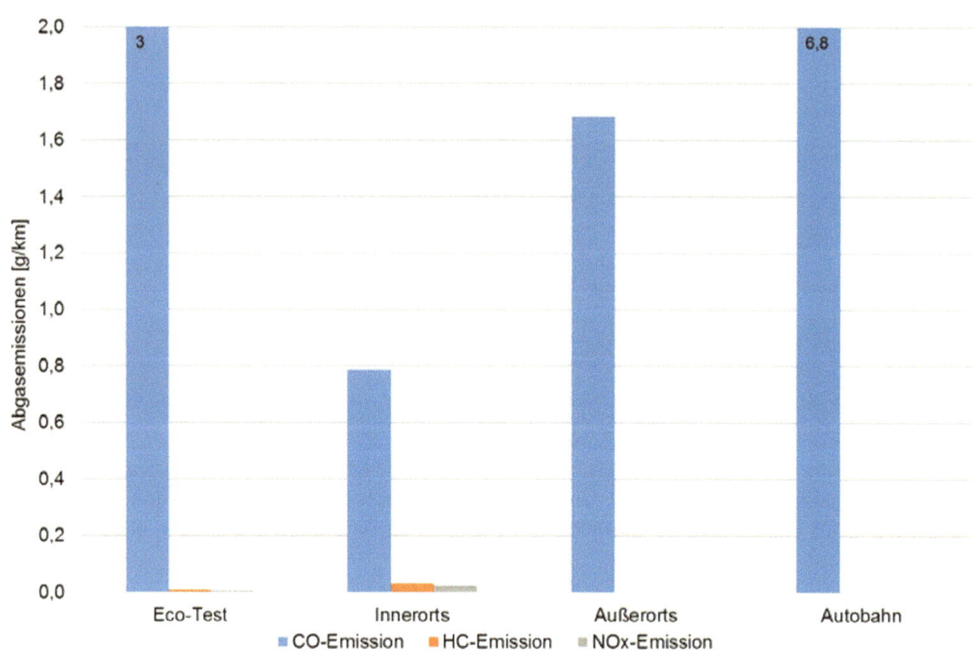

Abbildung 78: CO, HC und NO$_x$-Emissionen der Verbrennungskraftmaschine im hybriden Fahrbetrieb im Eco-Test bei einer Umgebungstemperatur von +40 °C

Abbildung 79 sind die Kraftstoffverbräuche und die CO_2-Emissionen zu entnehmen. Im Eco-Test sind die Werte mit 7,6 l/100km bzw. 176 g CO_2/km anzugeben.

Nach einer Ladedauer von 6 Std. 43 Min. bei +40 °C Umgebungstemperatur an einem typischen Hausanschluss mit 230 V und 16 A wurden 14,9 kWh dem Stromnetz entnommen und 6,9 kWh der Hochvoltbatterie zugeführt. Im Anschluss erfolgte eine geringfügige pulsweise Ladung (0,3 kWh in weiteren 7 Std. 28 Min.). Es ist davon auszugehen, dass diese dem Ladungserhalt bzw. der Hochvoltbatterieklimatisierung dient. Eine vollständige Ladung der Hochvoltbatterie war bei +40 °C Umgebungstemperatur nicht möglich. Siehe hierzu auch **Abbildung 80**. Der Wirkungsgrad des Onboard-Charger (Ladegerät) ist unter diesen Bedingungen mit rund 47 % anzugeben. Es ist zu erwarten, dass der starke Abfall des Wirkungsgrades der thermischen Belastung des Ladegerätes zuzuordnen ist.

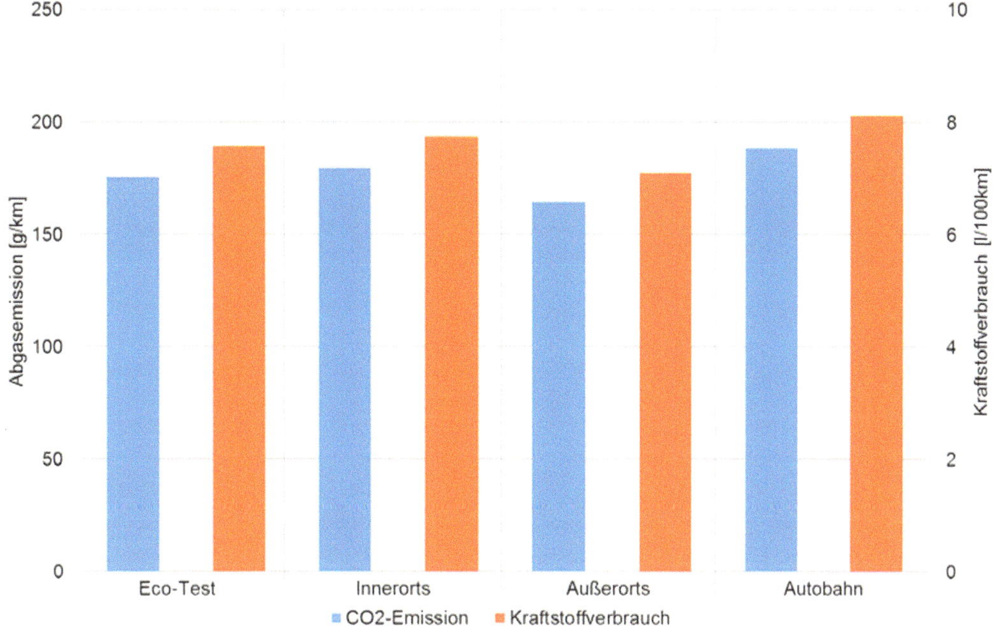

Abbildung 79: CO_2-Emissionen und Kraftstoffverbrauch der Verbrennungskraftmaschine im hybriden Fahrbetrieb im Eco-Test bei einer Umgebungstemperatur von +40 °C

Abbildung 80: Ladevorgang der Hochvoltbatterie bei einer Umgebungstemperatur von +40 °C

5.3.1.4 Fahrbahnneigung

Bei einer Umgebungstemperatur von +20 °C wurde der Einfluss der Fahrbahnneigung auf den Energiebedarf untersucht. Dafür wurde eine Steigung bzw. ein Gefälle von 2 % simuliert. Der Ladezustand der Hochvoltbatterie ist im hybriden Fahrbetrieb über die Dauer des Eco-Tests auch bei einer Fahrbahnneigung von +/-2 % etwa ausgeglichen.

Wie **Abbildung 81** entnommen werden kann, sinkt der elektrische Energiebedarf im rein elektrischen Fahrbetrieb bzw. der Kraftstoffverbrauch im hybriden Fahrbetrieb bei einem Gefälle von 2 % im Eco-Test um 54 bzw. 53 %. Bei einer Steigung von 2 % erhöhen sich im Eco-Test der elektrische Energiebedarf im rein elektrischen Fahrbetrieb bzw. der Kraftstoffverbrauch im hybriden Fahrbetrieb um 59 bzw. 54 %. Daraus resultiert eine elektrische Reichweite von 127 km (bei 2 % Gefälle) bzw. 36 km (bei 2 % Steigung).

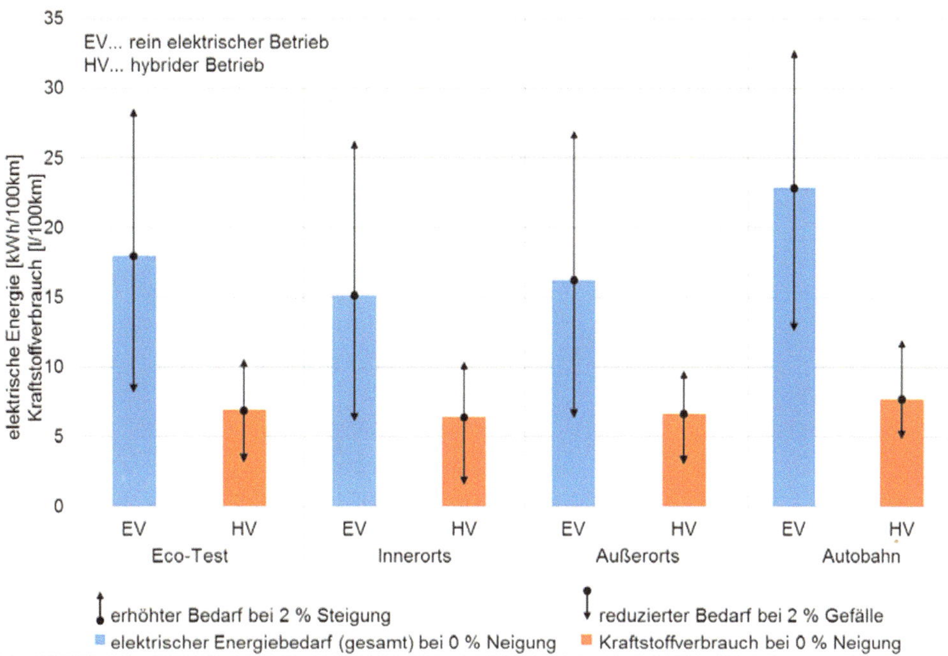

Abbildung 81: Energiebedarf im Eco-Test bei unterschiedlichen Fahrbahnneigungen und einer Umgebungstemperatur von +20 °C

Die Euro 5-Grenzwerte (bezogen auf den Neuen Europäischen Fahrzyklus) für CO (1 g/km), HC (0,1 g/km) und NO_x (0,06 g/km) werden im Eco-Test und in den Teilphasen bei einem Gefälle von 2 % durchgängig unterschritten und liegen unter den Werten bei 0 % Fahrbahnneigung (siehe Abbildung 67). Bei einer Steigung von 2 % werden die Emissionsgrenzwerte für CO im Eco-Test (2,4 g/km) und auf der Autobahn (5,9 g/km) überschritten. Weiters werden die Emissionsgrenzwerte für NO_x Innerorts nicht eingehalten.

5.3.1.5 Fahrstil

Das vorgegebene Geschwindigkeitsprofil (Eco-Test, siehe Abbildung 14) wurde unter Einhaltung einer Toleranz von +/-5 km/h sowohl aggressiv als auch ökonomisch durchfahren und mit dem Energiedarf der „normalen" Fahrweise (Einhaltung des Fahrprofils mit einer Toleranz von +/-2 km/h) verglichen. Die Untersuchungen wurden für den rein elektrischen Fahrbetrieb als auch für den hybriden Fahrbetrieb durchgeführt.

Abbildung 82 gibt einen Überblick zu den realisierten Geschwindigkeitsprofilen. In **Abbildung 83** wird ein Auszug dieser Geschwindigkeitsprofile im Detail dargestellt. Es kann festgestellt werden, dass, im Vergleich zur Geschwindigkeitsvorgabe (km/h SOLL), im Zuge der aggressiven Fahrweise stärker beschleunigt bzw. verzögert wurde und ein generell höheres Geschwindigkeitsniveau eingehalten wurde. Die ökonomische Fahrweise wurde derart umgesetzt, dass schwächer beschleunigt bzw. verzögert wurde, generell geringere Geschwindigkeiten gefahren wurden und die Dynamik des Geschwindigkeitsprofils geglättet wurde.

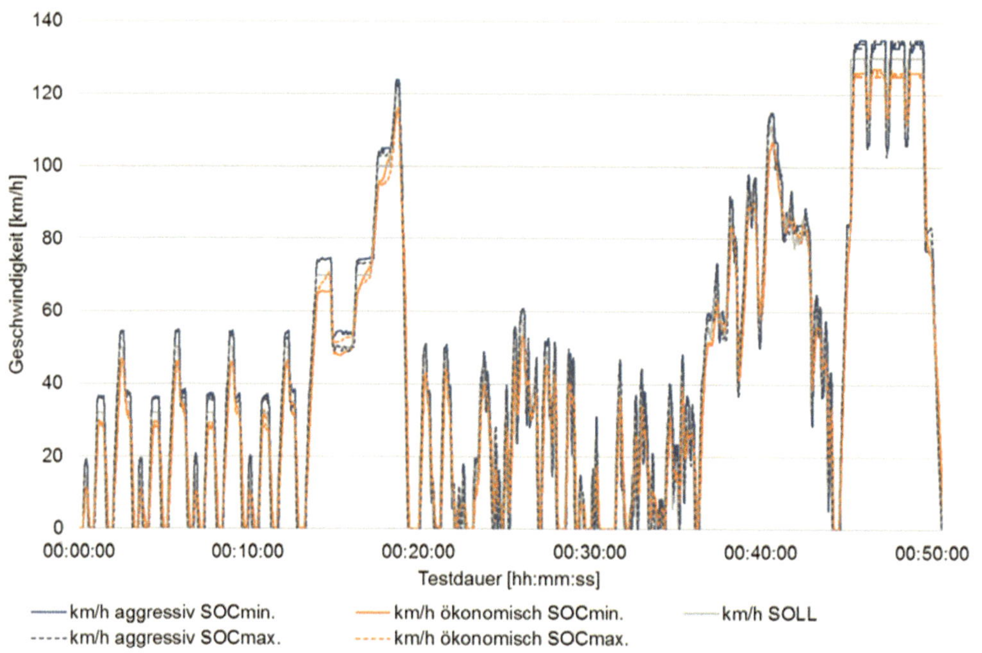

Abbildung 82: Variierendes Geschwindigkeitsprofil zur Analyse des Fahrstileinflusses

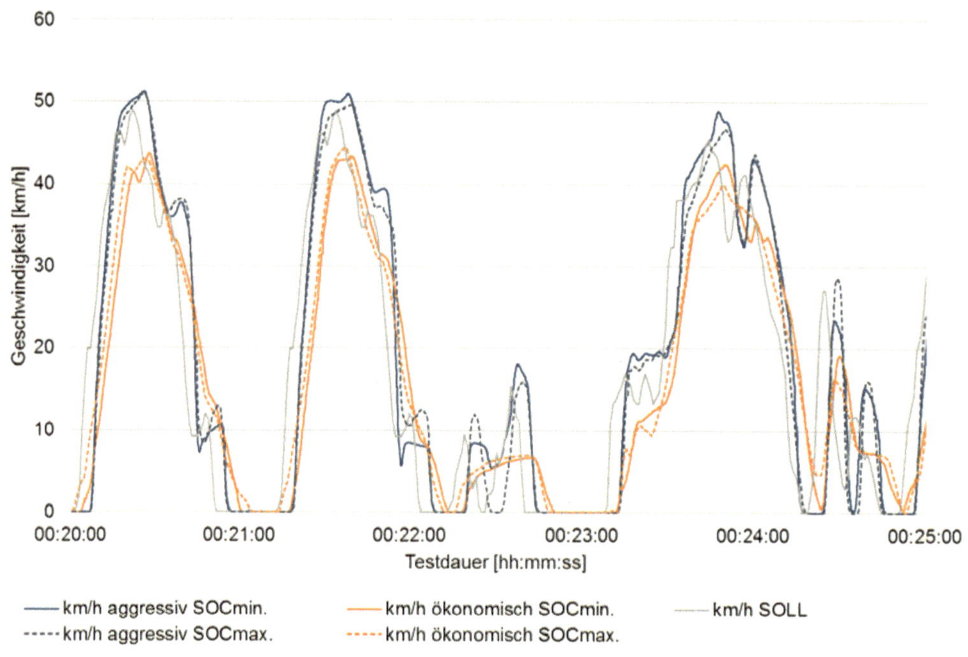

Abbildung 83: Exemplarische Detailansicht des variierenden Geschwindigkeitsprofils zur Analyse des Fahrstileinflusses

Wie **Abbildung 84** entnommen werden kann, steigt durch einen aggressiven Fahrstil im Eco-Test der elektrische Energiebedarf bei rein elektrischer Fahrweise bzw. der Kraftstoffverbrauch bei hybrider Fahrweise um 11 bzw. 8 %. Bei ökonomischer Fahrweise sinkt der elektrische Energiebedarf im rein elektrischen Fahrbetrieb bzw. der Kraftstoffverbrauch im hybriden Fahrbetrieb um 5 bzw. 8 %. Daraus resultiert eine elektrische Reichweite von 61 km bei ökonomischer bzw. 52 km bei aggressiver Fahrweise.

Das geringe energetische Reduktionspotenzial (ökonomische Fahrweise) bzw. der nur geringfügig höhere Energiebedarf (aggressive Fahrweise) in der Außerortsphase ist dadurch zu erklären, dass das Fahrzeug bereits in einem wirkungsgradoptimalen Geschwindigkeitsbereich von durchschnittlich rund 65 km/h betrieben wird und dass das vorgegebene Geschwindigkeitsprofil (auch bei einer Toleranz von +/-5 km/h) nur eine geringfügige Abweichung vom dynamischen Fahrverhalten zulässt (siehe auch Abbildung 83).

Innerorts (durchschnittliche Geschwindigkeit rund 18 km/h) ist das größte Einsparungspotential (elektrisch 10 %, hybridisch 23 %) bzw. der höchste Mehrverbrauch (elektrisch 22 %, hybridisch 19 %) auszuweisen. Dies ist damit zu begründen, dass innerorts zahlreiche Stopp-/Start-Events auftreten und bei diesen jeweils der Anfahrwiderstand des Fahrzeuges zu überwinden ist.

Im Autobahnabschnitt resultieren Vor- (elektrisch 5 %, hybridisch 11 %) bzw. Nachteile (elektrisch 12 %, hybridisch 11 %) des Fahrstiles im Wesentlichen aus dem unterschiedlichen Geschwindigkeitsniveau der Konstantfahrten und dem damit einhergehenden abweichenden zu überwindenden Luftwiderstand (Einfluss nimmt mit dem Quadrat der Geschwindigkeit zu).

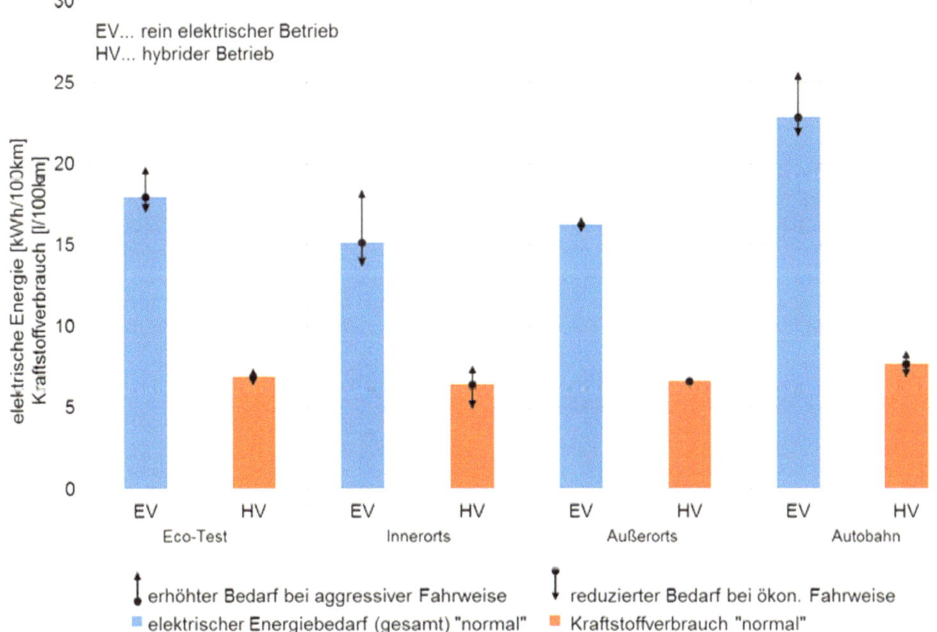

Abbildung 84: Energiebedarf im Eco-Test bei unterschiedlichen Fahrstilen und einer Umgebungstemperatur von +20 °C

Wie aus den Messdaten ersichtlich, werden die CO-, HC- und NO_x-Emissionen durch die ökonomische bzw. aggressive Fahrweise verglichen mit der „normalen" nicht beeinflusst, da der Betrieb der Verbrennungskraftmaschine nicht direkt von der Momenten- und Leistungsanforderung abhängig ist (Ausnahme: geringfügig höhere CO-Emissionen in der Autobahnphase bei aggressiver Fahrweise: 1,9 statt 1,5 g/km).

5.3.1.6 Zwischenfazit

Für den Eco-Test werden in **Abbildung 85** der elektrische Energiebedarf und die elektrische Reichweite im rein elektrischen Fahrbetrieb mit $SOC_{max.}$ („volle" Hochvoltbatterie) sowie der Kraftstoffverbrauch im hybriden Fahrbetrieb mit $SOC_{min.}$ („leere" Hochvoltbatterie) für die betrachteten Umgebungstemperaturen und Fahrsituationen zusammenfassend wiedergegeben.

Festzuhalten ist, dass ein rein elektrischer Fahrbetrieb über die Dauer eines gesamten Eco-Tests bei -10 °C Umgebungstemperatur nicht möglich gewesen ist. Der gegenüber dem +20 °C Test bei -10 °C höhere Kraftstoffverbrauch ist vorrangig der Heizanforderung des Fahrzeuginnenraumes zuzuordnen. Im Fall des Tests bei +40 °C (inkl. 1.000 W/m² Sonneneinstrahlung) begründet sich der höhere Kraftstoffverbrauch primär durch die Generierung der elektrischen Energie für die Klimaanlage. Der Ladezustand der Hochvoltbatterie (SOC) war im hybriden Fahrbetrieb über den Eco-Test etwa ausgeglichen.

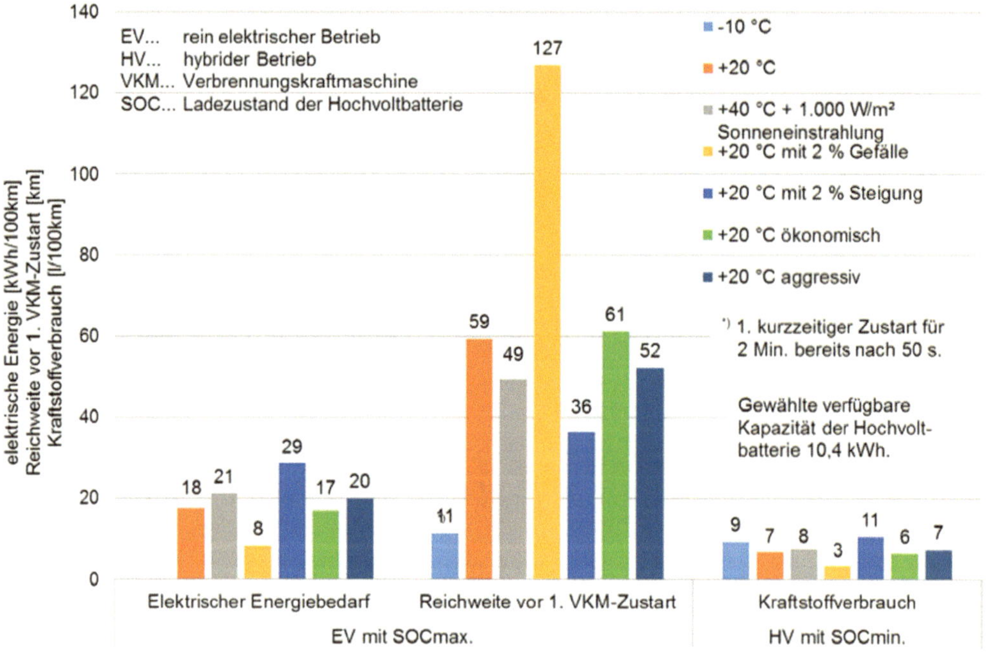

Abbildung 85: Elektrischer Energiebedarf, elektrische Reichweite und Kraftstoffverbrauch im Eco-Test bei unterschiedlichen Umgebungstemperaturen

Die Euro 5-Grenzwerte (bezogen auf den Neuen Europäischen Fahrzyklus) für CO (1 g/km), HC (0,1 g/km) und NO_x (0,06 g/km) werden im Eco-Test nur teilweise eingehalten. Zu niedrigen Umgebungstemperaturen hin (-10 °C) steigen die CO- und NO_x-Emissionen insbesondere im unteren Geschwindigkeitsbereich (Innerorts, hoher Stopp-/Start-Anteil). Zu hohen Umgebungstemperaturen hin (+40 °C und 1.000 W/m² Sonneneinstrahlung) steigen die CO-Emissionen mit zunehmender Geschwindigkeit (Außerorts und Autobahn) deutlich.

Eine vollständige Ladung der Hochvoltbatterie erfolgt an einem typischen Hausanschluss mit 230 V und 16 A in rund 5 Std. und 30 Min. Bei einer Umgebungstemperatur von +40 °C war eine vollständige Ladung der Hochvoltbatterie nicht möglich. Die Hochvoltbatterie wurde zu rund 65 % geladen. Es ist zu erwarten, dass die Ladung aufgrund der thermischen Belastung zum Schutz der Hochvoltbatterie eingeschränkt erfolgt ist.

Komforteinschränkung durch ein verzögertes oder nicht Erreichen der gewünschten Fahrzeuginnenraumtemperatur werden im Kapitel 5.3.4.3 erörtert.

Fahrleistungseinschränkungen wurden während der Absolvierung der Eco-Tests nicht festgestellt.

5.3.2 Zusammenwirken von Verbrennungskraftmaschine und Elektro-Einheit

Das Zusammenwirken von Verbrennungskraftmaschine und Elektro-Einheit wurde auf Basis einer durchgeführten Literaturrecherche und anhand der Erkenntnisse im Zuge der Messdurchführung analysiert und wird im Folgenden näher beschrieben.

5.3.2.1 Betriebsmodi

Der Antriebsstrang des Opel Ampera, wiedergegeben in **Abbildung 86**, besteht aus zwei Elektromaschinen – E-Maschine A (vorwiegend als Generator genutzt) und E-Maschine B (vorwiegend motorisch genutzt) – und einer Verbrennungskraftmaschine (VKM). Die Verbrennungskraftmaschine und die zwei Elektromaschinen sind mittels Planetengetriebe miteinander verbunden.

Diese Maschinen können in vier verschiedenen Kombinationen zum Zwecke des Fahrzeugantriebes verwendet werden. Zwischen diesen vier Betriebsmodi, dargestellt in **Tabelle 21**, kann mithilfe von drei Kupplungen (C_1, C_2 und C_3) während der Fahrt gewechselt werden.

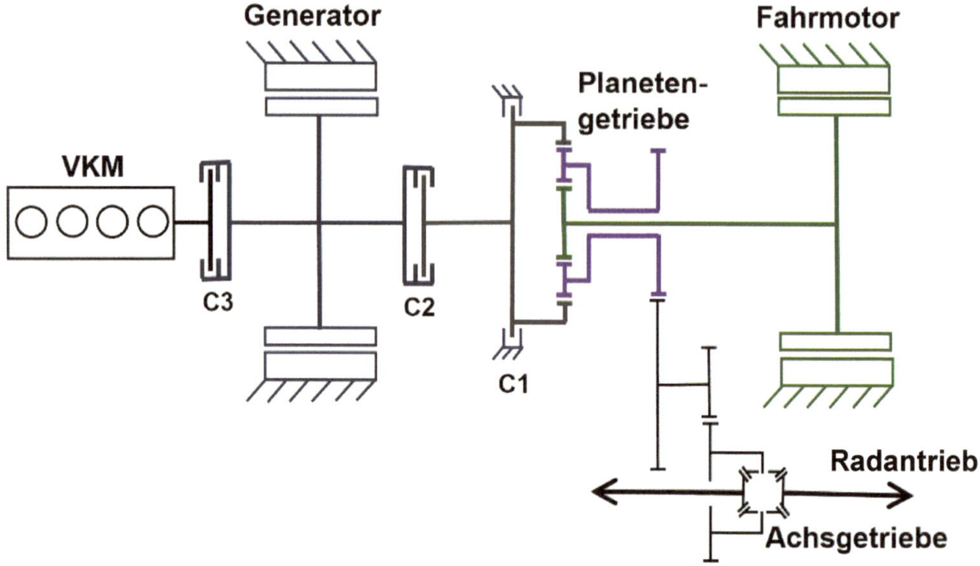

Abbildung 86: Antriebsstrangschema [7]

Im rein elektrischen Betrieb kann zwischen einem ein- und zweimotorigen E-Antrieb (E1 und E2), im reichweitenverlängerten Modus zwischen einem seriellen (R1) und einem leistungsverzweigten Hybridmodus (R2) gewechselt werden.

Der serielle Hybridmodus (R1) entspricht bezüglich des Antriebs dem einmotorigen elektrischen Modus mit der E-Maschine B. Zusätzlich wird jedoch mithilfe der Verbrennungskraftmaschine und der E-Maschine A elektrische Energie generiert, die direkt für den elektrischen Antrieb oder für das Laden der Hochvoltbatterie genutzt werden kann.

Im leistungsverzweigten Hybridmodus (R2) wird ein Teil der von der Verbrennungskraftmaschine erzeugten mechanischen Energie direkt für den Antrieb genutzt und der Rest wird über die E-Maschine A in elektrische Energie umgewandelt, die wiederum zum Laden der Hochvoltbatterie oder für den Betrieb der E-Maschine B verwendet werden kann. Durch die zumindest teilweise direkte Nutzung der mechanischen Energie kann vor allem bei höheren Geschwindigkeiten die Gesamteffizienz des Antriebsstrangs, im Vergleich zum rein seriellen Modus (R1), erhöht werden. Bei niedrigen Geschwindigkeiten ist ein effizienter Betrieb aufgrund der Getriebeübersetzung nicht möglich.

Tabelle 21: Betriebsmodi

Betriebsmodi	Bezeichnung	Kupplung C1	Kupplung C2	Kupplung C3
1-motoriger elektrischer Modus	E1	X		
2-motoriger elektrischer Modus	E2		X	
Serieller Hybrid zur Reichweitenverlängerung	R1	X		X
Leistungsverzweigter Hybrid zur Reichweitenverlängerung	R2		X	X

5.3.2.2 Betriebsstrategie

Grundsätzlich kann das Fahrzeug rein elektrisch oder zusätzlich mit Verbrennungskraftmaschine betrieben werden. Ob rein elektrisch oder mit Verbrennungskraftmaschine gefahren wird, hängt primär von folgenden Faktoren ab:

- Batterieladezustand
- Umgebungstemperatur
- Manueller Eingriff des Fahrers (Fahrmodus „Halten" oder „Berg" statt „Normal")

Sinkt der Batterieladezustand unter rund 20 % der gesamten Hochvoltbatteriekapazität, wird von einem der beiden rein elektrischen Betriebsmodi in einen der beiden Hybridmodi gewechselt. Am Armaturenbrett wird ein Batterieladezustand von 0 % angezeigt[13].

Bei den Untersuchungen mit -10 °C Umgebungstemperatur wurde durch die fahrzeugseitige Betriebsstrategie die Verbrennungskraftmaschine auch bei voller Hochvoltbatterieladung aktiviert. Dies führt einerseits zu einer Entlastung der Hochvoltbatterie und andererseits kann die Abwärme der Verbrennungskraftmaschine für das Beheizen des Fahrzeuginnenraumes genutzt werden, was wiederum zu einem reduzierten elektrischen Energiebedarf führt.

Des Weiteren kann der Fahrer durch die Wahl des „Halten"-Modus den Batterieladezustand in etwa konstant halten. Dies kann z.B. dazu verwendet werden, um sich auf der Autobahn die elektrische Energie für den urbanen Bereich zu sparen. Der „Berg"-Modus ermöglicht das zusätzliche Laden der Hochvoltbatterie während der Fahrt für spätere erhöhte Leistungsanforderungen, etwa bei Bergfahrten.

---

[13] Im Fahrbetrieb wird die Hochvoltbatterie aus Bauteilschutzgründen zwischen ca. 20 und 85 % der Gesamtkapazität betrieben. Diese Werte wurden mit einem Opel-Tester für Werkstätten ermittelt. Für den Fahrer wird dieser Nutzbereich als 0 bis 100 % Ladezustand angezeigt.

Ob der rein elektrische ein- oder zwei-motorige Betriebsmodus (E1 oder E2) bzw. der serielle oder leistungsverzweigte hybride Betriebsmodus (R1 oder R2) verwendet wird, hängt u.a. von folgenden Einflussgrößen ab:

- Geschwindigkeit
- Geforderte Antriebsleistung
- Elektrische Leistungsanforderung (Antrieb, Laden der Hochvoltbatterie, Hochvolt- und Niedervoltverbraucher)

Bei niedrigen Geschwindigkeiten und bei hoher Antriebsleistungsanforderung wird jeweils nur die E-Maschine B für den Vortrieb genutzt (Betriebsmodus E1 bzw. R1).

Bei höheren Geschwindigkeiten werden im rein elektrischen Betrieb beide Elektromaschinen für den Vortrieb verwendet (Betriebsmodus E2), da bei gleichem Gesamtleistungsoutput die Drehzahl der E-Maschine B gesenkt und dadurch der Wirkungsgrad erhöht werden kann.

Im reichweitenverlängerten Modus wird bei hohen Geschwindigkeiten die Verbrennungskraftmaschine und die E-Maschine B für den Vortrieb genutzt (Betriebsmodus R2). Wie auch im E2 Modus kann die Drehzahl der E-Maschine gesenkt werden, zusätzlich kann auch noch ein Teil der mechanischen Energie der Verbrennungskraftmaschine direkt über das Planetengetriebe genutzt werden und es entfallen zusätzliche Wandlungsverluste.

Bei hohen Leistungsanforderungen, etwa bei Überholmanöver, ist es aufgrund der E-Maschinendimensionierung und der Getriebeübersetzung (etwa 2/3 des Drehmoments müssen von der schwächeren E-Maschine A erbracht werden) notwendig, in den einmotorigen elektrischen Modus (E-Maschine B) zu wechseln.

In **Abbildung 87** sind die Betriebsbereiche für die rein elektrischen (E1 und E2) und reichweitenverlängerten (R1 und R2) Modi in Abhängigkeit der Geschwindigkeit und des Raddrehmoments (entspricht der geforderten Antriebsleistung) dargestellt [102].

Die Grenzgeschwindigkeit zwischen den Modiwechsel (E1 → E2 bzw. R1 → R2) liegt bei etwa 60 km/h. Ist die geforderte Antriebsleistung zu hoch (z.B. während eines Beschleunigungsvorgangs), so verzögert sich der Wechsel, bis die geforderte Antriebsleistung gesunken ist.

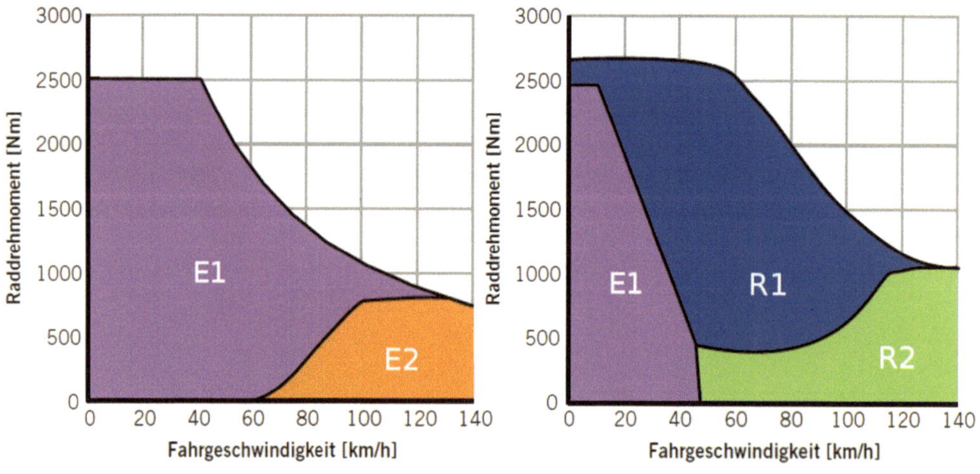

Abbildung 87: Betriebsbereiche – rein Elektrisch (links) und reichweitenverlängert (rechts) **[102]**

Die reduzierte Lastanforderung durch die Fahrbahnneigung von -2 % führt dahingehend zu einer Beeinflussung der Betriebsmoduswahl, sodass Innerorts und Außerorts öfter als auf ebener Fahrbahn rein elektrisch gefahren werden kann. Durch den verminderten Einsatz der Verbrennungskraftmaschine wird auch weniger elektrische Energie mittels Generator erzeugt. Bei erhöhter Lastanforderung durch die Fahrbahnneigung von +2 % wird Innerorts und Außerorts seltener rein elektrisch gefahren als auf ebener Fahrbahn. Der verstärkte Einsatz der Verbrennungskraftmaschine dient der elektrischen Energieerzeugung und dem direkten Vortrieb.

Im Fall der reduzierten Lastanforderung durch den ökonomischen Fahrstil bzw. der erhöhten Lastanforderung durch den aggressiven Fahrstil gelten die analogen Feststellungen wie im Obigen, wenngleich die Betriebsmoduswechsel aufgrund der geringeren Laständerungen weniger häufig sind.

5.3.2.3 Betriebspunkte

Wie **Abbildung 88** entnommen werden kann, wird die Verbrennungskraftmaschine grundsätzlich wirkungsgradoptimal mit nahezu Volllast betrieben (orange Linie). Der unterschiedliche Leistungsbedarf wird über die Drehzahl geregelt. Die Elektromaschinen werden grundsätzlich in ihrem gesamten Kennfeld betrieben.

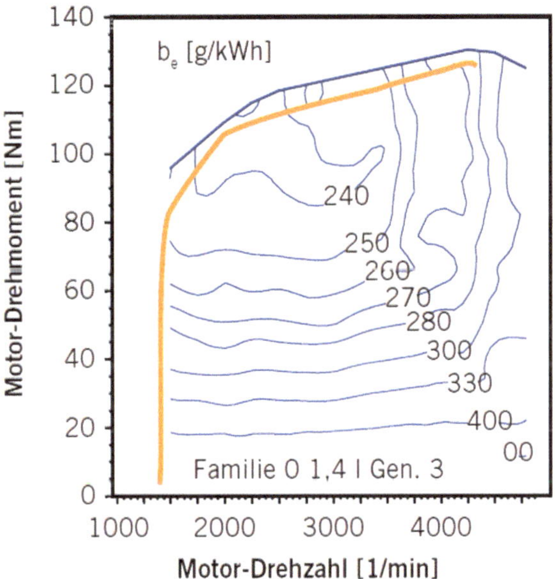

Abbildung 88: Betriebsbereich (orange) der Verbrennungskraftmaschine **[102]**

Die Aufteilung der Antriebsleistung erfolgt dahingehend, dass im seriellen Hybridmodus (R1) die gesamte Antriebsleistung von der Elektro-Maschine B umgesetzt wird Im leistungsverzweigten Hybridmodus (R2) erfolgt die Aufteilung der Antriebsleistung derart, dass die Verbrennungskraftmaschine möglichst unter Volllast betrieben wird und möglichst viel mechanische Energie direkt genutzt werden kann.

5.3.3 Rekuperation

Es war festzustellen, dass bei allen Verzögerungsabschnitten bis zum Stillstand elektrische Energie rekuperiert wurde. Der Anteil der mechanischen Bremse wurde nicht erfasst.

In **Abbildung 89** sind für 50 und 100 km/h theoretische Energiepotenziale (Kinetische Energie des Fahrzeuges, ohne rotatorische Massen) und die gemessene elektrische Bremsenergie im Vergleich dargestellt. Effektiv kann etwa 50 % der kinetischen Energie genutzt werden. Die Differenz ergibt sich hauptsächlich aus dem Elektromaschinenwirkungsgrad, den Wandlungsverlusten, den Fahrwiderständen, dem Wirkungsgrad des Antriebsstranges und dem Anteil der mechanischen Bremse.

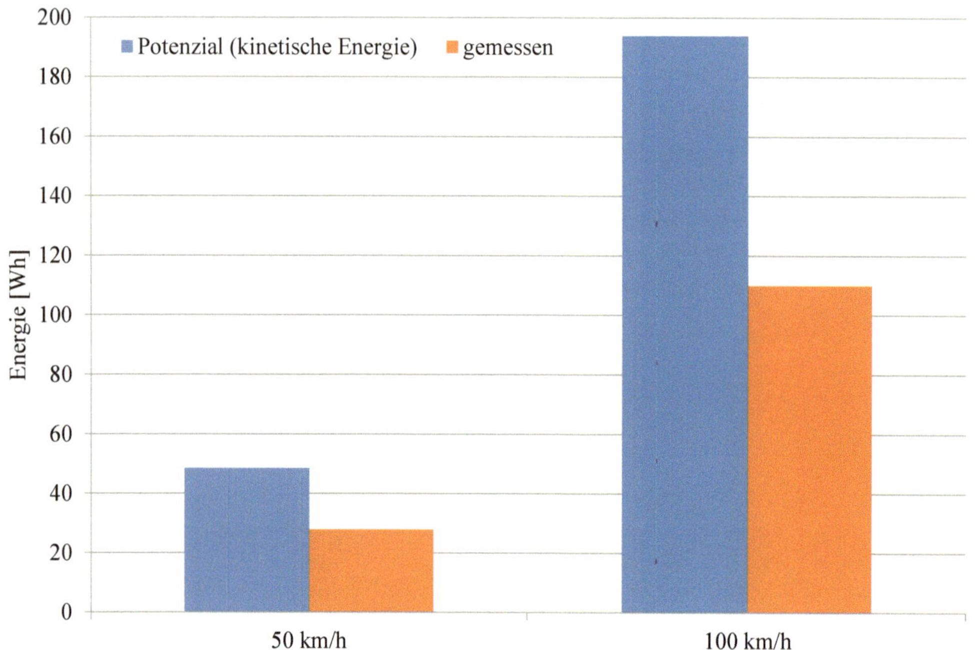

Abbildung 89: Rekuperationspotenzial und -anteil aus 50 bzw. 100 km/h

5.3.4 Kühlen und Heizen

Neben der Analyse des Fahrens und Ladens wurde die Klimatisierung des Fahrzeuginnenraumes, die Aufheizstrategie und das Katheizen untersucht. Folgend werden die Erkenntnisse aus Literatur und Messung wiedergegeben.

5.3.4.1 Kühl-/Heizkreislauf

Der Fahrzeuginnenraum wird mittels Wärmetauscher vom Kühlwasser beheizt. Das Kühlwasser wird dabei entweder von der Verbrennungskraftmaschine oder von einem elektrischen Heizelement erwärmt. Die maximal gemessene elektrische Leistung des Heizelements betrug 8,2 kW.

Das Schema des Kühlkreislaufes ist in **Abbildung 90** dargestellt. Der Kühlkreislauf kann so gesteuert werden, dass dieser nur über das elektrische Heizelement läuft oder zusätzlich über die Verbrennungskraftmaschine.

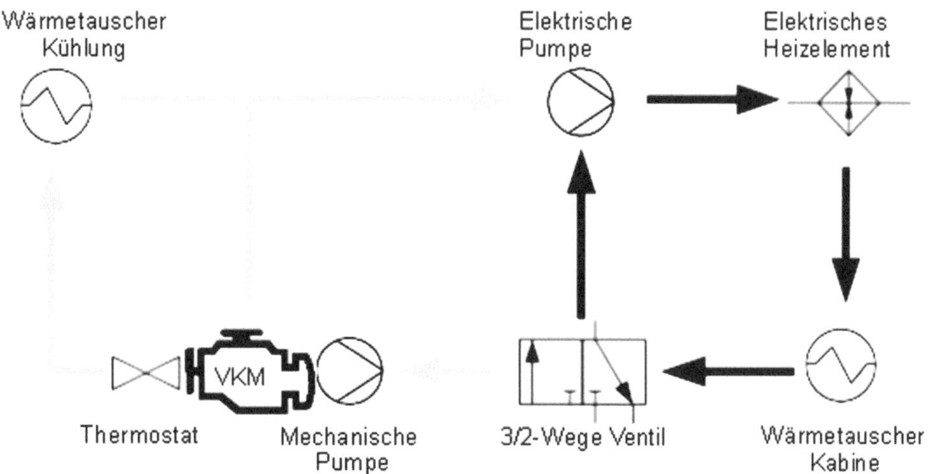

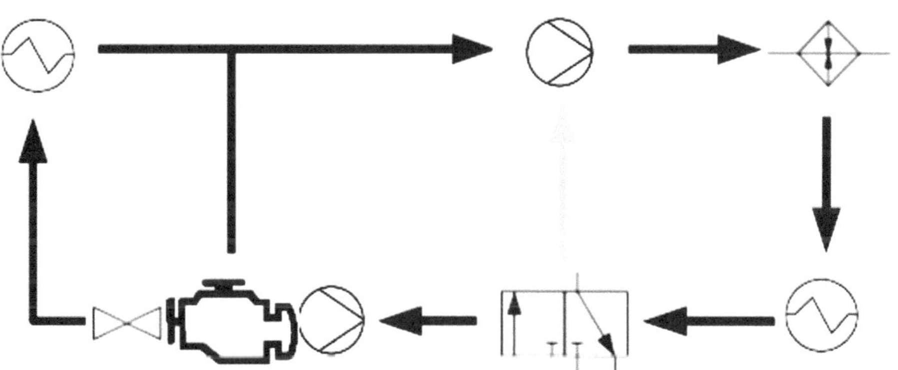

Abbildung 90: Schema des Kühlkreislaufes

5.3.4.2 Heizstrategie

In den rein elektrischen Modi (E1 und E2, siehe Kapitel 5.3.2.1) wird grundsätzlich immer nur elektrisch geheizt. Sinkt die Umgebungstemperatur stärker ab (bei den durchgeführten Messungen bei einer Umgebungstemperatur von -10 °C), wird die Verbrennungskraftmaschine auch bei genügend Batterieladung zum Schutz der Hochvoltbatterie aktiviert und die Abwärme der Verbrennungskraftmaschine wird genutzt.

Bei einer Umgebungstemperatur von -10 °C werden beim Start des Fahrzeuges der Kühlkreislauf und damit auch der Fahrzeuginnenraum nur mit dem elektrischen Heizelement erwärmt. Die Verbrennungskraftmaschine wird solange vom Kühlkreislauf getrennt, bis das Kühlwasser der Verbrennungskraftmaschine etwa +60 °C erreicht hat. Ist die Temperatur erreicht, wird der Kühlkreislauf phasenweise über die Verbrennungskraftmaschine geführt und die elektrische Heizleistung reduziert. Hat das Kühlwasser der Hochvoltbatterie etwa +10 °C erreicht, wird die Verbrennungskraftmaschine wieder deaktiviert.

In den reichweitenverlängerten Modi (R1 und R2, siehe Kapitel 5.3.2.1) wird bei einer Umgebungstemperatur von -10 °C beim Start des Fahrzeuges elektrisch zugeheizt, bis das Kühlwasser der Verbrennungskraftmaschine etwa +60 °C erreicht hat. Ab dem Zeitpunkt wird die Verbrennungskraftmaschine dem Kühlkreis zugeschaltet und das elektrische Heizen wird reduziert bzw. deaktiviert. Wird die Verbrennungskraftmaschine deaktiviert, kann die Abwärme weiter genutzt werden.

Wird das Fahrzeug bei einer Umgebungstemperatur von -10 °C mit „voller" Hochvoltbatterie ($SOC_{max.}$) in Betrieb genommen, beträgt die elektrische Heizenergie im Eco-Test 3 kWh bzw. die mittlere elektrische Heizleistung 3,6 kW (teilweiser Betrieb der Verbrennungskraftmaschine; siehe oben bzw. Kapitel 5.3.1.2, Fahrzeuginnenraum Zieltemperatur +22 °C).

Unter den gleichen Bedingungen beträgt die elektrische Heizenergie bei „leerer" Hochvoltbatterie ($SOC_{min.}$), also im Hybridbetrieb, aufgrund des vermehrten Einsatzes der Verbrennungskraftmaschine lediglich rund 0,6 kWh bzw. die durchschnittliche elektrische Heizleistung 0,6 kW.

In **Abbildung 91** ist die zeitliche Aufteilung zwischen rein elektrischem Heizen und der Abwärmenutzung der Verbrennungskraftmaschine im Eco-Test bei einer Umgebungstemperatur von -10 °C im hybriden Fahrbetrieb (bei $SOC_{min.}$) dargestellt.

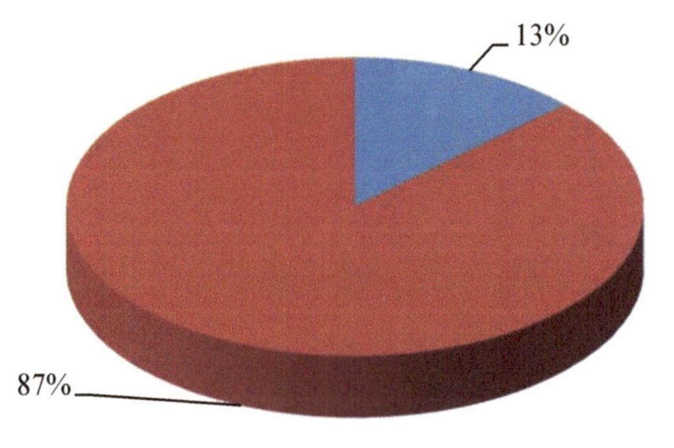

Abbildung 91: Zeitliche Aufteilung in elektrisches Heizen und Abwärmenutzung der Verbrennungskraftmaschine bei einer Umgebungstemperatur von -10 °C im Eco-Test und im hybriden Fahrbetrieb (bei $SOC_{min.}$)

5.3.4.3 Temperaturentwicklung im Fahrzeuginnenraum

Betrachtet wird die Temperaturentwicklung im Fahrzeuginnenraum (zwischen FahrerIn und BeifahrerIn) während der Testdurchführung. Bei +20 °C war die Fahrzeuginnenraumklimatisierung deaktiviert. Bei einer Umgebungstemperatur von -10 °C und +40 °C (inkl. Sonnensimulation mit 1.000 W/m²) wurde die Fahrzeuginnenraumklimatisierungsautomatik auf einen Zielwert von +22 °C eingestellt.

Wie **Abbildung 92** zu entnehmen ist, wurde die Fahrzeuginnenraum-Zieltemperatur von +22 °C nach rund 40 Min. erreicht. Trotz anschließender fahrzeugseitiger Deaktivierung der Kühlmittelheizung hat die im Automatikmodus betriebene Innenraumklimatisierung den kontinuierlichen Temperaturanstieg im Innenraum nicht unterbunden. Der kontinuierliche Temperaturanstieg ist wohl damit zu begründen, dass der Wärmetauscher des Kühlmittelkreislaufes permanent durchströmt wird und im hybriden Fahrbetrieb durch die Verbrennungskraftmaschine Wärme an den Innenraum abgibt.

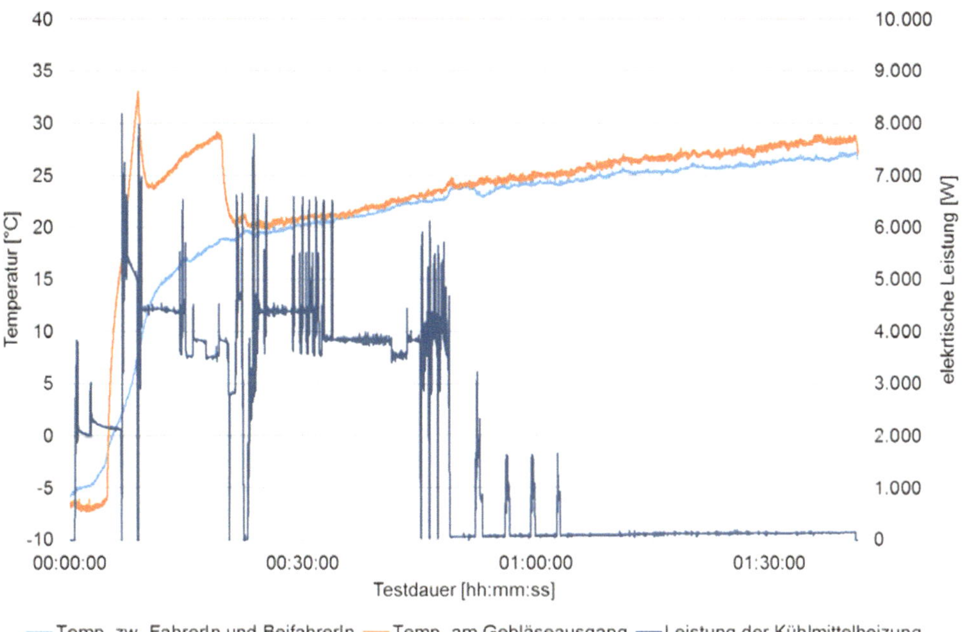

Abbildung 92: Temperaturentwicklung im Fahrzeuginnenraum bei einer Umgebungstemperatur von -10 °C, beginnend mit SOC_{max}.

Die Sonnensimulation wurde im Zuge des +40 °C Tests bereits 1 Std. vor Messbeginn aktiviert, sodass die Fahrzeuginnenraumtemperatur zu Messbeginn bei +58 °C lag. Am Gebläseausgang wurde während der Testdurchführung eine Temperatur von rund +10 °C gemessen. Die Kühlleistung war jedoch nicht ausreichend um die eingestellte Fahrzeuginnenraum-Zieltemperatur von +22 °C zu erreichen. Es stellte sich ein Wert von +35 bis +40 °C ein. Siehe hierzu auch **Abbildung 93**. Es kann nicht ausgeschlossen werden, dass die Position des Temperatursensors der durchgeführten Messungen zwischen FahrerIn und BeifahrerIn einen lokalen Hot-Spot dargestellt hat.

Abgesehen davon kann nicht ausgeschlossen werden, dass das im Automatikmodus betriebene Innenraumgebläse nicht für den erforderlichen Luftaustausch gesorgt hat, der original verbaute Innenraumtemperatursensor einen der Vorgabe von +22 °C näherliegenden Wert ausgewiesen hat oder die Kälteleistung der Innenraumklimatisierung zum Zwecke der Energieeinsparung reduziert wurde.

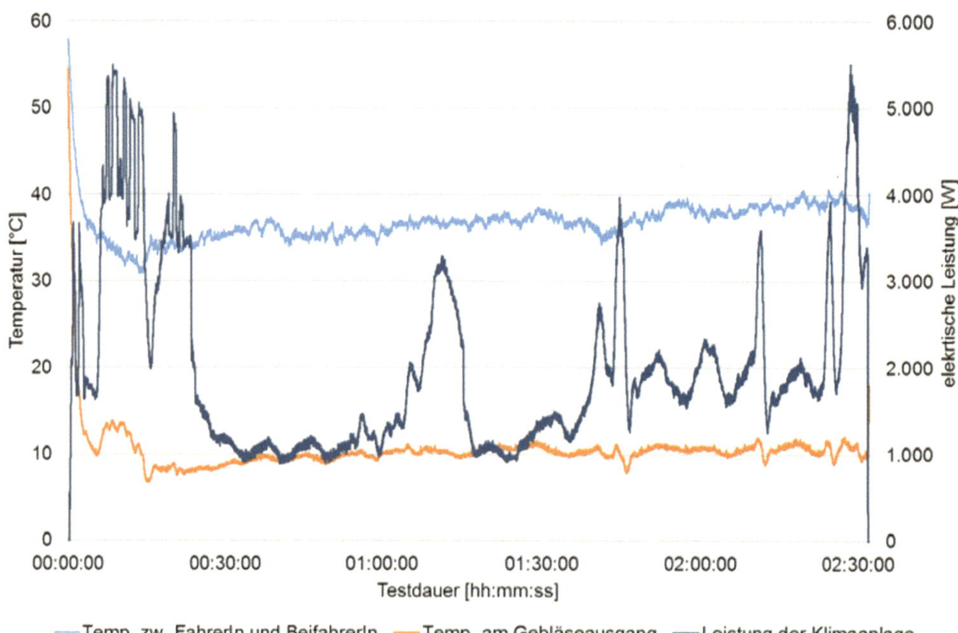

Abbildung 93: Temperaturentwicklung im Fahrzeuginnenraum bei einer Umgebungstemperatur von +40 °C und 1.000 W/m² Sonnensimulation, beginnend mit $SOC_{max.}$

Katheizen

Beim Start der Verbrennungskraftmaschine wird diese zu Beginn immer in einem Kat-Heizmodus betrieben. Der Vorteil eines seriellen Hybridantriebs ist, dass der Betriebspunkt der Verbrennungskraftmaschine frei gewählt werden kann. Somit wird bei niedriger Drehzahl und niedriger Last mit später Zündung der Katalysator aufgeheizt, bis die Anspringtemperatur erreicht ist. Die Verbrennungskraftmaschine wird dadurch zwar mit einem schlechteren spezifischen Kraftstoffverbrauch betrieben, aber durch die späte Zündung erhöht sich die Abgastemperatur, sodass die Anspringtemperatur früher erreicht werden kann.

Wie **Abbildung 94**, anhand des Verlaufes der CO-Emissionen, zu entnehmen ist, beginnt bei einer Umgebungstemperatur von -10 °C die nahezu vollständige Konvertierung nach etwa 3 Min. der Testlaufzeit. Auch bei +20 °C Umgebungstemperatur sind dies rund 3 Min. Die effektive Laufzeit der Verbrennungskraftmaschine zum Erreichen der Anspringtemperatur des Katalysators liegt aufgrund der teilweisen Deaktivierung der Verbrennungskraftmaschine darunter.

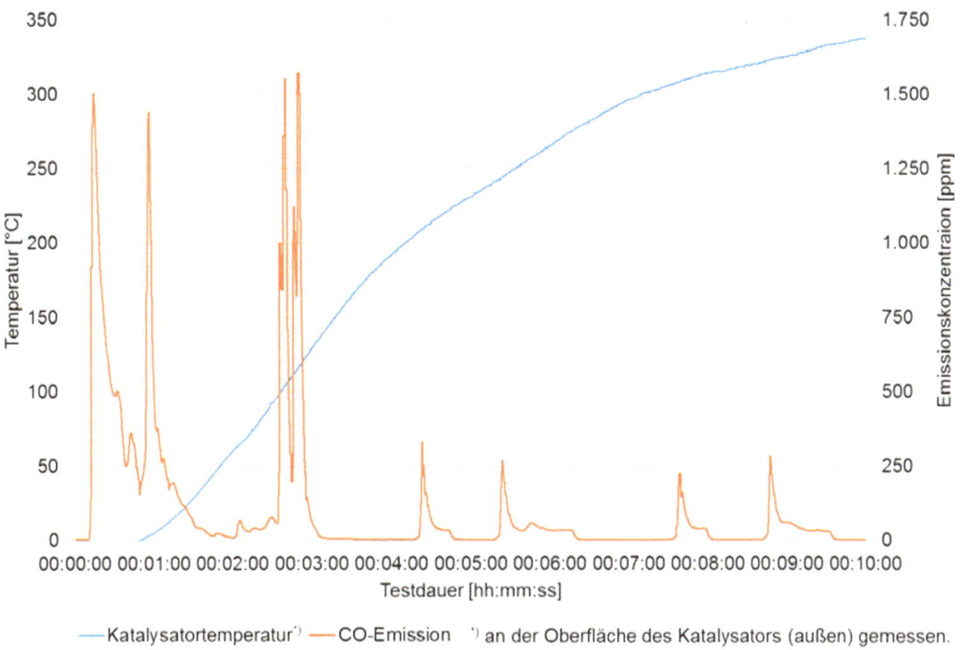

Abbildung 94: Aufheizverhalten des Katalysators im Eco-Test bei einer Umgebungstemperatur von -10 °C und hybridem Fahrbetrieb ($SOC_{min.}$)

5.4 Fazit

Die effektive **elektrische Reichweite** des Fahrzeuges ist stark von der Umgebungstemperatur und von der Lastanforderung abhängig. Bei einer Umgebungstemperatur von **+20 °C** ist diese mit rund **59 km** anzugeben. Im Zuge der Testdurchführung bei einer Umgebungstemperatur von **-10 °C** ist unmittelbar nach dem Beginn der Fahrt ein Zustart der Verbrennungskraftmaschine (für rund 2 Min.) erfolgt. Danach wurde eine elektrische Reichweite von lediglich **11 km** realisiert. Bei einer Umgebungstemperatur von **+40 °C inkl. 1.000 W/m² Sonnensimulation** lag die elektrische Reichweite bei **49 km**. Dies ist dem Betrieb der elektrischen Klimaanlage zu schulden.

Bei einer Umgebungstemperatur von +20 °C führt eine Reduktion der Lastanforderung durch ein **Gefälle von 2 %** zu einer Verlängerung der elektrischen Reichweite auf insgesamt **127 km**. Im Fall einer **Steigung von 2 %** wird diese jedoch auf **36 km** verkürzt. **Der Einfluss des Fahrstiles** (ökonomisch bzw. aggressiv) auf die elektrische Reichweite ist hingegen **gering** (61 bzw. 52 km). Insbesondere konnte durch die ökonomische Fahrweise, verglichen zur normalen, keine wesentliche Verlängerung der elektrischen Reichweite erzielt werden.

Der **durchschnittliche Energiebedarf bei rein elektrischer Fahrweise** („volle" Batterie, $SOC_{max.}$) im Eco-Test, bei einer Umgebungstemperatur von +20 °C, auf ebener Fahrbahn und normaler Fahrweise liegt bei rund **18 kWh/100km** (gemessen ab Hochvoltbatterie). Im **hybriden Fahrbetrieb** („leere" Batterie, $SOC_{min.}$) ist der **Kraftstoffverbrauch** unter diesen Bedingungen mit rund **7 l/100km** anzugeben.

Bei -10 °C bzw. bei +40 °C inkl. 1.000 W/m² Sonnensimulation liegen der elektrische Energiebedarf für den rein elektrischen Fahrbetrieb (- bzw. 21 kWh/100km) sowie der Kraftstoffverbrauch für den hybriden Fahrbetrieb (9 bzw. 8 l/100 km) aufgrund der Heizanforderung bzw. der Kühlanforderung über den Werten bei +20 °C. Eine Absolvierung des Eco-Tests bei -10 °C im rein elektrischen Fahrbetrieb war nicht möglich, da die Verbrennungskraftmaschine zum Schutz der Hochvoltbatterie und zur Wärmeerzeugung vorzeitig aktiviert wurde.

Die geringeren (Gefälle bzw. ökonomische Fahrweise) bzw. höheren (Steigung bzw. aggressive Fahrweise) Lastanforderungen führen erwartungsgemäß zu geringeren bzw. höheren Kraftstoffverbräuchen.

Zur Erfüllung der Fahrleistungen stehen **vier Betriebsmodi** zur Verfügung, zwischen denen automatisch fahrzeugseitig gewechselt wird. Diese sind **zwei rein elektrische Betriebsmodi** (ein- oder zwei-motorig) sowie **zwei hybride Betriebsmodi** (seriell oder leistungsverzweigt). Relevant für den Wechsel zwischen elektrischer und hybrider Fahrweise sind der Batterieladezustand, die Umgebungstemperatur bzw. der manuelle Eingriff (Fahrmodus „Halten" oder „Berg" statt „Normal"). Für die Wahl zwischen den beiden rein elektrischen Betriebsmodi bzw. den beiden hybriden Betriebsmodi sind die Fahrgeschwindigkeit, die geforderte Antriebsleistung und die elektrische Leistungsanforderung (Antrieb, Laden der Hochvoltbatterie, Hochvolt- und Niedervoltverbraucher) relevant. Im hybriden Fahrbetrieb wird die Verbrennungskraftmaschine grundsätzlich wirkungsgradoptimal mit nahezu Volllast betrieben.

Die **Euro 5-Grenzwerte** (bezogen auf den Neuen Europäischen Fahrzyklus) für CO (1 g/km), HC (0,1 g/km) und NO_x (0,06 g/km) werden **im Eco-Test nur teilweise eingehalten. Zu niedrigen Umgebungstemperaturen** hin (-10 °C) **steigen die CO- und NO_x-Emissionen** insbesondere **im unteren Geschwindigkeitsbereich** (Innerorts, hoher Stopp-/Start-Anteil). **Zu hohen Umgebungstemperaturen** hin (+40 °C und 1.000 W/m² Sonneneinstrahlung) **steigen die CO-Emissionen mit zunehmender Geschwindigkeit** (Außerorts und Autobahn) deutlich.

Eine **vollständige Ladung der Hochvoltbatterie** erfolgt an einem typischen Hausanschluss mit 230 V und 16 A in rund **5 Std. und 30 Min.** Bei einer Umgebungstemperatur von +40 °C war eine vollständige Ladung der Hochvoltbatterie nicht möglich. Die Hochvoltbatterie wurde zu rund 65 % geladen.

Bei einer Umgebungstemperatur von **-10 °C** wurde die **Fahrzeuginnenraum-Zieltemperatur von +22 °C nach rund 40 Min.** ab Fahrtbeginn **erreicht.** Bei einer Umgebungs-temperatur von **+40 °C inkl. 1.000 W/m² Sonnensimulation** (bereits 1 Std. vor Messbeginn aktiviert, sodass die Fahrzeuginnenraumtemperatur zu Messbeginn bei +58 °C lag) wurde die **Fahrzeuginnenraum-Zieltemperatur von +22 °C nicht erreicht.** Es stellte sich ein Wert von +35 bis +40 °C ein. Möglich ist, dass das im Automatikmodus betriebene Innenraumgebläse nicht für den erforderlichen Luftaustausch sorgen konnte, der original verbaute Innenraumtemperatursensor einen der Vorgabe von +22 °C näherliegenden Wert ausgewiesen hat oder die Kälteleistung der Innenraumklimatisierung zum Zwecke der Energieeinsparung reduziert wurde.

Fahrverhalten und Rahmenbedingungen zur Maximierung der Effizienzvorteile eines hybriden Antriebskonzeptes:

Im Gegensatz zu konventionell betriebenen Kraftfahrzeugen hat ein aggressiver oder ökonomischer **Fahrstil** einen **geringeren Einfluss auf den Kraftstoffverbrauch** und die

Schadstoffemissionen. Der Hauptgrund dafür liegt beim Opel Ampera an der Entkoppelung zwischen der Verbrennungskraftmaschine und dem geforderten Moment bzw. der geforderten Leistung für den Vortrieb des Fahrzeugs. Trotzdem kann durch eine ökonomische Fahrweise und reduzierte Geschwindigkeit aufgrund der geringeren Fahrwiderstände Energie gespart und die Reichweite des Fahrzeugs erhöht werden.

Die **Vorteile des Ampera Konzeptes** kommen **in der Stadt bei niedrigen Geschwindigkeiten**, vor allem im Stop-and-go Verkehr, zur Geltung. Aufgrund der Entkoppelung der Verbrennungskraftmaschine entfällt das Anfahren mit dieser. Der Haltemodus kann bei einer der Stadtfahrt vorgelagerten Fahrt bei höheren Geschwindigkeiten aktiviert werden, sodass die elektrische Energie innerstädtisch zur Verfügung steht.

Der **reichweitenverlängerte Betrieb** mit Verbrennungskraftmaschine sollte aufgrund der Wirkungsgradverluste **nur für Ausnahmefälle** genutzt werden.

Vermieden werden sollte der **Einsatz bei** durchschnittlich **sehr niedrigen Außentemperaturen**, weil dadurch der rein elektrische Betrieb eingeschränkt ist und für die Beheizung elektrische Energie aufgebracht werden muss.

6 Analyse von Plug-In-Hybrid Kraftfahrzeugen

Hybridfahrzeuge und im Besonderen Plug-In Fahrzeuge stellen aufgrund der hohen Batteriekosten und der teilweise stark eingeschränkten Reichweite von rein elektrischen Kraftfahrzeugen eine Alternative dar, welche die Vorteile des elektrischen und verbrennungsmotorischen Antriebes verbinden soll.

Aufbauend auf den im Obigen vorgestellten Untersuchungen und Analysen wurden vier Plug-In Fahrzeuge im Hinblick auf deren Energieeffizienz und deren elektrische Reichweite untersucht.

Die Untersuchungen erfolgten unter realitätsnahen Betriebsbedingungen. Dies betraf insbesondere die Klimatisierung (Heizen/Kühlen) des Fahrzeuginnenraumes in Abhängigkeit von der Umgebungstemperatur sowie den Ladezustand der Traktionsbatterie (Betrieb des Fahrzeuges mit „voller" und „leerer" Traktionsbatterie).

Das Messprogramm wird in **Tabelle 22** zusammenfassend wiedergegeben. Zur Beschreibung des Fahrverhaltens wurden folgende Kriterien herangezogen:

- Geschwindigkeitsprofil (Eco-Test)
- Fahrstil („normale", d.h. +/-2 km/h Toleranz zur Vorgabe des Eco-Tests)
- Ladezustand der Traktionsbatterie ($SOC^{14}_{max.}$ und $SOC_{min.}$)
- Vorrangig elektrische[15] und hybride Fahrt
- Umgebungstemperatur (0, +20 und +30 °C)
- Innenraumklimatisierung (Heizung und Klimaanlage)
- Fahrsituationen (Innerorts, Außerorts und Autobahn)

Zur Beschreibung des Fahrverhaltens wurde bestimmt:

- Elektrische Reichweite bis zum 1. Zustart der VKM[16]
- Zustartbedingung der VKM ($SOC_{min.}$, Geschwindigkeit, Temperatur,...)
- Elektrische Reichweite bis zum Erreichen von $SOC_{min.}$
- Energiebedarf in kWh/100 km, differenziert nach:
    - o Verbraucher (Gesamt[17], Klimaanlage, Heizung und Elektromotoren)
    - o vorrangig elektrische und hybride Fahrt
    - o Geschwindigkeitsprofil (Innerorts, Außerorts, Autobahn, Eco-Test gesamt und Konstantfahrt bei 30, 50 und 70 km/h)

---

[14] State of charge (verfügbare Kapazität der Traktionsbatterie)

[15] sofern technisch möglich, rein elektrische Fahrt

[16] Verbrennungskraftmaschine

[17] ab Traktionsbatterie

- Kraftstoffverbrauch der VKM in l/100 km, differenziert nach:
  - vorrangig elektrische[18] und hybride Fahrt
  - Geschwindigkeitsprofil (Innerorts, Außerorts, Autobahn, Eco-Test gesamt und Konstantfahrt bei 30, 50 und 70 km/h)
- Ladevorgang
  - Energieentnahme aus dem Stromnetz in kWh
  - Ladedauer
- Wirkungsgrade der Hochvoltkomponenten[19] (Ladegerät, DC/DC-Wandler, Inverter, Hochvoltbatterie)
- Sondermessung je Fahrzeug (Details siehe beim jeweiligen Fahrzeug)

Der Geschwindigkeitsverlauf des Eco-Tests [84] kann Abbildung 14 (Seite 35) entnommen werden. Wie in Tabelle 10 (Seite 35) zusammenfassend angeführt, setzt sich dieser Zyklus aus dem innerstädtischen und außerstädtischen Teil des Neuen Europäischen Fahrzyklus (NEFZ), dem innerstädtischen und außerstädtischen Teil des Artemiszyklus (CADC) und dem Autobahn-130-km/h-Zyklus (BAB130) zusammen. Für die Analysen wurden die innerstädtischen bzw. außerstädtischen Zyklusabschnitte jeweils gemeinsam betrachtet.

Der Einfluss der Umgebungstemperatur – insbesondere durch die Nutzung von Heizung bzw. Klimaanlage – auf den Energiebedarf wurde für die Phasen Innerorts, Außerorts und Autobahn bei einer Umgebungstemperatur von 0, +20 und +30 °C untersucht.

Die Fahrzeuge wurden auf dem Rollenprüfstand mit aktiviertem Tagfahrlicht (sofern verfügbar) und eingeschaltetem Radio betrieben.

Während der Tests wurde die Fahrzeuginnenraumtemperatur mittels Heizung bzw. Klimaanlage auf +22 °C geregelt (nicht bei Test-/Umgebungstemperatur +20 °C). Sofern das Fahrzeug über einen Automatikmodus für die Temperatur- bzw. Gebläsestufe verfügte, wurde dieser verwendet. Widrigenfalls wurde die Temperatur manuell geregelt und die Gebläsestufe auf Mittel gestellt.

Der Ladevorgang der Traktionsbatterie erfolgte jeweils nach dem hybriden Fahrbetrieb. Die Ladung wurde im klimatisierten Rollenprüfstand bei der festgelegten Testtemperatur durchgeführt und dauerte so lange, bis die Hochvoltbatterie vollständig geladen war.

---

[18] sofern technisch möglich, rein elektrische Fahrt

[19] sofern messtechnisch erfassbar

Tabelle 22: Messprogramm je Kraftfahrzeug

Zyklus und Fahrbahn-neigung	Fahrstil	Start SOC	Umgebungs-temperatur und Fahrzeug-temperatur am Messbeginn	Klimati-sierung	Dauer des Tests
Eco-Test 0 %	"normal" +/- 2 km/h Toleranz	SOC_{max}	0 °C	Heizung	Elektrischer Fahrbetrieb bis VKM selbsttätig zustartet bzw. $SOC_{min.}$ erreicht ist. Nach dem Erreichen von $SOC_{min.}$ wird der angefangene Zyklus zu Ende gefahren und ein weiterer Zyklus direkt angeschlossen.
			+20 °C	-	
			+30 °C	Klima-anlage	
		SOC_{min}	0 °C	Heizung	1 Zyklus
			+20 °C	-	
			+30 °C	Klima-anlage	

6.1 Untersuchte Fahrzeuge

Es wurden folgende Personenkraftwagen untersucht:

- Audi A3 etron   (mit Ottomotor)
- Mitsubishi Outlander PHEV   (mit Ottomotor)
- Toyota Prius Plug-In   (mit Ottomotor)
- Volvo V60 PHEV   (mit Dieselmotor)

Im Folgenden werden die technischen Daten der Fahrzeuge laut Herstellerangabe und ein schematischer Stromlaufplan des Hochvoltkreises wiedergegeben. Mit "-" kennzeichnete Daten waren bis zur Fertigstellung dieses Buches nicht verfügbar. Das Eigengewicht des jeweiligen Fahrzeuges wurde durch Wiegen ermittelt und entspricht der tatsächlichen Leermasse inkl. vollem Kraftstofftank. Die angeführte Reifendimension entspricht der im Zuge der Testdurchführung verwendeten. Die Fahrwiderstände der Fahrzeuge wurden durch das Institut für Fahrzeugantriebe und Automobiltechnik ermittelt.

Im Weiteren wird der Begriff „Hochvolt" für Spannungen über 60 V (hier zwischen 200 und 600 V) und der Begriff „Niedervolt" für Spannungen von 12 V (übliche Boardnetzspannung im PKW; bis 14,4 V) verstanden.

6.1.1 Audi A3 etron

Die technischen Daten können unten stehender Auflistung entnommen werden. Der Stromlaufplan wird in **Abbildung 95** wiedergegeben.

Marke	Audi
Handelsbezeichnung	A3 etron
Baujahr	2014
Eigengewicht	1.620 kg
Radstand	2.630 mm
Antriebsart	Elektro + Otto
Daten VKM	110 kW / 250 Nm (Front)
Daten E-Maschine	75 kW / 330 Nm (Front)
Getriebe	6-Gang Doppelkupplungsgetriebe
Batteriekapazität	8,8 kWh, davon nutzbar 7,02 kWh
Batterienennspannung	390 V
Batterietyp	Lithium-Ionen
Reifen	Sommerreifen 225/45 R17

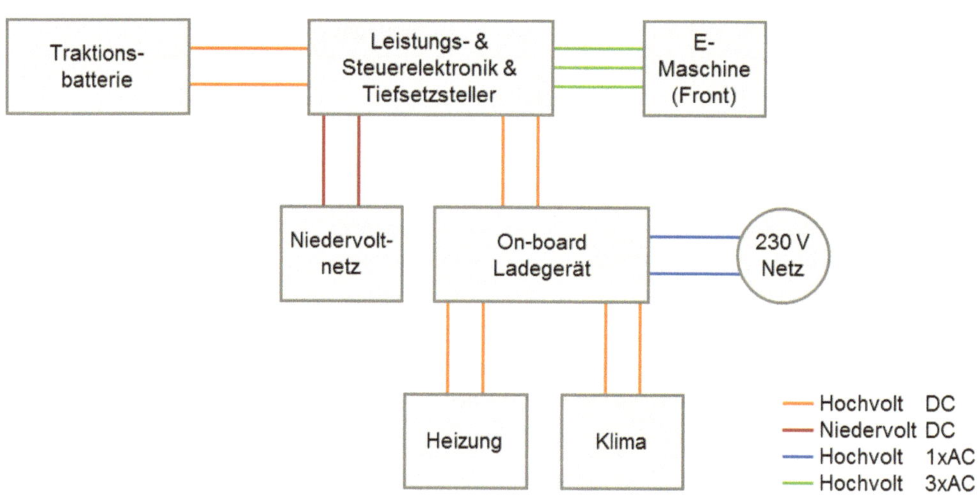

Abbildung 95: Stromlaufplan schematisch - Audi A3 etron

6.1.2 Mitsubishi Outlander PHEV

Die technischen Daten können unten stehender Auflistung entnommen werden. Der Stromlaufplan wird in **Abbildung 96** wiedergegeben.

Marke	Mitsubishi
Handelsbezeichnung	Outlander PHEV
Baujahr	2014
Eigengewicht	1.880 kg
Radstand	2.670 mm
Antriebsart	Elektro + Otto
Daten VKM	89 kW / 190 Nm (Front)
Daten E-Maschinen Nm (Heck)	60 kW / 137 Nm (Front), 70 kW / - Nm (Front) [20] und 60 kW / 195
Getriebe	Fixe mechanische Untersetzung
Batteriekapazität	12 kWh, davon nutzbar - kWh
Batterienennspannung	300 V
Batterietyp	Lithium-Ionen
Reifen	Sommerreifen 225/55 R18

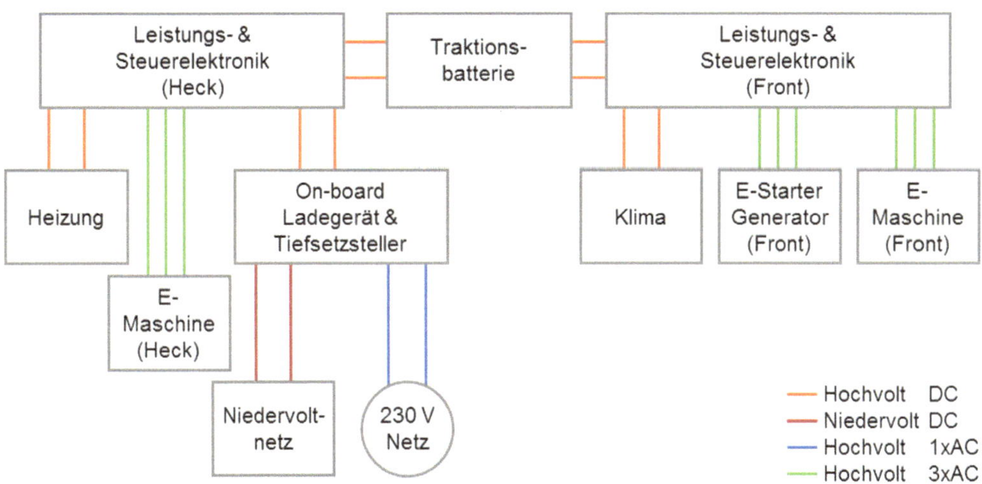

Abbildung 96: Stromlaufplan schematisch - Mitsubishi Outlander PHEV

---

[20] E-Starter-Generator

6.1.3 Toyota Prius Plug-In

Die technischen Daten können unten stehender Auflistung entnommen werden. Der Stromlaufplan wird in **Abbildung 97** wiedergegeben.

Marke	Toyota
Handelsbezeichnung	Prius Plug-In
Baujahr	2012
Eigengewicht	1.438 kg
Radstand	2.700 mm
Antriebsart	Elektro + Otto
Daten VKM	73 kW / 142 Nm (Front)
Daten E-Maschinen	60 kW / 207 Nm (Front) und 42 kW / - Nm (Front)
Getriebe	stufenloses variables Planetengetriebe
Batteriekapazität	4,4 kWh, davon nutzbar 2,64 kWh
Batterienennspannung	207,2 V
Batterietyp	Lithium-Ionen
Reifen	Sommerreifen 195/65 R15

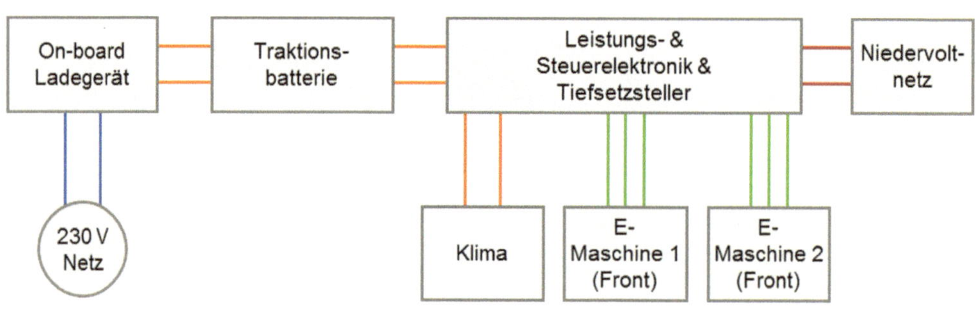

Abbildung 97: Stromlaufplan schematisch - Toyota Prius Plug-In

6.1.4 Volvo V60 PHEV

Die technischen Daten können unten stehender Auflistung entnommen werden. Der Stromlaufplan wird in **Abbildung 98** wiedergegeben.

Marke	Volvo
Handelsbezeichnung	V60 PHEV
Baujahr	2014
Eigengewicht	2.040 kg
Radstand	2.776 mm
Antriebsart	Elektro + Diesel
Daten VKM	158 kW / 440 Nm (Front)
Daten E-Maschinen	50 kW / 200 Nm (Heck) und 13 kW / 144 Nm[21] (Front)
Getriebe	6-Gang Planetengetriebe
Batteriekapazität	11,2 kWh, davon nutzbar 8 kWh
Batterienennspannung	400 V
Batterietyp	Lithium-Ionen
Reifen	Sommerreifen 235/45 R18

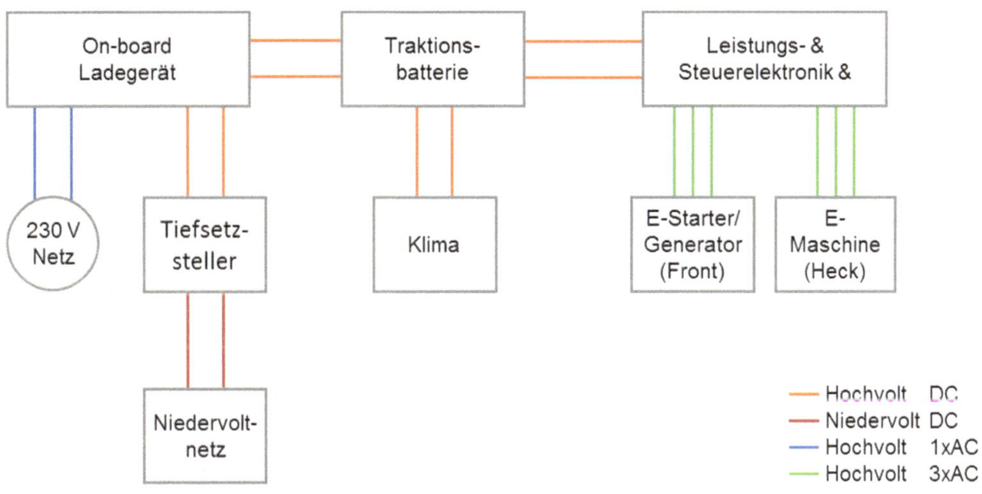

Abbildung 98: Stromlaufplan schematisch - Volvo V60 PHEV

---

[21] E-Starter-Generator

6.2   Fahrzeugspezifische Ergebnisse

Im Folgenden werden die Ergebnisse der einzelnen Fahrzeuge zusammenfassend vorgestellt und etwaige Besonderheiten erörtert.

Im Zuge der Auswertung wird in zwei Betriebsmodi unterschieden:

1. Modus EV   Vorrangig elektrischer[22] Fahrbetrieb
2. Modus HV   Hybrider Fahrbetrieb

Wenn in diesem Bericht von der elektrischen Reichweite bis zum 1. Zustart der VKM gesprochen wird, ist darunter der erste dauerhafte Betrieb der VKM zu verstehen.

6.2.1 Audi A3 etron

Das Fahrzeug verfügt über eine Elektromaschine, welche sowohl motorisch als auch generatorisch betrieben werden kann, und eine Otto-Verbrennungskraftmaschine. Geschaltet wird mittels automatisiertem 6-Gang Doppelkupplungsgetriebe. Für die Innenraumklimatisierung stehen eine elektrische Hochvoltheizung und Hochvoltklimaanlage zur Verfügung. Im Folgenden werden die Ergebnisse dieses Fahrzeuges wiedergegeben.

6.2.1.1 Elektrische Reichweite und Zustartbedingung

Die elektrische Reichweite bis zum 1. Zustart der VKM bei unterschiedlichen Umgebungstemperaturen, wird in **Abbildung 99**, **Abbildung 100** und **Abbildung 101** dargestellt. Bei einer Umgebungstemperatur von +20 °C ist die elektrische Reichweite mit 26 km anzugeben. Der Zustart der VKM erfolgt im Autobahnabschnitt, nachdem mit einer maximalen elektrischen Leistung von 80 kW über 120 km/h hinaus stark beschleunigt wird. Nach dem Autobahnabschnitt wird der rein elektrische Betrieb fortgesetzt, sodass insgesamt 40 km rein elektrisch zurückgelegt werden, bevor das Fahrzeug nach insgesamt 48 km dauerhaft in den hybriden Fahrbetrieb wechselt. Der Wechsel in den hybriden Fahrbetrieb erfolgt zeitgleich mit dem Erreichen des minimalen Ladezustandes der Traktionsbatterie.

Bei einer Umgebungstemperatur von 0 °C erfolgt der 1. Zustart der VKM bei 19 km und damit noch vor dem Autobahnabschnitt. Dies entspricht auch etwa dem Zeitpunkt, wenn vom vorrangig elektrischen auf den hybriden Fahrbetrieb gewechselt wird bzw. der maximale Entladezustand der Traktionsbatterie erreicht ist.

Bei einer Umgebungstemperatur von +30 °C erfolgt der 1. Zustart der VKM ebenfalls (wie bei +20 °C) nach 26 km. Die elektrische Reichweite bis zum Wechsel vom vorrangig elektrischen auf den hybriden Fahrbetrieb ist aufgrund des Energiebedarfs der elektrischen Klimaanlage mit 37 km etwas kürzer als bei +20 °C. Auch bei einer Umgebungstemperatur von +30 °C erfolgt der Wechsel zwischen vorrangig elektrischen und hybriden Fahrbetrieb zeitgleich mit dem Erreichen des minimalen Ladezustandes der Traktionsbatterie.

---

[22] sofern technisch möglich, rein elektrische Fahrt

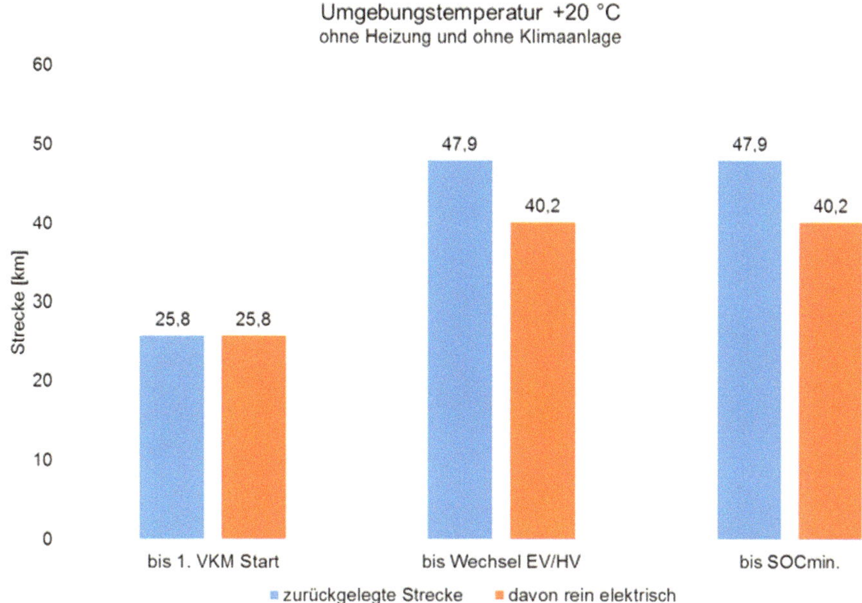

Abbildung 99: Elektrische Reichweite (Audi A3 etron), Umgebungstemperatur +20 °C

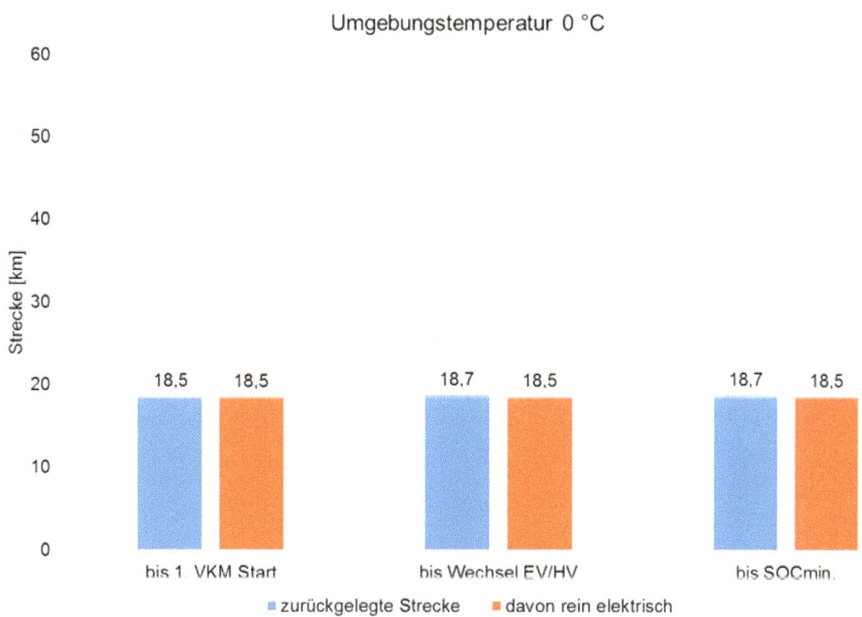

Abbildung 100: Elektrische Reichweite (Audi A3 etron), Umgebungstemperatur 0 °C

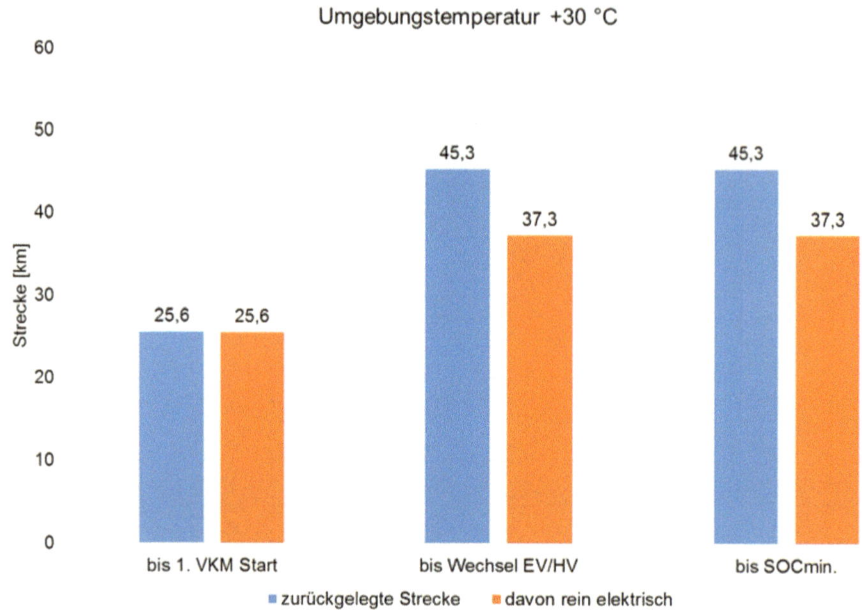

Abbildung 101: Elektrische Reichweite (Audi A3 etron), Umgebungstemperatur +30 °C

6.2.1.2 Elektrischer Energie- und Kraftstoffbedarf

Der Energiebedarf im vorrangig elektrischen Fahrbetrieb wird in **Abbildung 102**, **Abbildung 103** und **Abbildung 104** zusammenfassend dargestellt. Bei einer Umgebungstemperatur von +20 °C und deaktivierter Innenraumklimatisierung konnte der Innerorts- und Außerortsabschnitt rein elektrisch absolviert werden. Im Autobahnabschnitt wurde die VKM zugeschaltet und das Fahrzeug trotz ausreichendem Ladezustand der Traktionsbatterie hybridisch betrieben. Insgesamt benötigte das Fahrzeug im Eco-Test im vorrangig elektrischen Fahrbetrieb 12,7 kWh/100 km und 2 l/100 km an Energie. Die Differenz zwischen der Energiebereitstellung durch die Traktionsbatterie und dem elektrischen Energiebedarf der gelisteten Verbraucher repräsentiert den Energiebedarf des Niedervoltsystems und der Verluste.

Ein rein elektrischer Fahrbetrieb konnte bei einer Umgebungstemperatur von 0 °C lediglich innerorts realisiert werden, da der minimale Ladezustand der Traktionsbatterie vor dem Ende des Außerortsabschnittes erreicht war. Grund dafür war der Energieverbrauch der elektrischen Heizung, welche die nutzbare elektrische Energie in Wärme statt in Vortrieb umwandelt. Das Fahrzeug wurde auch bei 0 °C rein elektrisch betrieben, solange der Ladezustand der Traktionsbatterie ausreichend war und der Betrieb grundsätzlich technisch möglich (Leistungsanforderung) war. Im Autobahnabschnitt wurde das Fahrzeug bereits rein hybridisch betrieben. Insgesamt benötigte das Fahrzeug im Eco-Test im vorrangig elektrischen Fahrbetrieb 16,4 kWh/100 km und 3,9 l/100 km an Energie.

Bei einer Umgebungstemperatur von +30 °C sind die Ergebnisse grundsätzlich mit jenen bei +20 °C vergleichbar. Die Abschnitte Innerorts und Außerorts konnten rein elektrisch absolviert werden. Der Energiebedarf lag aufgrund der aktiven Klimaanlage entsprechend höher, sodass das Fahrzeug im Eco-Test im vorrangig elektrischen Fahrbetrieb insgesamt 13,5 kWh/100 km und 2,1 l/100 km an Energie benötigte.

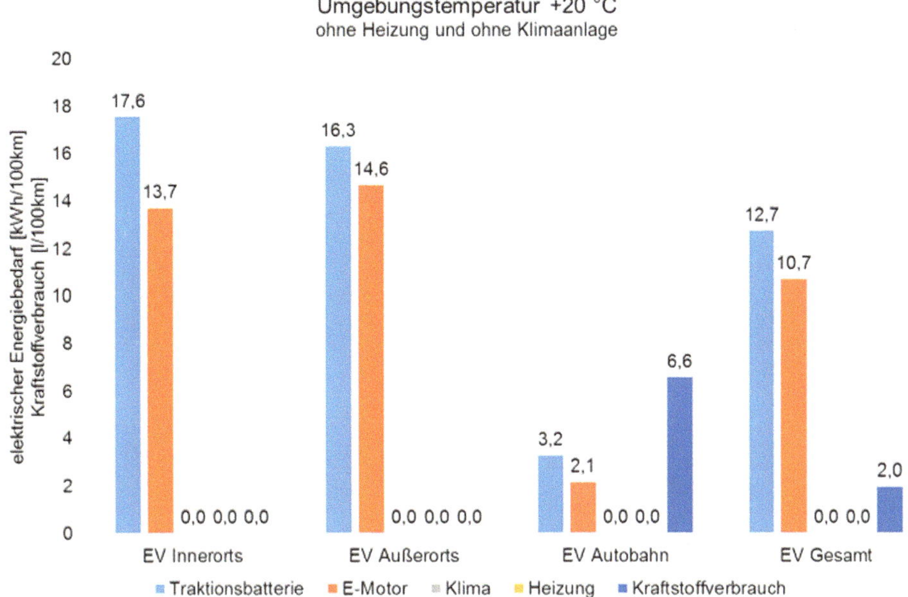

Abbildung 102: Energiebedarf im vorrangig elektrischen Fahrbetrieb (Audi A3 etron), Umgebungstemperatur +20 °C

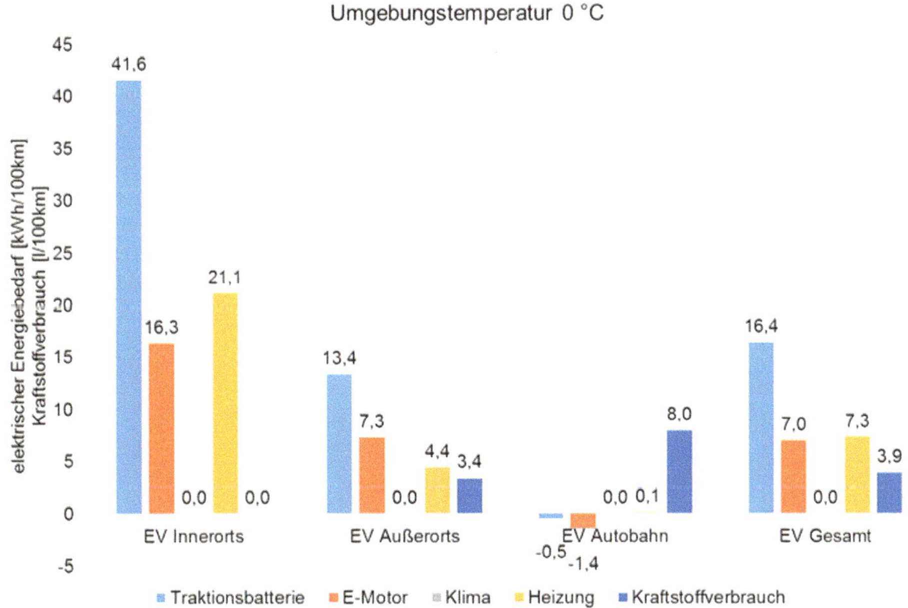

Abbildung 103: Energiebedarf im vorrangig elektrischen Fahrbetrieb (Audi A3 etron), Umgebungstemperatur 0 °C

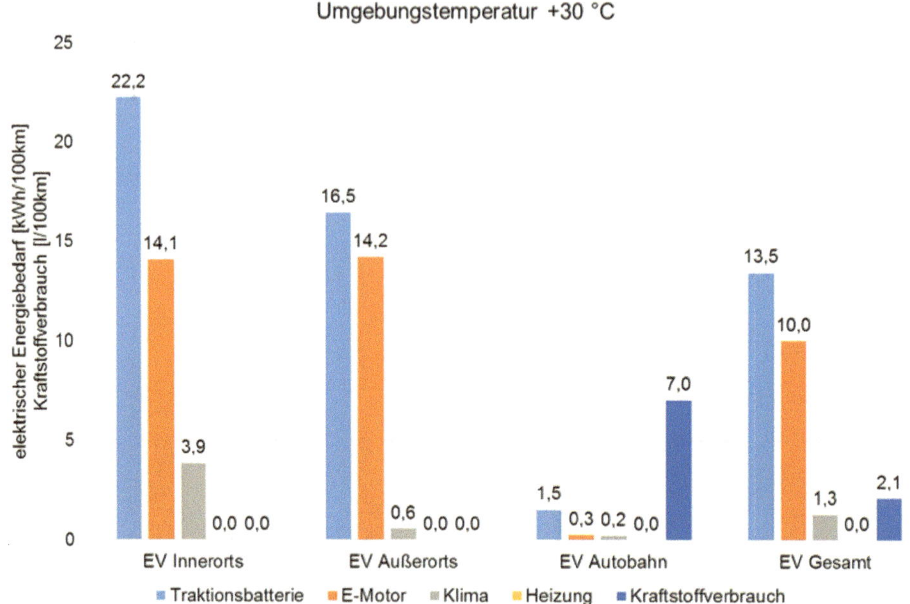

Abbildung 104: Energiebedarf im vorrangig elektrischen Fahrbetrieb (Audi A3 etron), Umgebungstemperatur +30 °C

Abbildung 105, Abbildung 106 und Abbildung 107 kann der Energiebedarf im hybriden Fahrbetrieb abhängig von der Umgebungstemperatur entnommen werden. Bei einer Umgebungstemperatur von +20 °C lag der Kraftstoffverbrauch bei deaktivierter Innenraumklimatisierung im Eco-Test bei 6,3 l/100 km. Der SOC der Traktionsbatterie (Ladung und Entladung) war über dem Test etwa ausgeglichen.

Bei einer Umgebungstemperatur von 0 °C zeigte sich während der Absolvierung des Innerortsabschnittes (beide Teilabschnitte) ein erhöhter elektrischer Energieverbrauch, bedingt durch die elektrische Heizung. Da die hierfür erforderliche elektrische Energie durch den Betrieb des Verbrennungsmotors im Verbund mit der E-Maschine (im Generatorbetrieb) erzeugt wurde, resultierte daraus ein erhöhter Kraftstoffverbrauch. Im weiteren Verlauf des Tests wurde der Innenraum durch die Abwärme des Verbrennungsmotors geheizt. Am Ende des Tests ist der SOC wieder etwa ausgeglichen. Insgesamt benötigte das Fahrzeug im Eco-Test im hybriden Fahrbetrieb 8,2 l/100 km Kraftstoff.

Der geringere Kraftstoffverbrauch bei einer Umgebungstemperatur von +30 °C ist primär damit zu begründen, dass über den gesamten Test der Traktionsbatterie rund 1,2 kWh entnommen wurden und der SOC somit nicht ausgeglichen wurde. Insgesamt benötigte das Fahrzeug im Eco-Test im hybriden Fahrbetrieb 5,6 l/100 km Kraftstoff.

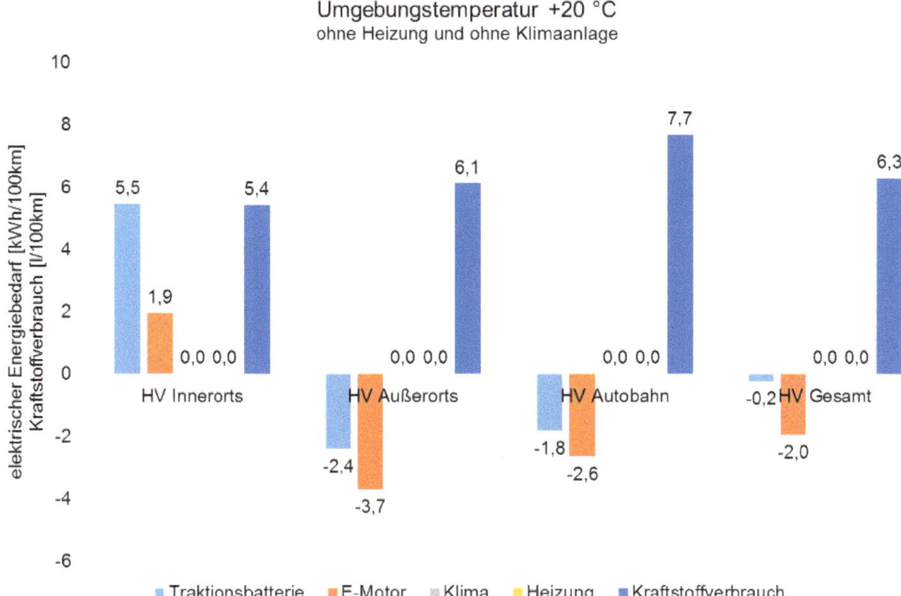

Abbildung 105: Energiebedarf im hybriden Fahrbetrieb (Audi A3 etron), Umgebungstemperatur +20 °C

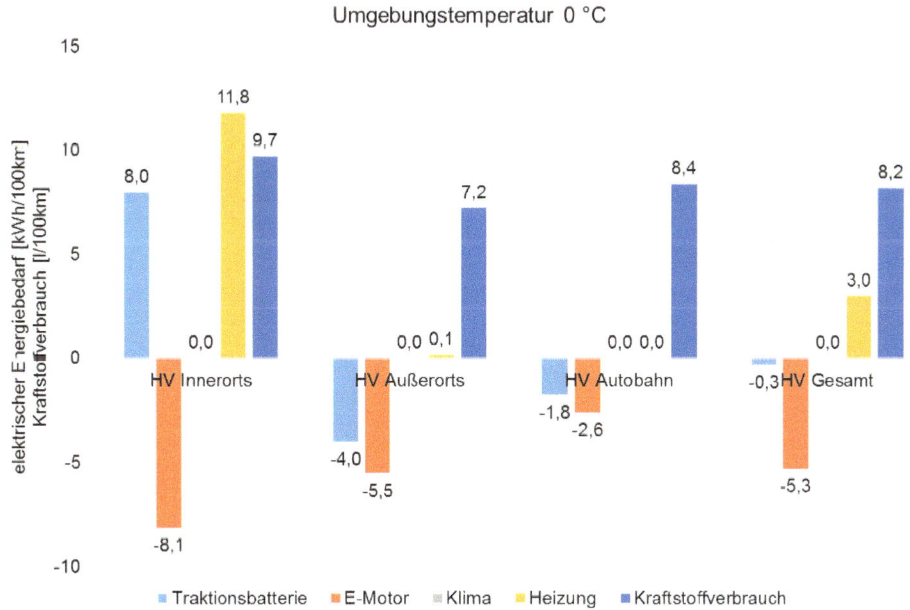

Abbildung 106: Energiebedarf im hybriden Fahrbetrieb (Audi A3 etron), Umgebungstemperatur 0 °C

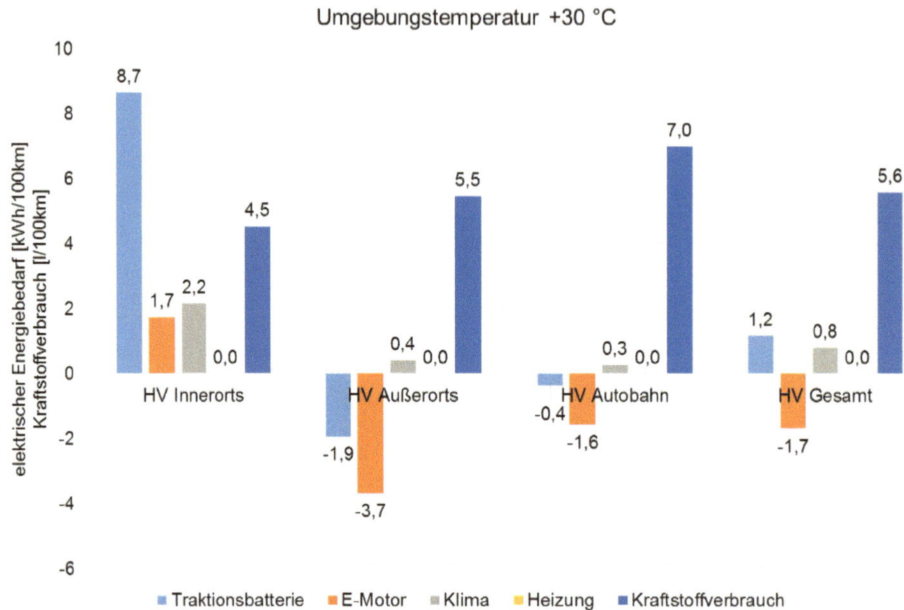

Abbildung 107: Energiebedarf im hybriden Fahrbetrieb (Audi A3 etron),
Umgebungstemperatur +30 °C

Die Ergebnisse zur Analyse der Konstantfahrt-Geschwindigkeiten von 30, 50 und 70 km/h
werden in **Abbildung 108** bis **Abbildung 113** wiedergegeben. Hierbei ist zu berücksichtigen,
dass die Messdaten den Konstantfahrphasen des Eco-Tests entnommen wurden. Abhängig von
der Umgebungs- und Innenraumtemperatur sowie der Betriebsstrategie des Fahrzeuges
unterliegen die Ergebnisse Schwankungen.

Der im rein elektrischen Betrieb bei einer Umgebungstemperatur von 0 bzw. 30 °C
ausgewiesene hohe Energiebedarf zur Innenraumklimatisierung (Heizung bzw. Klima)
resultiert daraus, dass bei Testdurchführung die Innenraumtemperatur 0 bzw. +30 °C betrug.
Im Mittel des Fahrbetriebes lag der Energiebedarf niedriger – siehe hierzu **Abbildung 104**. Bei
der hybriden Konstantfahrt liegt der Energiebedarf zur Innenraumklimatisierung ebenfalls
niedriger, da der Innenraum hier aufgrund der Testdauer bereits auf +22 °C klimatisiert war.

Die fahrzeugseitige Wahl einer unterschiedlichen Betriebsstrategie bei vermeintlich gleichen
Betriebsbedingungen zeigt sich im Vergleich der hybriden Konstantfahrten von 30 und 50 km/h
bei +20 °C und +30 °C. Bei einer Umgebungstemperatur von +20 °C resultiert aus einem
moderaten Generatorbetrieb ein Kraftstoffverbrauch von 8,2 l/100 km. Bei 0 und +30 °C
hingegen werden 38 bzw. 31 kWh/100 km generatorisch erzeugt. Dies führt bei gleicher
Geschwindigkeit zu einem Kraftstoffverbrauch von 14,3 bzw. 13,9 l/100 km.

Hierdurch wird nochmals verdeutlicht, dass der Kraftstoffverbrauch stark vom Zusammenspiel
der Antriebsstrangkomponenten (der Betriebsstrategie) abhängig ist.

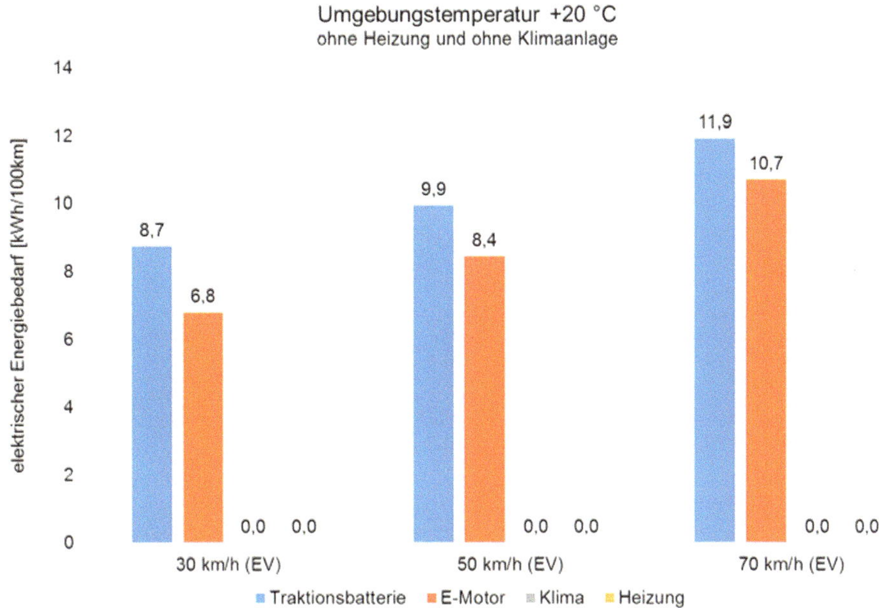

Abbildung 108: Energiebedarf bei rein elektrischer Konstantfahrt (Audi A3 etron), Umgebungstemperatur +20 °C

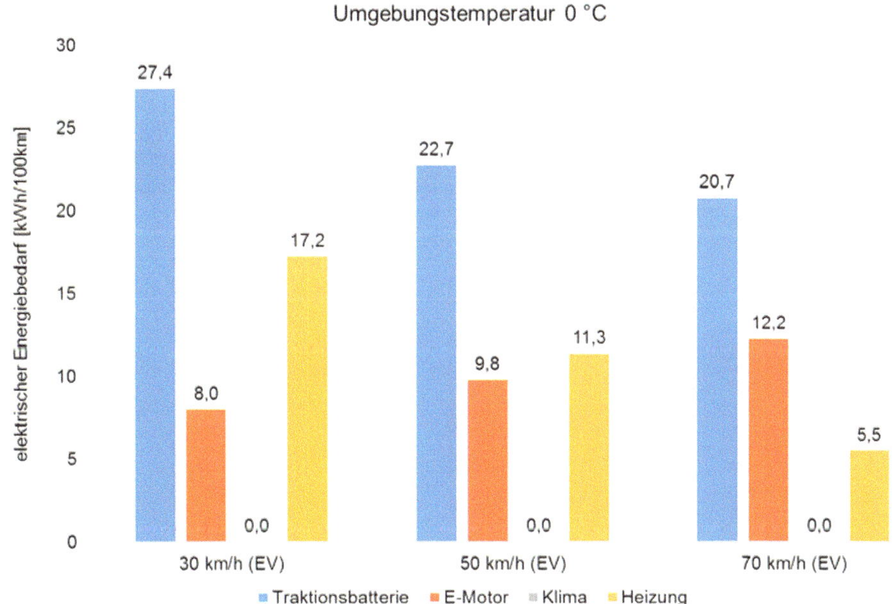

Abbildung 109: Energiebedarf bei rein elektrischer Konstantfahrt (Audi A3 etron), Umgebungstemperatur 0 °C

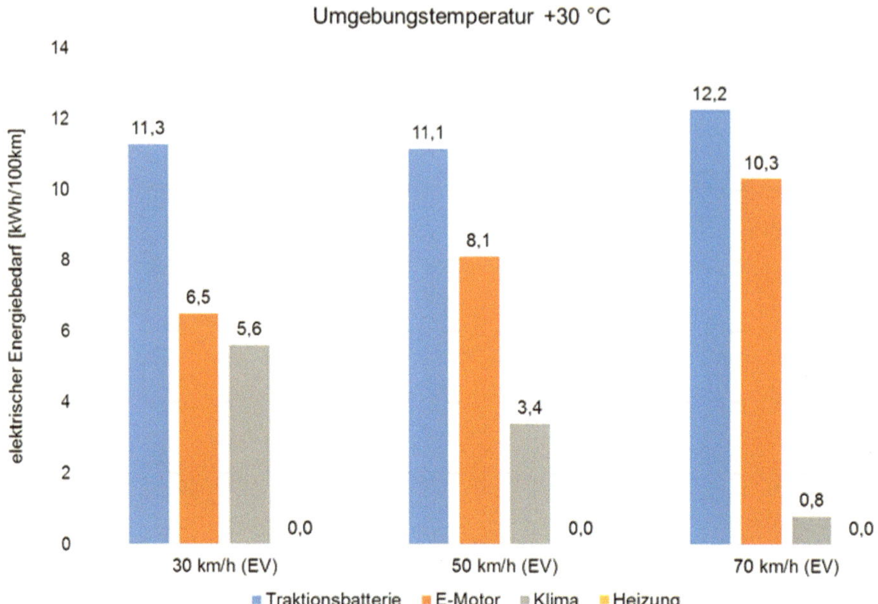

Abbildung 110: Energiebedarf bei rein elektrischer Konstantfahrt (Audi A3 etron), Umgebungstemperatur +30 °C

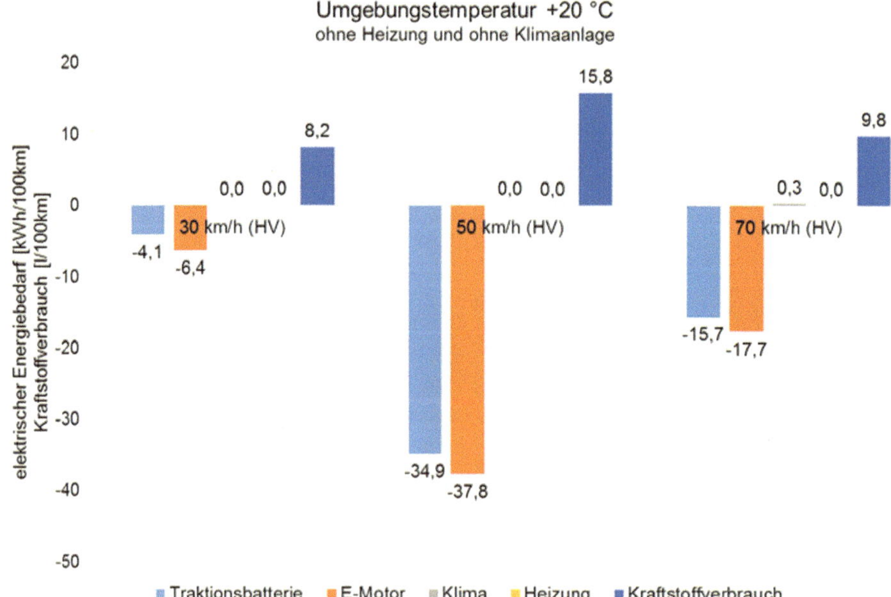

Abbildung 111: Energiebedarf bei hybrider Konstantfahrt (Audi A3 etron), Umgebungstemperatur +20 °C

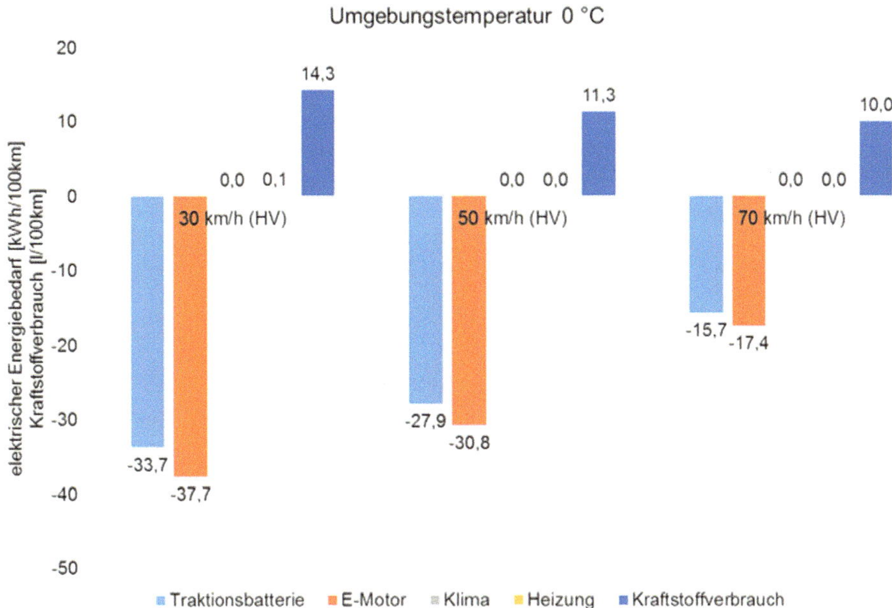

Abbildung 112: Energiebedarf bei hybrider Konstantfahrt (Audi A3 etron), Umgebungstemperatur 0 °C

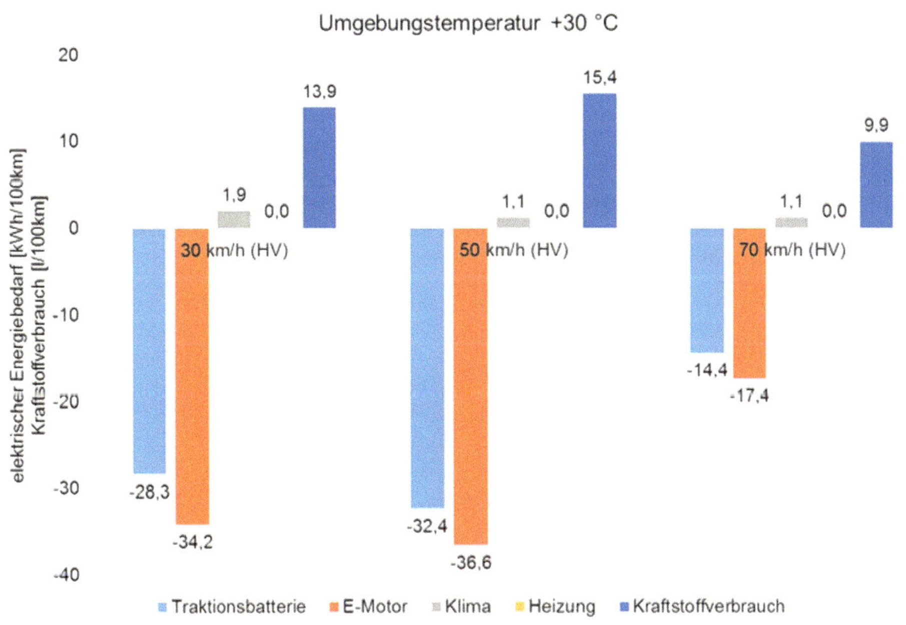

Abbildung 113: Energiebedarf bei hybrider Konstantfahrt (Audi A3 etron), Umgebungstemperatur +30 °C

6.2.1.3 Ladevorgang

Die vollständige Ladung der Traktionsbatterie (von $SOC^{23}_{min.}$ bis $SOC_{max.}$) benötigte bei +20 °C 3 Std. 35 Min. (bei 0 °C: 3 Std. 35 Min. bzw. bei +30 °C: 4 Std. 36 Min.). Dabei wurden dem Stromnetz (Hausanschluss 230 V, 16 A) 7,5 kWh (bei 0 °C: 7,4 kWh bzw. bei +30 °C: 7,5 kWh) entnommen und 6,4 kWh (bei 0 °C: 6,4 kWh bzw. bei +30 °C: 6,3 kWh) der Traktionsbatterie zugeführt. Die durchschnittliche Ladeleistung (der Traktionsbatterie) betrug 1,8 kW. Es zeigte sich bei allen drei untersuchten Temperaturen ein vergleichbares Ladeverhalten ohne Aktivierung der elektrischen Heizung bzw. Klimaanlage. Nach Beendigung des Ladevorganges erfolgte keine Nachladung aus dem Stromnetz.

6.2.1.4 Wirkungsgrade

Der Wirkungsgrad des DC/DC-Wandlers (Tiefsetzsteller) und des Inverters (Leistungs- und Steuerelektronik) konnte (zerstörungsfrei) nicht ermittelt werden, da diese konstruktiv im Verbund ausgeführt sind. Der Wirkungsgrad des Ladegeräts war mit 93 % anzugeben.

Der Traktionsbatterie konnten im Eco-Test 6,5 kWh (bei 0 °C: 6,3 kWh bzw. bei +30 °C: 6,6 kWh) entnommen werden. Die Bestimmung der Lade-/Entladeverluste der Traktionsbatterie war nicht möglich, da ein gezieltes Erreichen von $SOC_{min.}$ aufgrund des hybriden Fahrbetriebes nicht möglich war.

6.2.1.5 Sondermessung

Im Zuge der Sondermessung wurde bei diesem Fahrzeug die Kohlenmonoxid(CO)-Abgasemission im Eco-Test bei den untersuchten Umgebungstemperaturen im hybriden Fahrbetrieb analysiert. Der gesetzliche Grenzwert für die CO-Emission, auf Basis der EU-Verordnung 682/2008, für einen Euro 5 bzw. 6 Otto-PKW beträgt im Typ 1 Test (Neuer europäischer Fahrzyklus, NEFZ) 1 g/km.

Wie **Abbildung 114** entnommen werden kann, wurde der Grenzwert sowohl bei +20 °C als auch bei +30 °C Umgebungstemperatur eingehalten. Höhere Emissionen wurden lediglich bei 0 °C erreicht. Es ist an dieser Stelle anzumerken, dass der Hersteller den Grenzwert bei den in dieser Studie durchgeführten Tests (Eco-Test) nicht einhalten muss.

---

[23] State of charge (verfügbare Kapazität der Traktionsbatterie)

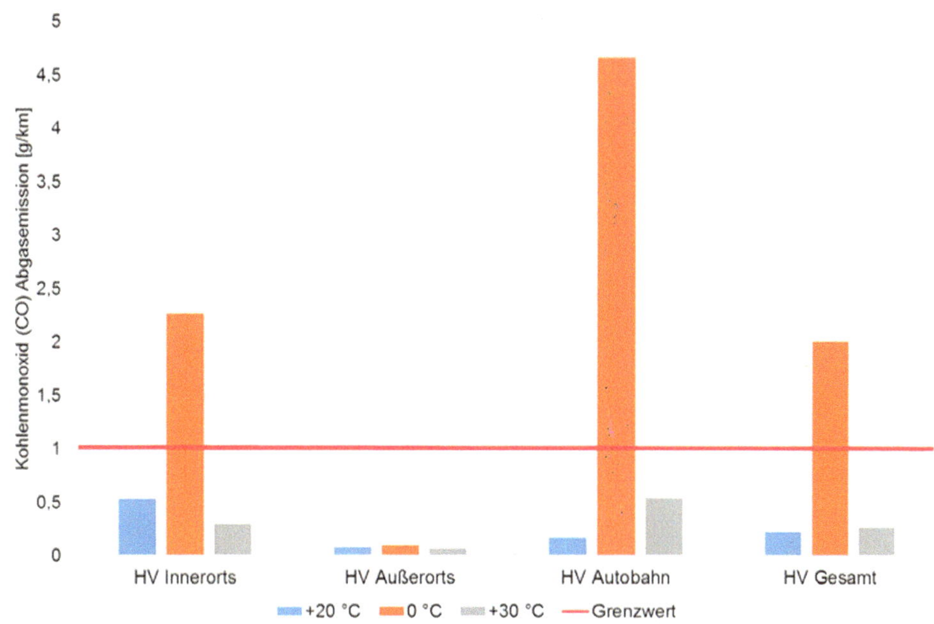

Abbildung 114: Kohlenmonoxid (CO)-Abgasemissionen im hybriden Fahrbetrieb (Audi A3 etron)

6.2.2 Mitsubishi Outlander PHEV

Das Fahrzeug verfügt über drei Elektromaschinen. Zwei (eine auf der Vorderachse und eine auf der Hinterachse) können motorisch und generatorisch betrieben werden und eine wird als Generator in Verbindung mit der Otto-Verbrennungskraftmaschine eingesetzt. Die mechanische Übersetzung ist bei diesem Fahrzeug fix. Für die Innenraumklimatisierung stehen eine elektrische Hochvoltheizung und Hochvoltklimaanlage zur Verfügung. Im Folgenden werden die Ergebnisse dieses Fahrzeuges wiedergegeben.

6.2.2.1 Elektrische Reichweite und Zustartbedingung

Die elektrische Reichweite bis zum 1. Zustart der VKM bei unterschiedlichen Umgebungstemperaturen, wird in **Abbildung 115**, **Abbildung 116** und **Abbildung 117** dargestellt. Bei einer Umgebungstemperatur von +20 °C ist die elektrische Reichweite mit 25 km anzugeben. Der Zustart der VKM erfolgte im Autobahnabschnitt in der Beschleunigungsphase kurz vor dem Erreichen der maximalen Leistung der Traktionsbatterie (63 kW von max. 70 kW). Nach dem Autobahnabschnitt wurde der rein elektrische Betrieb fortgesetzt, sodass insgesamt 40 km rein elektrisch zurückgelegt wurden, bevor das Fahrzeug nach insgesamt 50 km dauerhaft in den hybriden Fahrbetrieb wechselte. Der Wechsel in den hybriden Fahrbetrieb erfolgte zeitlich mit dem Erreichen des minimalen Ladezustandes der Traktionsbatterie.

Bei einer Umgebungstemperatur von 0 °C erfolgte der 1. Start der VKM unmittelbar bei der Inbetriebnahme des Fahrzeuges. Nach einer zurückgelegten Strecke von 28 km (21 km davon rein elektrisch) wechselte das Fahrzeug in den hybriden Fahrbetrieb. Bis zum Erreichen des minimalen Ladezustandes der Traktionsbatterie wurden insgesamt 50 km (davon 27 km rein elektrisch) zurückgelegt.

Bei einer Umgebungstemperatur von +30 °C war die elektrische Reichweite bis zum 1. Zustart der VKM bzw. bis zum Erreichen des minimalen Ladezustandes der Traktionsbatterie auf gleichem Niveau wie bei einer Umgebungstemperatur von +20 °C. Der Wechsel zwischen vorrangig elektrischem und hybridem Fahrbetrieb erfolgte etwa zeitgleich mit dem Erreichen des minimalen Ladezustandes der Traktionsbatterie.

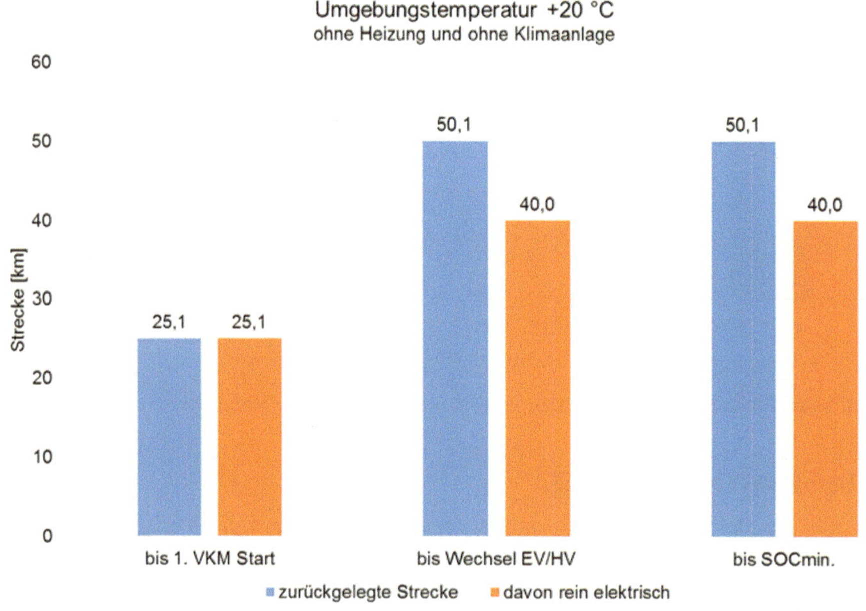

Abbildung 115: Elektrische Reichweite (Mitsubishi Outlander PHEV), Umgebungstemperatur+20 °C

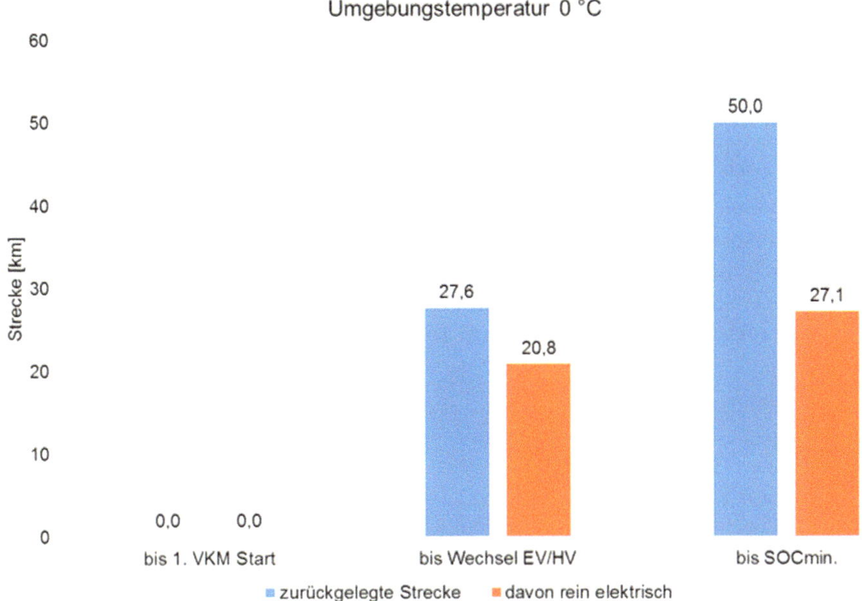

Abbildung 116: Elektrische Reichweite (Mitsubishi Outlander PHEV), Umgebungstemperatur 0 °C

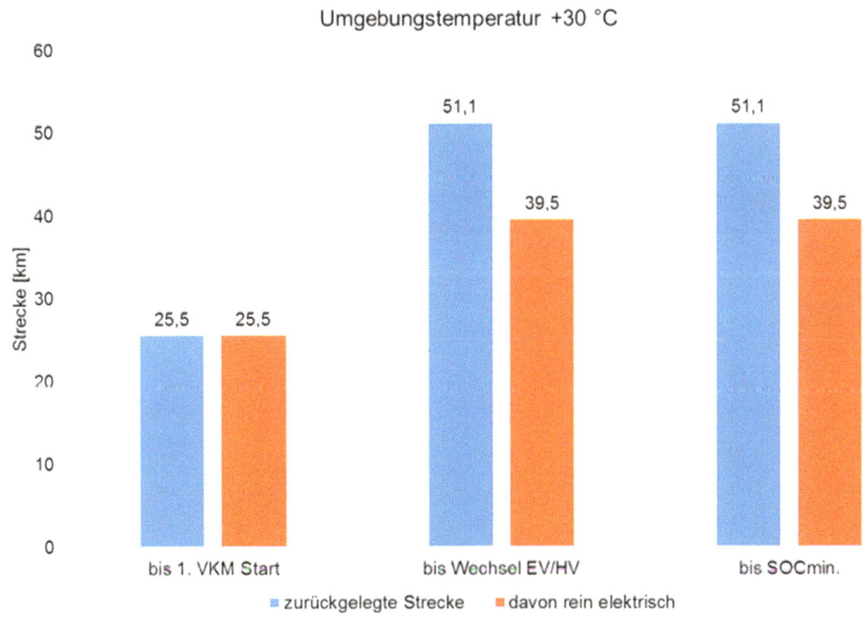

Abbildung 117: Elektrische Reichweite (Mitsubishi Outlander PHEV), Umgebungstemperatur +30 °C

6.2.2.2 Elektrischer Energie- und Kraftstoffbedarf

Wie **Abbildung 118**, **Abbildung 119** und **Abbildung 120** entnommen werden kann, ist die Energieverteilung auf Vorder- und Hinterachsmotor derart gewählt, dass rund 60 % der elektrischen Antriebsenergie auf die Hinterachse übertragen werden. Die Differenz zwischen der Energiebereitstellung (Traktionsbatterie) und dem elektrischen Energiebedarf der gelisteten Verbraucher repräsentiert den Energiebedarf des Niedervoltsystems und der Verluste.

Bei einer Umgebungstemperatur von +20 °C und deaktivierter Innenraumklimatisierung konnte der Innerorts- und Außerortsabschnitt des Testzyklus rein elektrisch absolviert werden. Im Autobahnabschnitt wurde die VKM zugeschaltet und das Fahrzeug trotz ausreichendem Ladezustand der Traktionsbatterie hybridisch betrieben. Insgesamt benötigte das Fahrzeug im Eco-Test im vorrangig elektrischen Fahrbetrieb 16,9 kWh/100 km und 2,4 l/100 km an Energie.

Ein rein elektrischer Fahrbetrieb konnte bei einer Umgebungstemperatur von 0 °C in keinem der drei Abschnitte (Innerorts, Außerorts und Autobahn) realisiert werden, da ab Beginn des Tests auch innerorts die Verbrennungskraftmaschine zur Heizung des Innenraums betrieben wurde. Parallel zum Betrieb der Verbrennungskraftmaschine ist die Energieerzeugung mittels E-Starter-Generator erkennbar. Insgesamt benötigte das Fahrzeug im Eco-Test im vorrangig elektrischen Fahrbetrieb 21,8 kWh/100 km und 4,8 l/100 km an Energie.

Die Ergebnisse bei einer Umgebungstemperatur von +30 °C sind grundsätzlich mit jenen von +20 °C vergleichbar. Die Abschnitte Innerorts und Außerorts konnten rein elektrisch absolviert werden. Der Energiebedarf lag aufgrund der aktiven Klimaanlage entsprechend höher, sodass das Fahrzeug im Eco-Test im vorrangig elektrischen Fahrbetrieb insgesamt 18,7 kWh/100 km und 2,4 l/100 km an Energie benötigte.

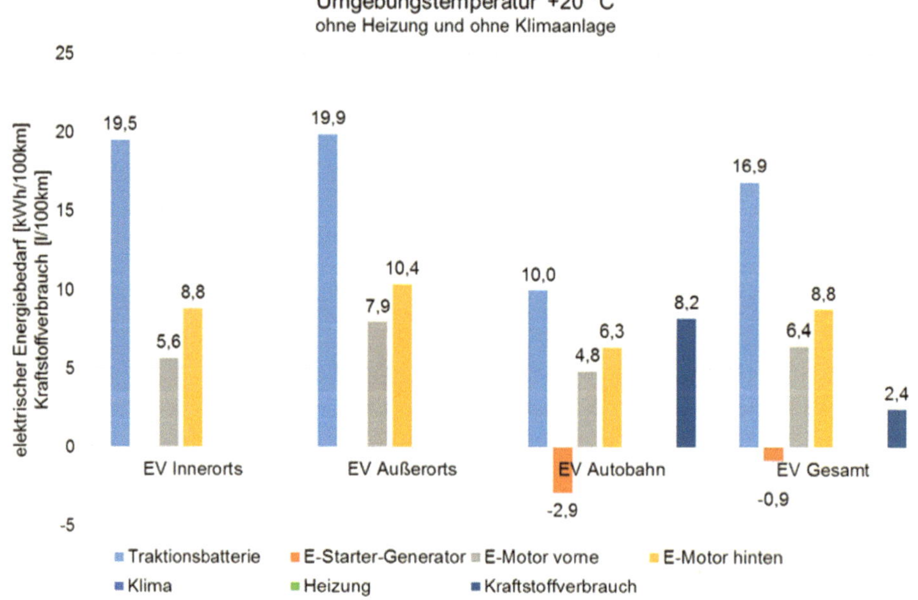

Abbildung 118: Energiebedarf im vorrangig elektrischen Fahrbetrieb (Mitsubishi Outlander PHEV), Umgebungstemperatur +20 °C

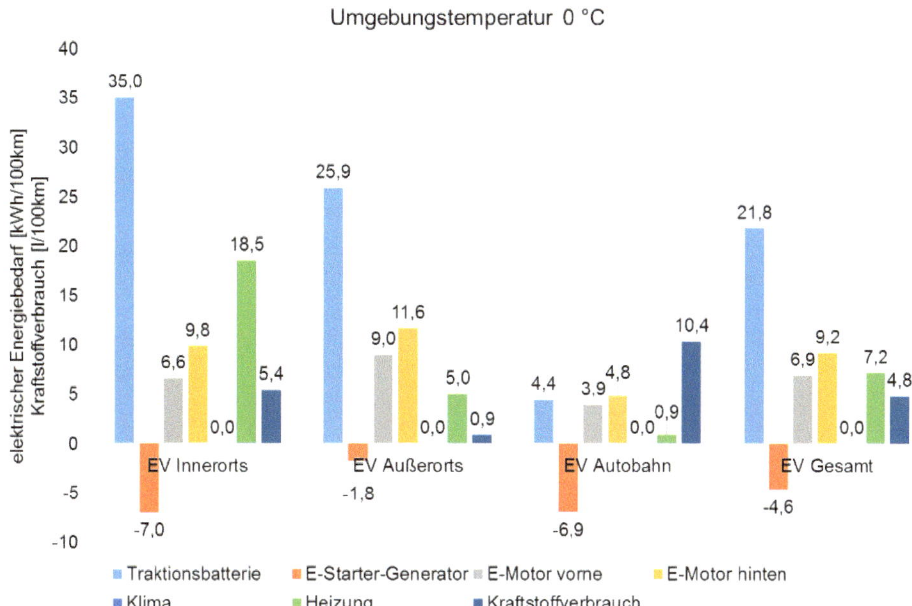

Abbildung 119: Energiebedarf im vorrangig elektrischen Fahrbetrieb (Mitsubishi Outlander PHEV), Umgebungstemperatur 0 °C

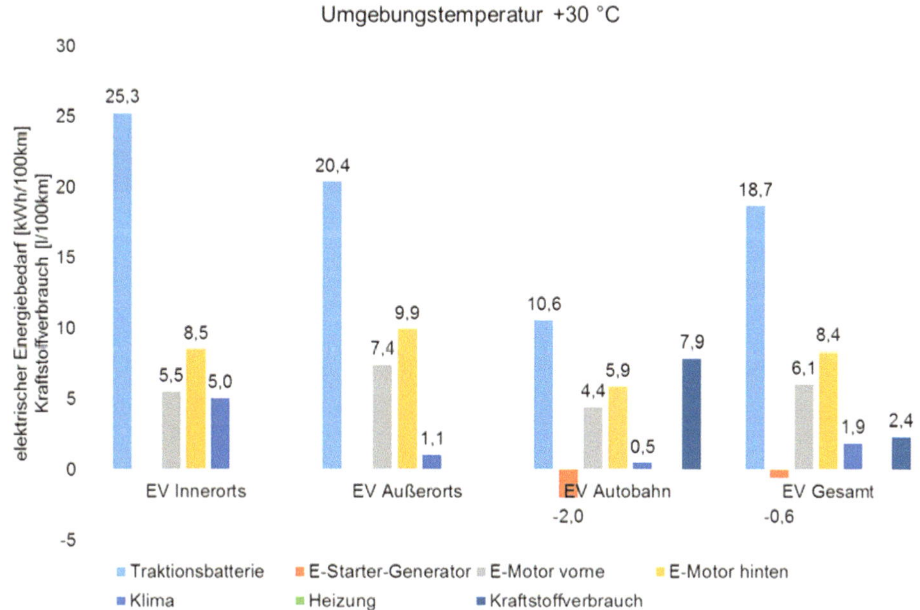

Abbildung 120: Energiebedarf im vorrangig elektrischen Fahrbetrieb (Mitsubishi Outlander PHEV), Umgebungstemperatur +30 °C

Abbildung 121, **Abbildung 122** und **Abbildung 123** kann der Energiebedarf im hybriden Fahrbetrieb entnommen werden. Es ist festzustellen, dass der Traktionsbatterie Innerorts Energie entnommen und Außerorts zugeführt wurde. Zur Bereitstellung der Antriebsenergie war der Betrieb des E-Starter-Generators bzw. der Verbrennungskraftmaschine erforderlich.

Bei einer Umgebungstemperatur von +20 °C lag der Kraftstoffverbrauch bei deaktivierter Innenraumklimatisierung im Eco-Test bei 8,5 l/100 km. Der SOC[24] der Traktionsbatterie (Ladung und Entladung) war über dem Test etwas reduziert.

Die Entladung der Traktionsbatterie Innerorts bzw. die Ladung Außerorts zeigte sich auch bei den Umgebungstemperaturen 0 und +30 °C. Die zur Heizung des Innenraums erforderliche elektrische Energie erforderte bei 0 °C innerorts einen ausgedehnten Betrieb des E-Starter-Generators im Verbund mit der Verbrennungskraftmaschine. Außerorts wurde, aufgrund des nahezu durchgängigen Einsatzes der Verbrennungskraftmaschine, die Innenraumheizung durch die Abwärme der Verbrennungskraftmaschine realisiert. Selbiges gilt für den Autobahnabschnitt. Am Ende des Eco-Tests bei 0 °C war der SOC etwas reduziert und das Fahrzeug benötigte im hybriden Fahrbetrieb 10,7 l/100 km Kraftstoff.

Der auf dem Niveau der +20 °C Messung liegende Kraftstoffverbrauch bei +30 °C ist primär damit zu begründen, dass über den gesamten Test der Traktionsbatterie rund 1,6 kWh entnommen wurden und der SOC somit nicht ausgeglichen wurde. Insgesamt benötigte das Fahrzeug im Eco-Test im hybriden Fahrbetrieb 8,5 l/100 km Kraftstoff.

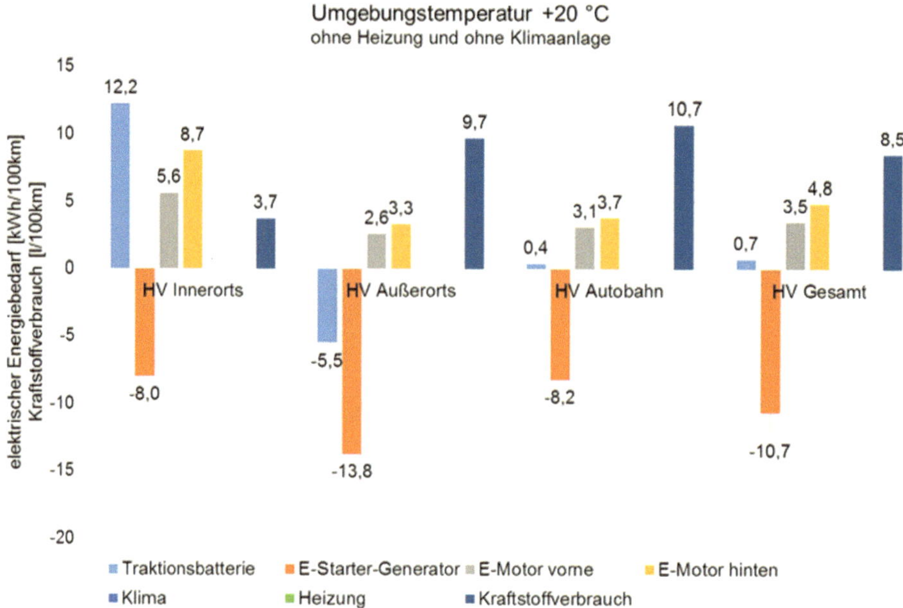

Abbildung 121: Energiebedarf im hybriden Fahrbetrieb (Mitsubishi Outlander PHEV), Umgebungstemperatur +20 °C

---

[24] State of charge (verfügbare Kapazität der Traktionsbatterie)

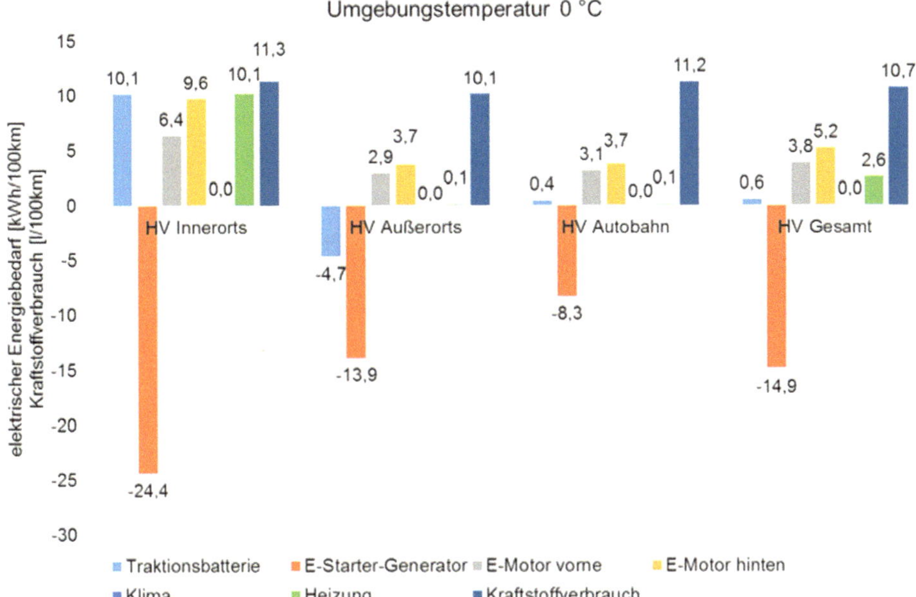

Abbildung 122: Energiebedarf im hybriden Fahrbetrieb (Mitsubishi Outlander PHEV), Umgebungstemperatur 0 °C

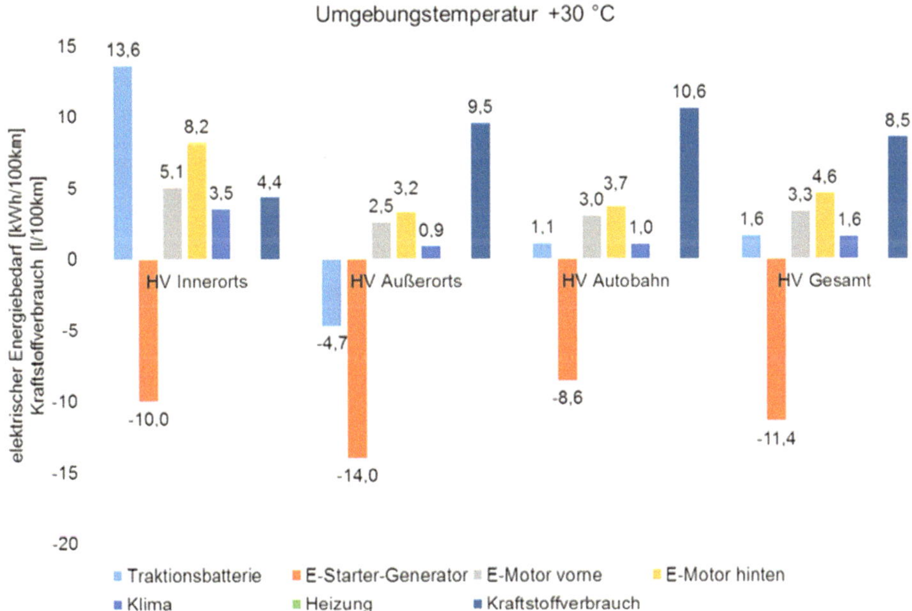

Abbildung 123: Energiebedarf im hybriden Fahrbetrieb (Mitsubishi Outlander PHEV), Umgebungstemperatur +30 °C

Die Ergebnisse zur Analyse der Konstantfahrt-Geschwindigkeiten von 30, 50 und 70 km/h werden in **Abbildung 124** bis **Abbildung 129** wiedergegeben. Hierbei ist zu berücksichtigen, dass die Messdaten den Konstantfahrphasen des Eco-Tests entnommen wurden. Abhängig von der Umgebungs- und Innenraumtemperatur und der Betriebsstrategie des Fahrzeuges unterliegen die Ergebnisse Schwankungen.

In Abbildung 126 wird der gewichtige Einfluss von Heizung und Klimaanlage auf den Energiebedarf – besonders bei niedrigen Geschwindigkeiten – deutlich.

Die Ermittlung des Energiebedarfs während der Konstantfahrt erfolgte für den hybriden Fahrbetrieb bei bereits klimatisiertem Innenraum bzw. betriebswarmem Fahrzeug. Das elektrische Beheizen des Innenraumes ist im hybriden Fahrbetrieb nicht erforderlich, da dies durch die Verbrennungskraftmaschine realisiert werden kann.

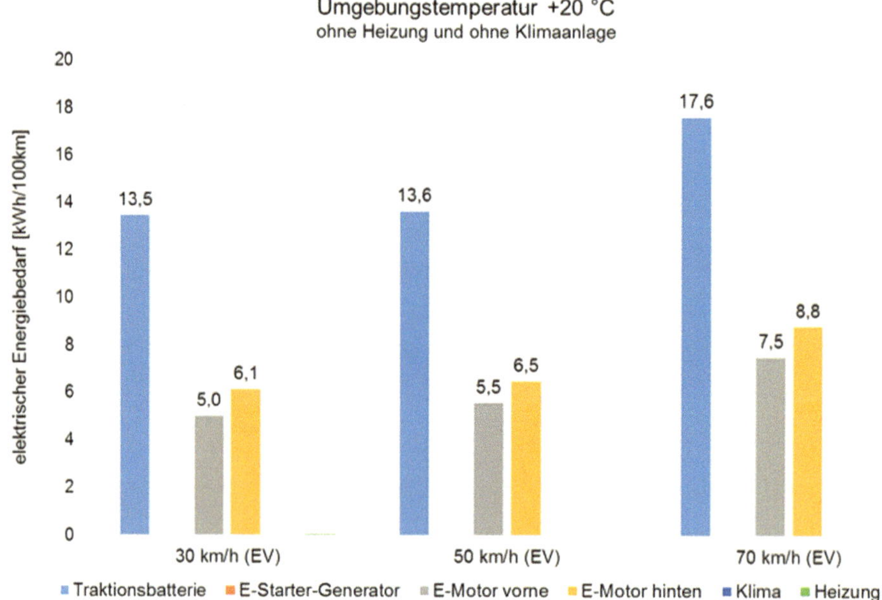

Abbildung 124: Energiebedarf bei rein elektrischer Konstantfahrt (Mitsubishi Outlander PHEV), Umgebungstemperatur +20 °C

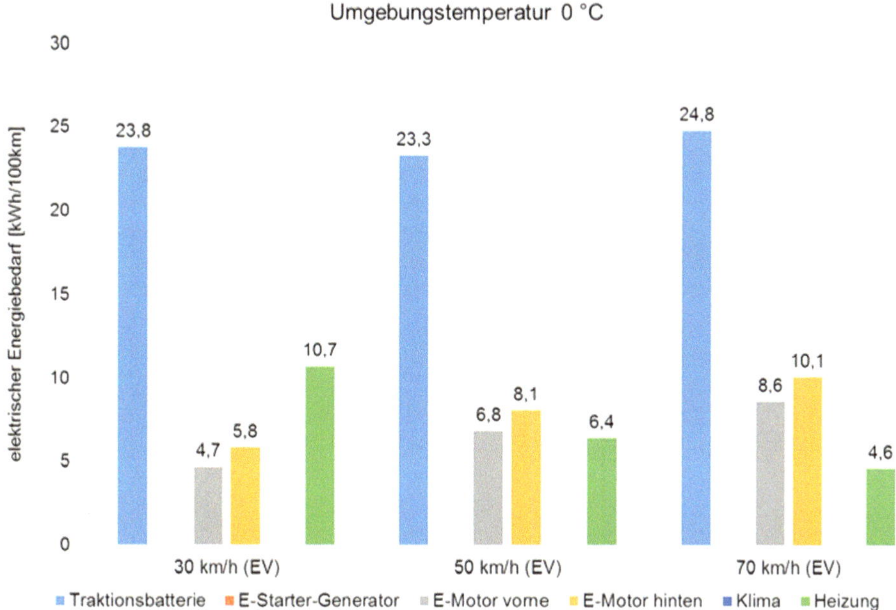

Abbildung 125: Energiebedarf bei rein elektrischer Konstantfahrt (Mitsubishi Outlander PHEV), Umgebungstemperatur 0 °C

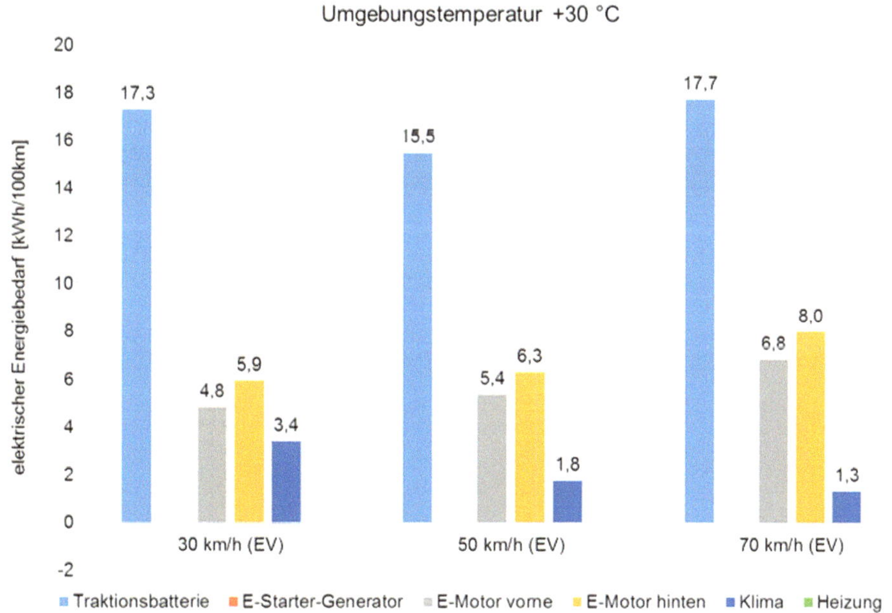

Abbildung 126: Energiebedarf bei rein elektrischer Konstantfahrt (Mitsubishi Outlander PHEV), Umgebungstemperatur +30 °C

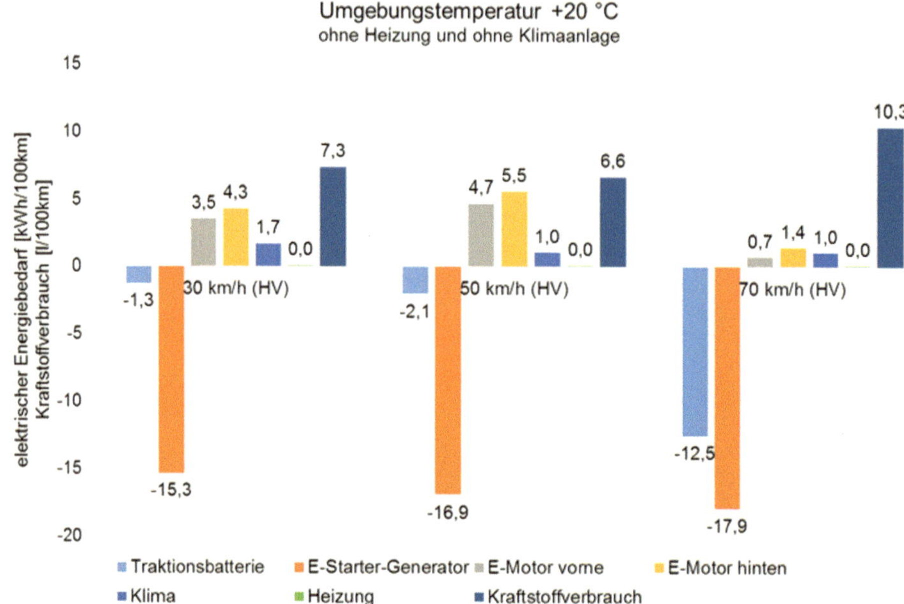

Abbildung 127: Energiebedarf bei hybrider Konstantfahrt (Mitsubishi Outlander PHEV), Umgebungstemperatur +20 °C

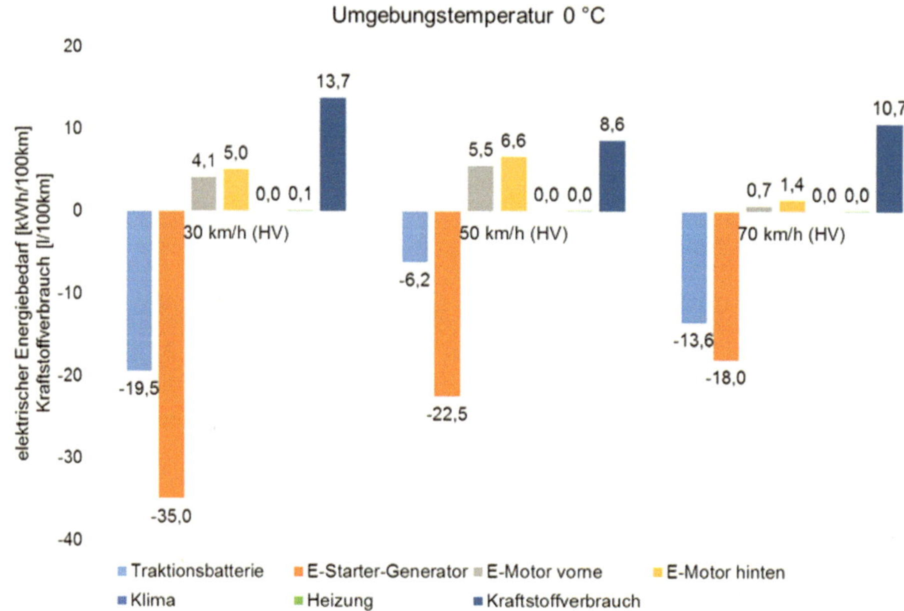

Abbildung 128: Energiebedarf bei hybrider Konstantfahrt (Mitsubishi Outlander PHEV), Umgebungstemperatur 0 °C

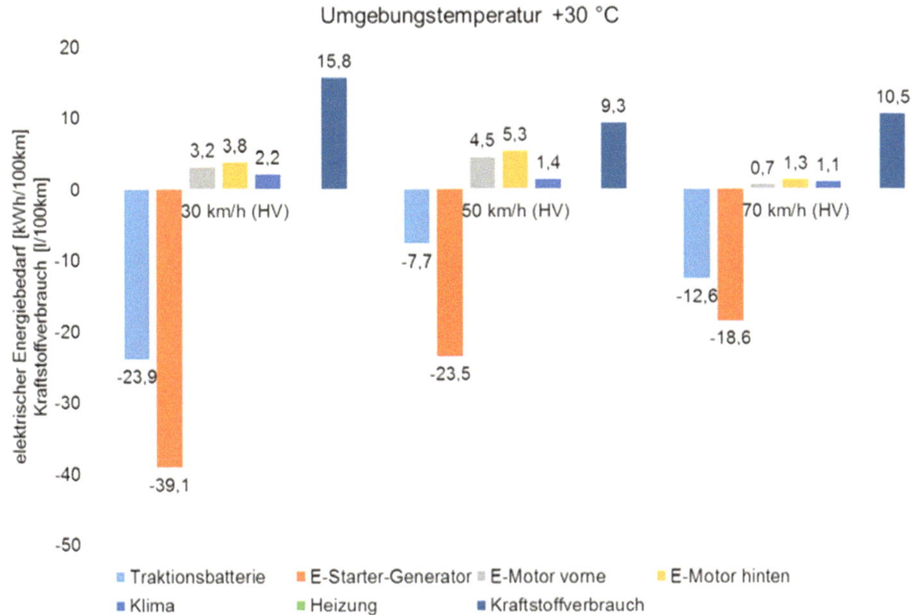

Abbildung 129: Energiebedarf bei hybrider Konstantfahrt (Mitsubishi Outlander PHEV), Umgebungstemperatur +30 °C

6.2.2.3 Ladevorgang

Die vollständige Ladung der Traktionsbatterie (von $SOC_{min.}$ bis $SOC_{max.}$) benötigte bei +20 °C 5 Std. 5 Min. (bei 0 °C: 5 Std. 4 Min. bzw. bei +30 °C: 4 Std. 50 Min.). Dabei wurden dem Stromnetz (Hausanschluss 230 V, 16 A) 10,2 kWh (bei 0 °C: 9,4 kWh bzw. bei +30 °C: 9,9 kWh) entnommen und 9 kWh (bei 0 °C: 8,5 kWh bzw. bei +30 °C: 8,7 kWh) der Traktionsbatterie zugeführt. Die durchschnittliche Ladeleistung (der Traktionsbatterie) betrug 1,7 kW. Die elektrische Heizung bzw. Klimaanlage war während der Ladung nicht aktiv. Nach Beendigung des Ladevorganges erfolgte keine Nachladung aus dem Stromnetz.

6.2.2.4 Wirkungsgrade

Der Wirkungsgrad des DC/DC-Wandlers (Tiefsetzsteller) ist mit durchschnittlich 90 %, jener der Inverter (Leistungs- und Steuerelektronik) im Mittel mit 94 % und der des Ladegeräts mit 92 % anzugeben.

Der Traktionsbatterie konnten im Eco-Test 8,4 kWh (bei 0 °C: 8,6 kWh bzw. bei +30 °C: 8,9 kWh) entnommen werden. Die Bestimmung der Lade-/Entladeverluste der Traktionsbatterie war nicht möglich, da ein gezieltes Erreichen von $SOC_{min.}$ aufgrund des hybriden Fahrbetriebes nicht möglich war.

6.2.2.5 Sondermessung

Im Zuge der Sondermessung wurde bei diesem Fahrzeug die Einstellung „Eco-Modus" inkl. erhöhter Rekuperation im Eco-Test bei einer Umgebungstemperatur von +20 °C im vorrangig elektrischen Fahrbetrieb analysiert.

Wie in **Abbildung 130** dargestellt, startete die Verbrennungskraftmaschine zum ersten Mal nach 18 km im Zuge einer Außerortsbeschleunigung. Verglichen mit dem herkömmlichen Betriebsmodus (siehe Abbildung 117) ist dies 7 km früher. Insgesamt wurde bis zum Erreichen des minimalen Ladezustandes der Traktionsbatterie eine elektrische Reichweite von 41 km (im herkömmlichen Betriebsmodus 40 km) erzielt.

Im energetischen Detailvergleich in **Abbildung 131** zeigte sich ein tendenziell geringerer Energiebedarf zufolge der höheren Rekuperation. Das Fahrzeug benötigte im Eco-Test im vorrangig elektrischen Fahrbetrieb insgesamt 15,9 kWh/100km und 2,8 l/100km (im herkömmlichen Betriebsmodus 16,9 kWh/100km und 2,4 l/100km) an Energie. Im Eco-Test lässt sich demnach kein deutlicher Vorteil dieses Betriebsmodus darstellen.

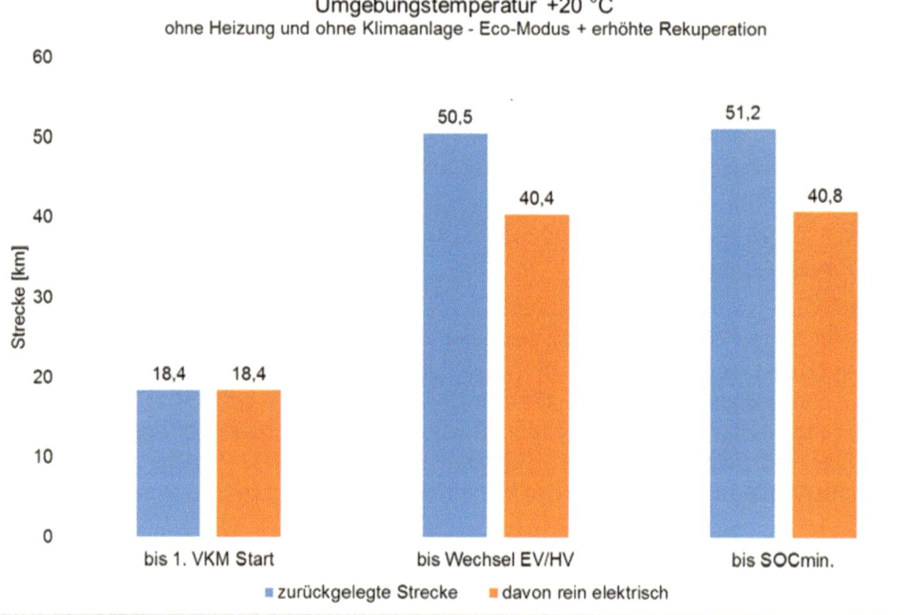

Abbildung 130: Elektrische Reichweite im vorrangig elektrischen Fahrbetrieb bei aktiviertem Eco-Modus und erhöhter Rekuperation (Mitsubishi Outlander PHEV)

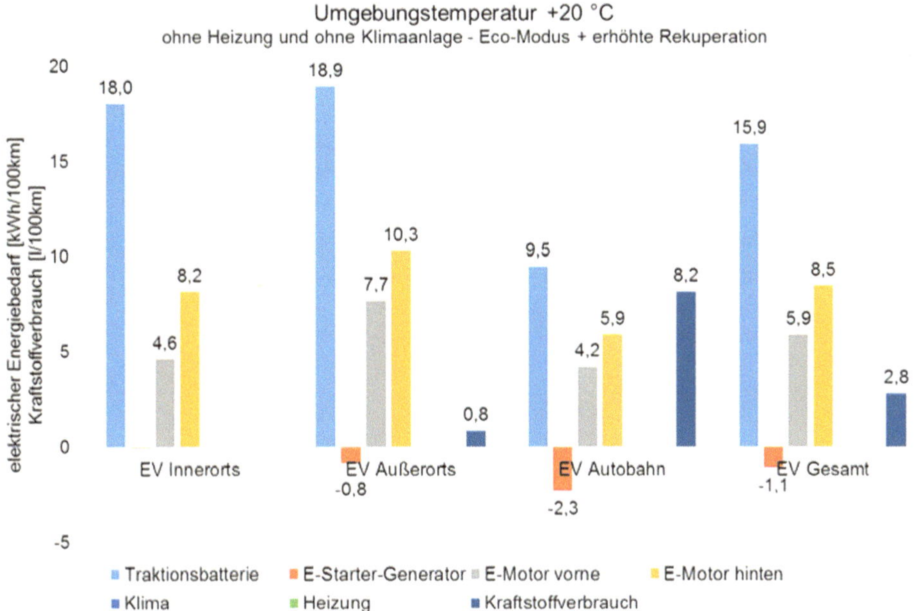

Abbildung 131: Energiebedarf im vorrangig elektrischen Fahrbetrieb bei aktiviertem Eco-Modus und erhöhter Rekuperation (Mitsubishi Outlander PHEV)

6.2.3 Toyota Prius Plug-In

Das Fahrzeug verfügt über zwei Elektromaschinen. Beide können motorisch und generatorisch betrieben werden, wobei eine der beiden Maschinen (MG2) vorrangig als Antriebsmotor und die andere (MG1) vorrangig als Generator in Verbindung mit der Otto-Verbrennungskraftmaschine eingesetzt wird. Die Übersetzung zur Antriebsachse hin erfolgt stufenlos mittels variablem Planetengetriebe. Für die Innenraumklimatisierung stehen eine elektrische Niedervoltheizung und Hochvoltklimaanlage zur Verfügung. Im Folgenden werden die Ergebnisse dieses Fahrzeuges wiedergegeben.

6.2.3.1 Elektrische Reichweite und Zustartbedingung

In **Abbildung 132**, **Abbildung 133** und **Abbildung 134** wird die elektrische Reichweite des untersuchten Fahrzeuges bei den unterschiedlichen Umgebungstemperaturen wiedergegeben. Bei einer Umgebungstemperatur von +20 °C lag diese zum Zeitpunkt des 1. Zustarts der VKM[25] bei 8 km. Der Zustart der VKM erfolgte im Außerortsabschnitt durch das Überschreiten einer Geschwindigkeit von 85 km/h. Unterhalb dieser Geschwindigkeit wurde das Fahrzeug weiter rein elektrisch betrieben. Bis zum dauerhaften Wechsel in den hybriden Fahrbetrieb wurden von insgesamt 32 km 16 km rein elektrisch zurückgelegt. Der minimale Ladezustand

---

[25] Verbrennungskraftmaschine

der Traktionsbatterie wurde nach 42 km erreicht. Bis dahin wurden 20 km rein elektrisch zurückgelegt.

Bei einer Umgebungstemperatur von 0 °C erfolgte der 1. Start der VKM unmittelbar bei der Inbetriebnahme des Fahrzeuges. Nach einer zurückgelegten Strecke von 20 km (8 km davon rein elektrisch) wechselte das Fahrzeug in den hybriden Fahrbetrieb. Bis zum Erreichen des minimalen Ladezustandes der Traktionsbatterie wurden insgesamt 42 km (davon 13 km rein elektrisch) zurückgelegt.

Bei einer Umgebungstemperatur von +30 °C war die elektrische Reichweite bis zum 1. Zustart der VKM bzw. bis zum Erreichen des minimalen Ladezustandes der Traktionsbatterie auf gleichem Niveau wie bei einer Umgebungstemperatur von +20 °C. Der Wechsel vom vorrangig elektrischen auf den hybriden Fahrbetrieb erfolgte jedoch bereits nach 18 km (davon 15 km rein elektrisch).

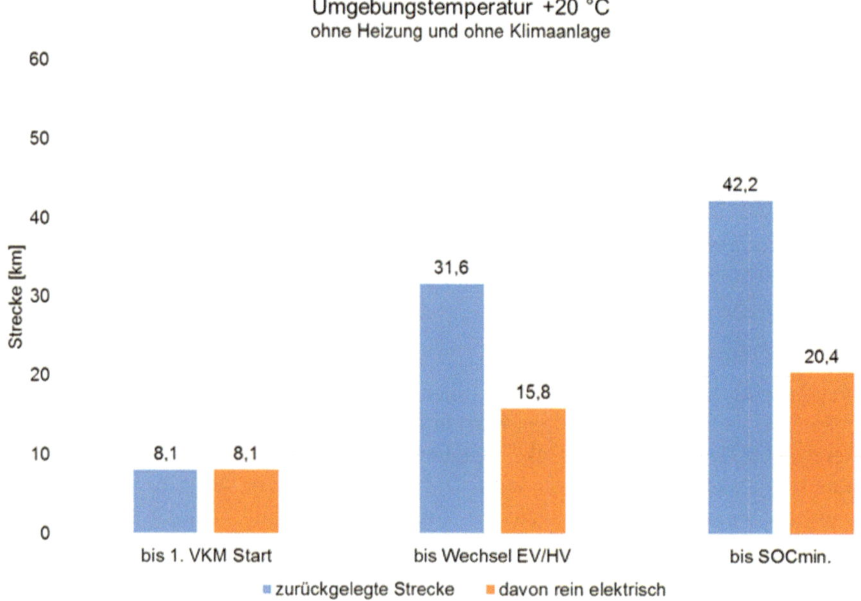

Abbildung 132: Elektrische Reichweite (Toyota Prius Plug-In), Umgebungstemperatur +20 °C

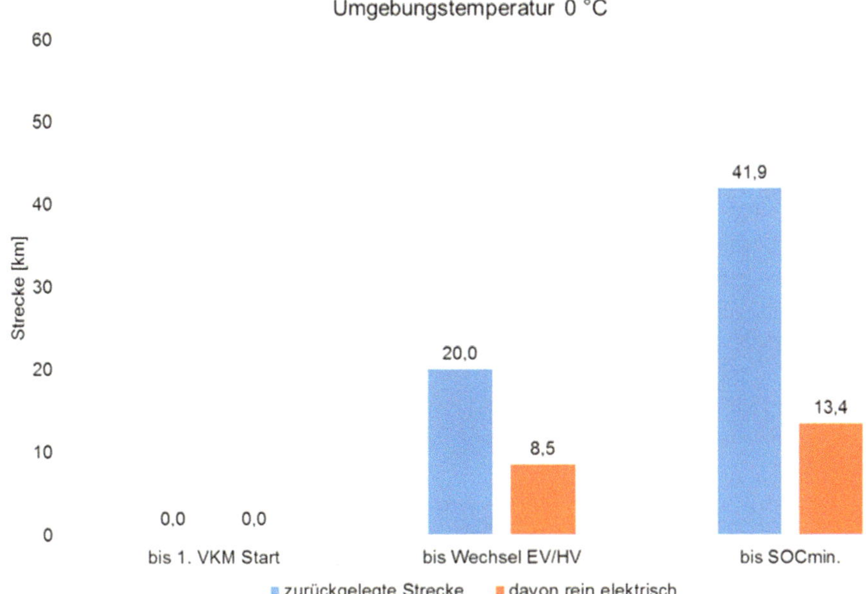

Abbildung 133: Elektrische Reichweite (Toyota Prius Plug-In), Umgebungstemperatur 0 °C

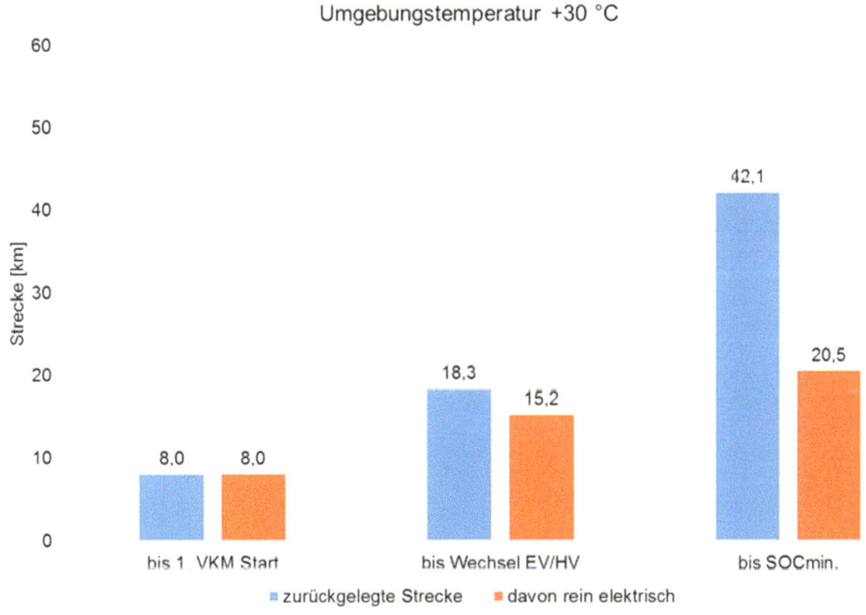

Abbildung 134: Elektrische Reichweite (Toyota Prius Plug-In), Umgebungstemperatur +30 °C

6.2.3.2 Elektrischer Energie- und Kraftstoffbedarf

Wie **Abbildung 135**, **Abbildung 136** und **Abbildung 137** zu entnehmen, ist die E-Maschine „MG2" der primäre Antriebsmotor. Die E-Maschine „MG1" wird primär als Generator eingesetzt. Beide E-Maschinen können und werden jedoch als Motor und Generator verwendet. Bei Geschwindigkeiten über 85 km/h (im Außerorts- und Autobahnabschnitt) war kein rein elektrischer Fahrbetrieb möglich, sodass Kraftstoff verbraucht wurde.

Bei einer Umgebungstemperatur von +20 °C benötigte das Fahrzeug im Eco-Test im vorrangig elektrischen Fahrbetrieb 5,6 kWh/100 km und 3,1 l/100km an Energie.

Ein rein elektrischer Fahrbetrieb konnte bei einer Umgebungstemperatur von 0 °C in keinem der drei Abschnitte (Innerorts, Außerorts und Autobahn) realisiert werden, da ab Beginn des Tests auch innerorts die Verbrennungskraftmaschine zur Heizung des Innenraums betrieben wurde. Bei dem verbauten elektrischen Heizelement handelt es sich lediglich um ein Niedervoltheizsystem mit geringer elektrischer Leistung. Insgesamt benötigte das Fahrzeug im Eco-Test im vorrangig elektrischen Fahrbetrieb 5,7 kWh/100km und 4,9 l/100km an Energie.

Bei einer Umgebungstemperatur von +30 °C sind die Ergebnisse grundsätzlich mit jenen bei +20 °C vergleichbar. Der Innerortsabschnitt konnte ebenfalls rein elektrisch absolviert werden. Zu berücksichtigen ist der Energiebedarf der Klimaanlage, sodass das Fahrzeug im Eco-Test im vorrangig elektrischen Fahrbetrieb insgesamt 5,7 kWh/100km und 2,9 l/100km an Energie benötigte.

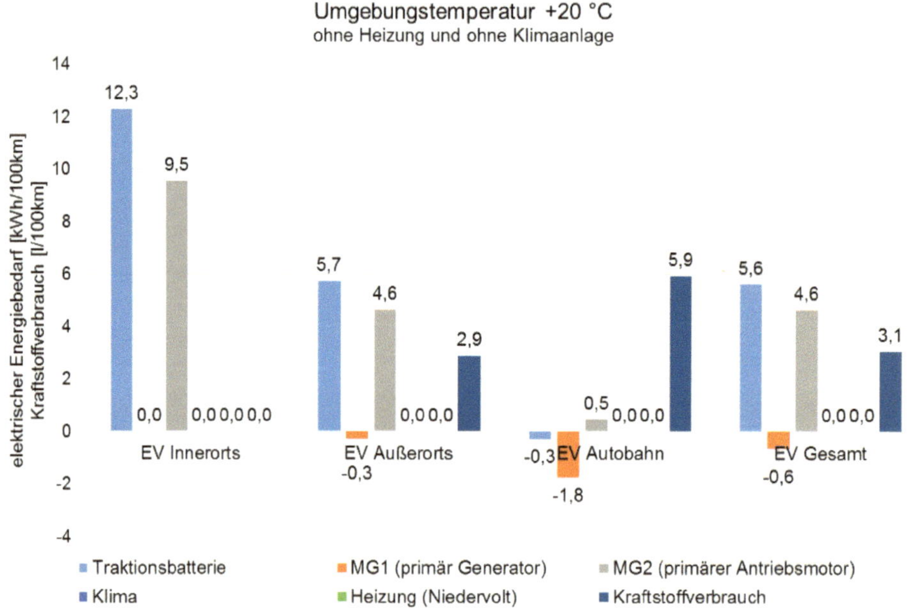

Abbildung 135: Energiebedarf im vorrangig elektrischen Fahrbetrieb (Toyota Prius Plug-In), Umgebungstemperatur +20 °C

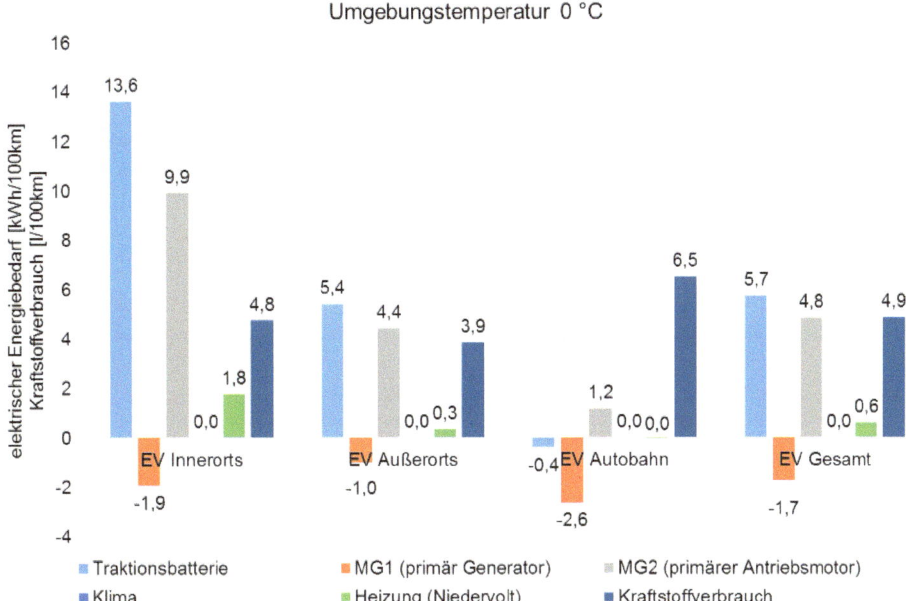

Abbildung 136: Energiebedarf im vorrangig elektrischen Fahrbetrieb (Toyota Prius Plug-In), Umgebungstemperatur 0 °C

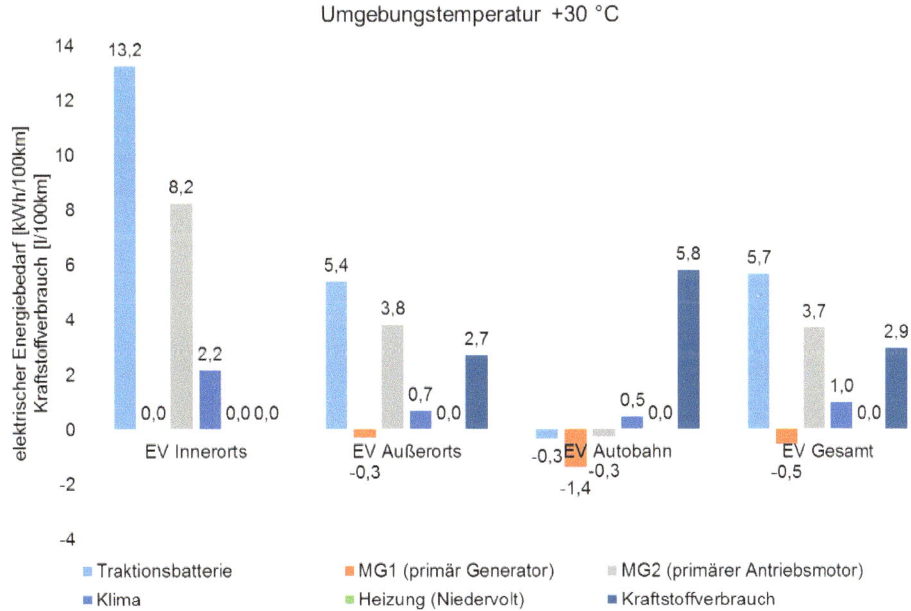

Abbildung 137: Energiebedarf im vorrangig elektrischen Fahrbetrieb (Toyota Prius Plug-In), Umgebungstemperatur +30 °C

Abbildung 138, **Abbildung 139** und **Abbildung 140** kann der Energiebedarf im hybriden Fahrbetrieb entnommen werden. Es ist festzustellen, dass der Traktionsbatterie innerorts Energie entnommen und außerorts bzw. im Autobahnabschnitt zugeführt wurde.

Bei einer Umgebungstemperatur von +20 °C lag der Kraftstoffverbrauch bei deaktivierter Innenraumklimatisierung im Eco-Test bei 5,1 l/100km. Der SOC der Traktionsbatterie (Ladung und Entladung) wurde über dem Test geringfügig angehoben.

Die Entladung der Traktionsbatterie innerorts bzw. die Ladung außerorts und im Autobahnabschnitt zeigt sich auch bei den Umgebungstemperaturen 0 und +30 °C. Die zur Heizung des Innenraums erforderliche elektrische Energie erforderte bei 0 °C innerorts einen ausgedehnten Betrieb des Generators (MG1) im Verbund mit der Verbrennungskraftmaschine. Die Heizleistung wurde jedoch primär durch den Verbrennungsmotor zur Verfügung gestellt, da es sich – wie bereits oben ausgeführt – bei dem elektrischen Heizelement um ein Niedervoltheizsystem mit geringer elektrischer Leistung handelt. Am Ende des Eco-Tests war bei 0 °C der SOC geringfügig angehoben und das Fahrzeug benötigte im hybriden Fahrbetrieb 6,3 l/100km Kraftstoff. Bei einer Umgebungstemperatur von +30 °C benötigte das Fahrzeug im Eco-Test im hybriden Fahrbetrieb 5,2 l/100km Kraftstoff.

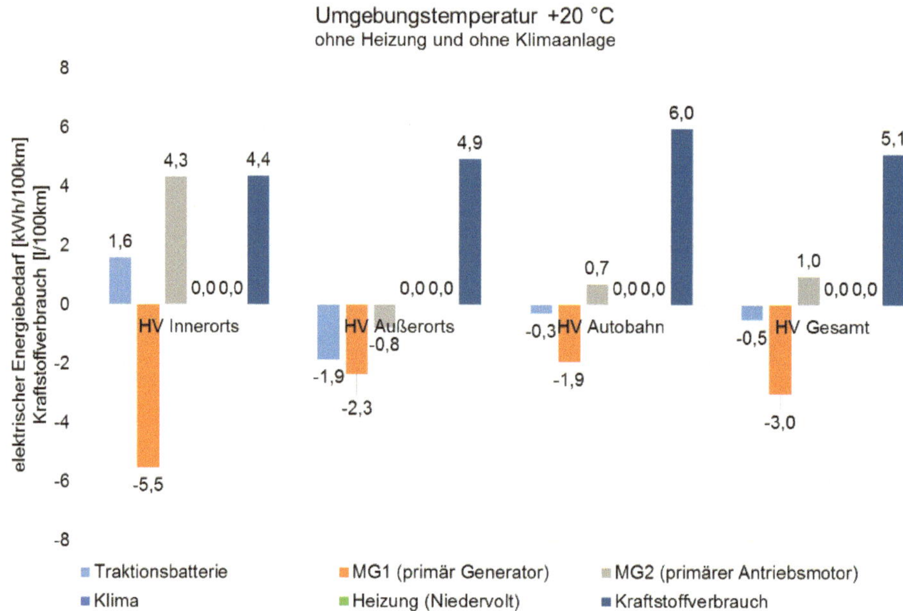

Abbildung 138: Energiebedarf im hybriden Fahrbetrieb (Toyota Prius Plug-In), Umgebungstemperatur +20 °C

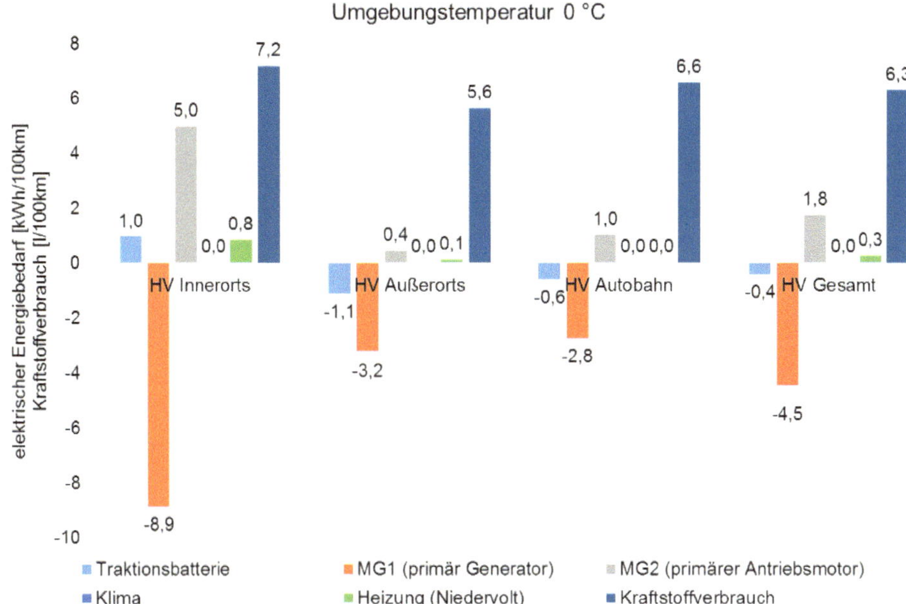

Abbildung 139: Energiebedarf im hybriden Fahrbetrieb (Toyota Prius Plug-In), Umgebungstemperatur 0 °C

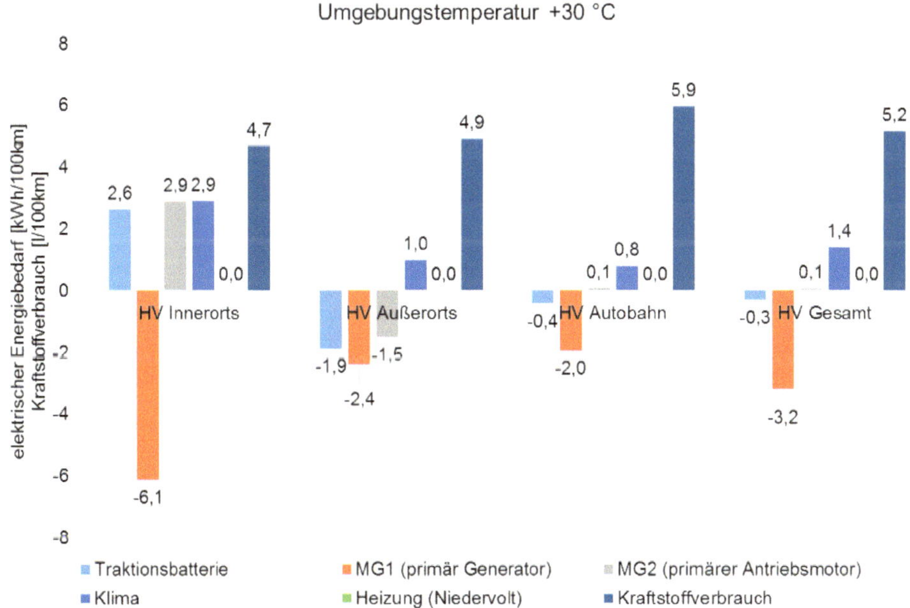

Abbildung 140: Energiebedarf im hybriden Fahrbetrieb (Toyota Prius Plug-In), Umgebungstemperatur +30 °C

Die Ergebnisse zur Analyse der Konstantfahrt-Geschwindigkeiten von 30, 50 und 70 km/h werden in **Abbildung 141** bis **Abbildung 146** wiedergegeben. Hierbei ist zu berücksichtigen, dass die Messdaten den Konstantfahrphasen des Eco-Tests entnommen wurden. Abhängig von der Umgebungs- und Innenraumtemperatur sowie der Betriebsstrategie des Fahrzeuges unterliegen die Ergebnisse Schwankungen. Die Ermittlung des Energiebedarfs während der Konstantfahrt erfolgte bei bereits klimatisiertem Innenraum bzw. betriebswarmem Fahrzeug.

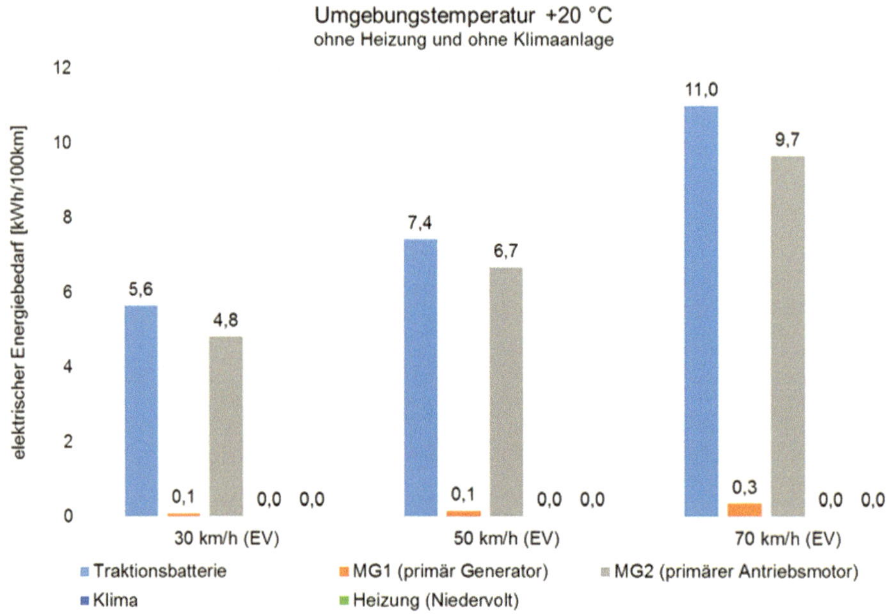

Abbildung 141: Energiebedarf bei rein elektrischer Konstantfahrt (Toyota Prius Plug-In), Umgebungstemperatur +20 °C

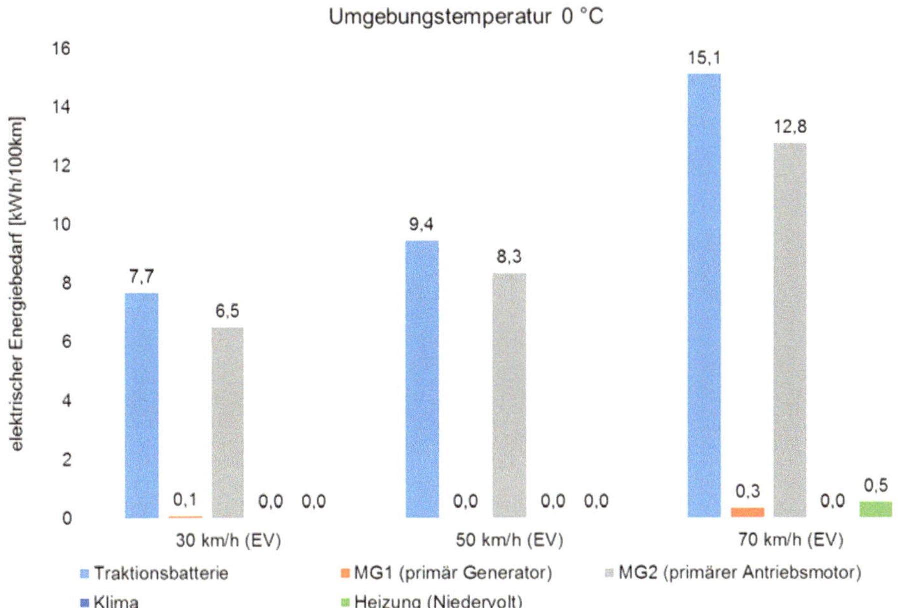

Abbildung 142: Energiebedarf bei rein elektrischer Konstantfahrt (Toyota Prius Plug-In), Umgebungstemperatur 0 °C

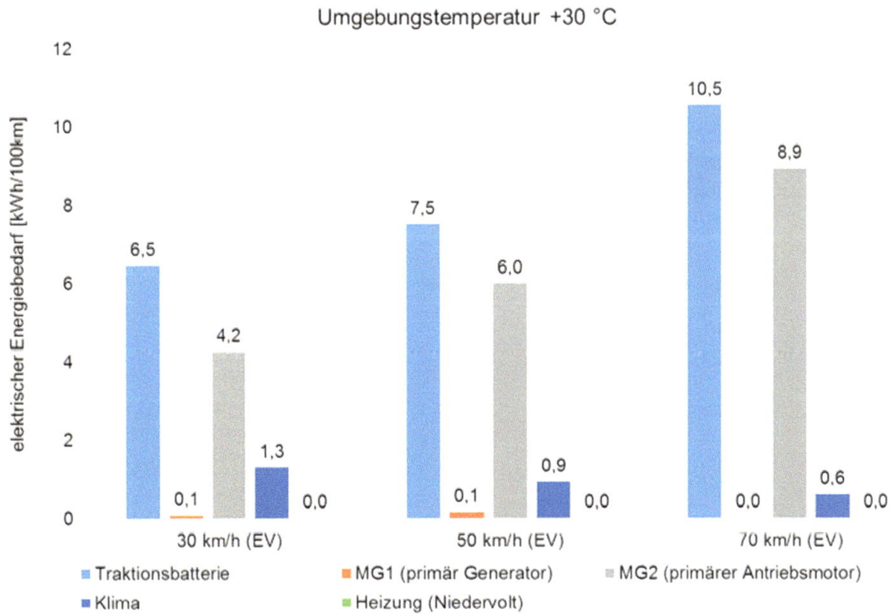

Abbildung 143: Energiebedarf bei rein elektrischer Konstantfahrt (Toyota Prius Plug-In), Umgebungstemperatur +30 °C

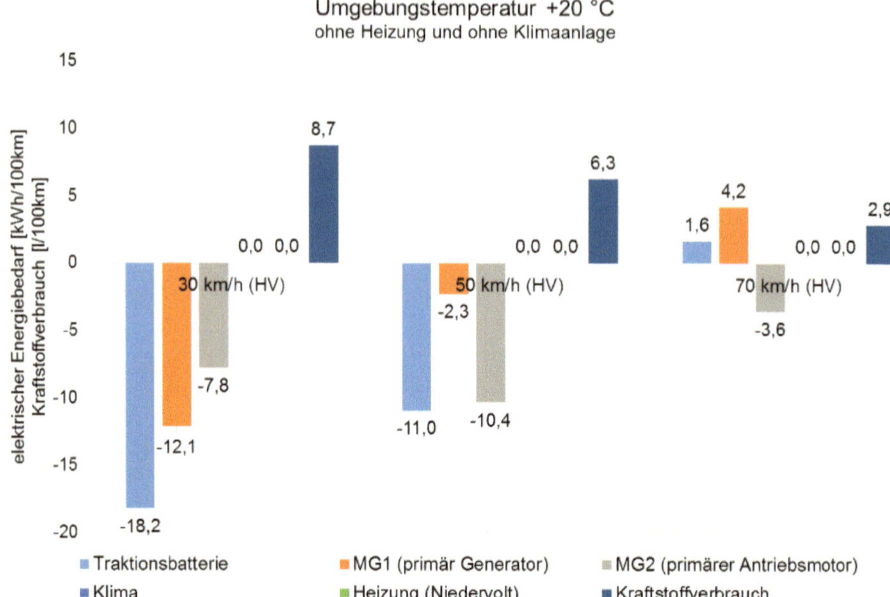

Abbildung 144: Energiebedarf bei hybrider Konstantfahrt (Toyota Prius Plug-In), Umgebungstemperatur +20 °C

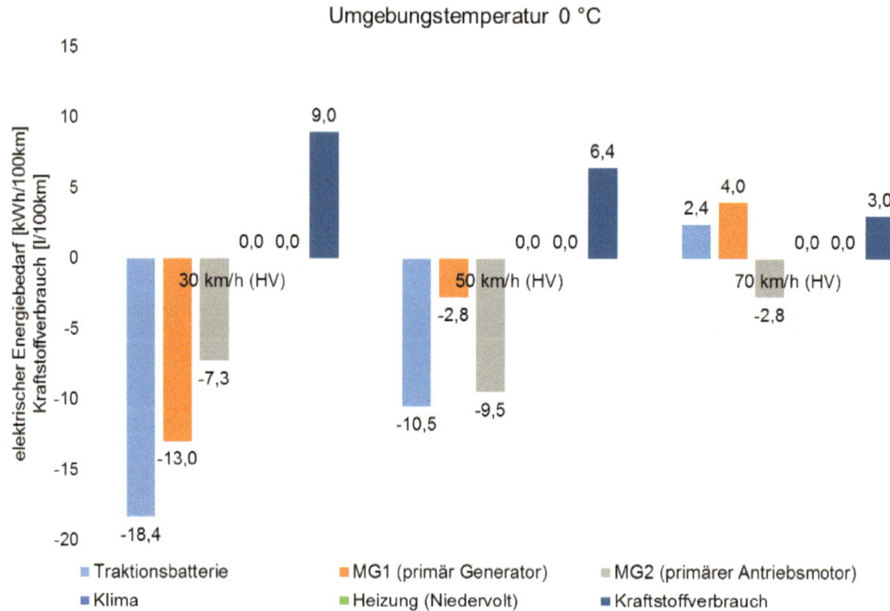

Abbildung 145: Energiebedarf bei hybrider Konstantfahrt (Toyota Prius Plug-In), Umgebungstemperatur 0 °C

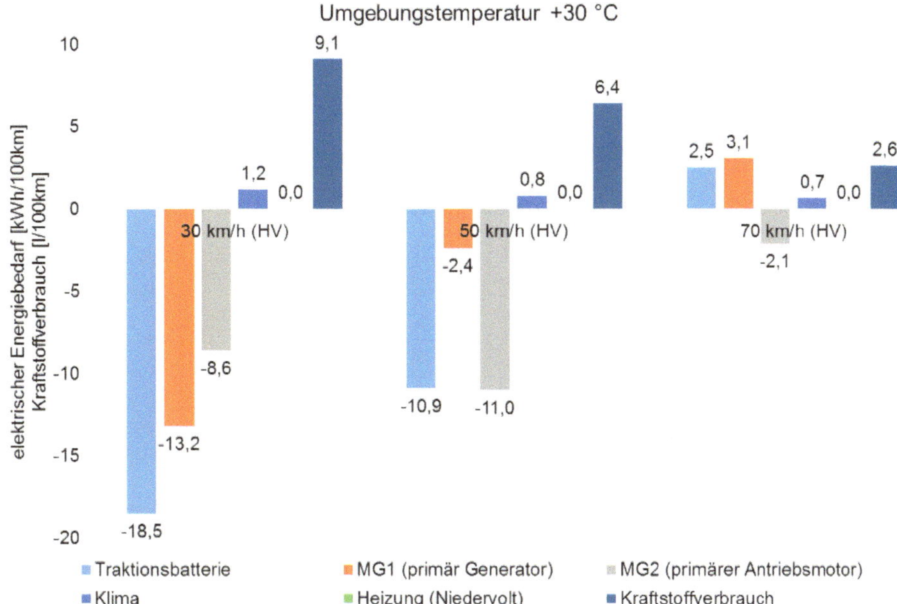

Abbildung 146: Energiebedarf bei hybrider Konstantfahrt (Toyota Prius Plug-In), Umgebungstemperatur +30 °C

6.2.3.3 Ladevorgang

Die vollständige Ladung der Traktionsbatterie (von $SOC_{min.}$ bis $SOC_{max.}$) benötigte 1 Std. 24 Min. (bei 0 °C: 1 Std. 28 Min. bzw. bei +30 °C: 1 Std. 21 Min.). Dabei wurden dem Stromnetz (Hausanschluss 230 V, 16 A) 2,8 kWh (bei 0 °C: 2,7 kWh bzw. bei +30 °C: 2,7 kWh) entnommen und 2,3 kWh (bei allen getesteten Temperaturen) der Traktionsbatterie zugeführt. Die durchschnittliche Ladeleistung (der Traktionsbatterie) betrug 1,6 kW. Es zeigte sich bei allen drei untersuchten Temperaturen ein vergleichbares Ladeverhalten ohne Aktivierung der elektrischen Heizung bzw. Klimaanlage. Nach Beendigung des Ladevorganges erfolgte keine Nachladung aus dem Stromnetz.

6.2.3.4 Wirkungsgrade

Der Wirkungsgrad des DC/DC-Wandlers (Tiefsetzsteller) ist mit 91 % anzugeben, jener des Hochsetzstellers mit 97 %, jener der Inverter mit 96 % und jener des Ladegeräts mit 87 %.

Der Traktionsbatterie konnten im Eco-Test 2,3 kWh entnommen werden. Die Bestimmung der Lade-/Entladeverluste der Traktionsbatterie war nicht möglich, da ein gezieltes Erreichen von $SOC_{min.}$ aufgrund des hybriden Fahrbetriebes nicht möglich war.

6.2.3.5 Sondermessung

Im Zuge der Sondermessung wurde bei diesem Fahrzeug das Abgaswärmenutzungssystem, welches zwischen den beiden Katalysatoren eingebaut ist, untersucht. Wie in **Abbildung 147** wiedergegeben, ist im hybriden Fahrbetrieb bei einer Umgebungstemperatur von 0 °C im Eco-Test eine Wärmerückgewinnung im Ausmaß von 1,9 kWh/100km darstellbar.

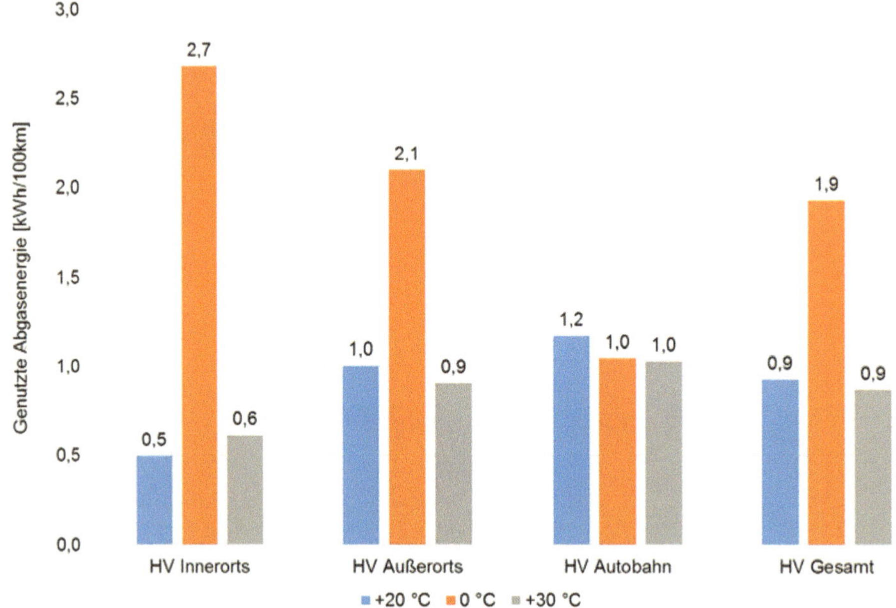

Abbildung 147: Abgaswärmenutzung im hybriden Fahrbetrieb (Toyota Prius Plug-In)

6.2.4 Volvo V60 PHEV

Das Fahrzeug verfügt über zwei Elektromaschinen. Die auf der Hinterachse verbaute kann motorisch und generatorisch betrieben werden. Die vorne verbaute wird als Generator in Verbindung mit der Diesel-Verbrennungskraftmaschine eingesetzt. Die Übersetzung zur Antriebsachse hin erfolgt mittels 6-Gang Planetengetriebe. Für die Innenraumklimatisierung stehen eine elektrische Niedervoltheizung (max. 1,5 kW) und Hochvoltklimaanlage zur Verfügung. Im Folgenden werden die Ergebnisse dieses Fahrzeuges wiedergegeben.

6.2.4.1 Elektrische Reichweite und Zustartbedingung

Die elektrische Reichweite bis zum 1. Zustart der VKM bei unterschiedlichen Umgebungstemperaturen wird in **Abbildung 148**, **Abbildung 149** und **Abbildung 150** dargestellt. Bei einer Umgebungstemperatur von +20 °C ist die elektrische Reichweite mit 20 km anzugeben. Der Zustart der VKM erfolgte im Außerortsabschnitt in der Beschleunigungsphase über 95 km/h beim Erreichen der maximalen Leistung der E-Maschine. Nach der Beschleunigungsphase wurde der rein elektrische Betrieb fortgesetzt und im Autobahnabschnitt wieder unterbrochen. Insgesamt wurden 53 km zurückgelegt (davon 42 km rein elektrisch), bevor das Fahrzeug dauerhaft in den hybriden Fahrbetrieb wechselte. Der Wechsel in den hybriden Fahrbetrieb erfolgte zeitgleich mit dem Erreichen des minimalen Ladezustandes der Traktionsbatterie.

Bei einer Umgebungstemperatur von 0 °C erfolgte der 1. Start der VKM nach 4,1 km. Nach einer zurückgelegten Strecke von 40 km (31 km davon rein elektrisch) wechselte das Fahrzeug in den hybriden Fahrbetrieb und erreichte den minimalen Ladezustand.

Bei einer Umgebungstemperatur von +30 °C zeigten sich mit +20 °C vergleichbare Werte. Die elektrische Reichweite bis zum 1. Zustart der VKM ist mit 20 km und die elektrische Reichweite bis zum dauerhaften Wechsel in den hybriden Fahrbetrieb mit 31 km anzugeben. Das Erreichen des minimalen Ladezustandes der Traktionsbatterie erfolgte zeitgleich mit dem Wechsel vom vorrangig elektrischen zum hybriden Fahrbetrieb.

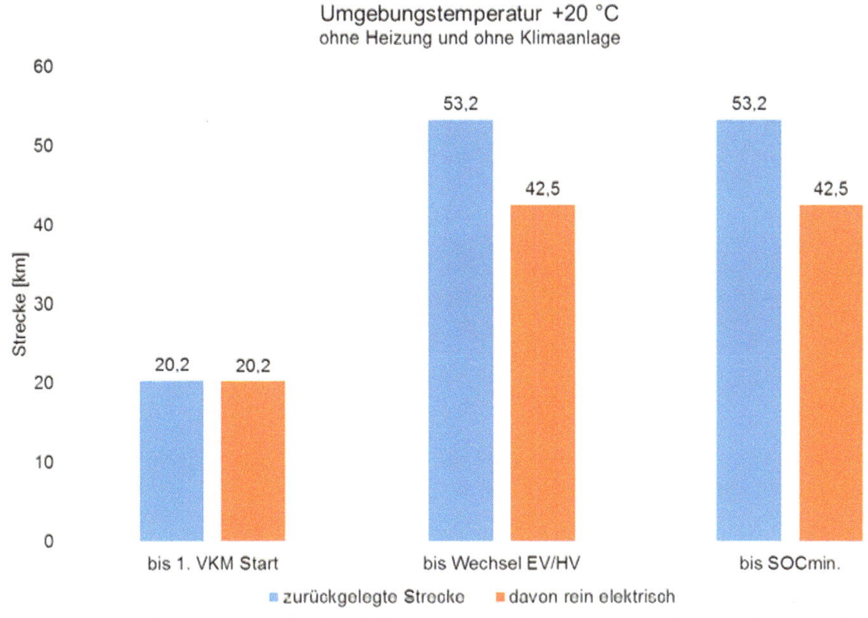

Abbildung 148: Elektrische Reichweite (Volvo V60 PHEV), Umgebungstemperatur +20 °C

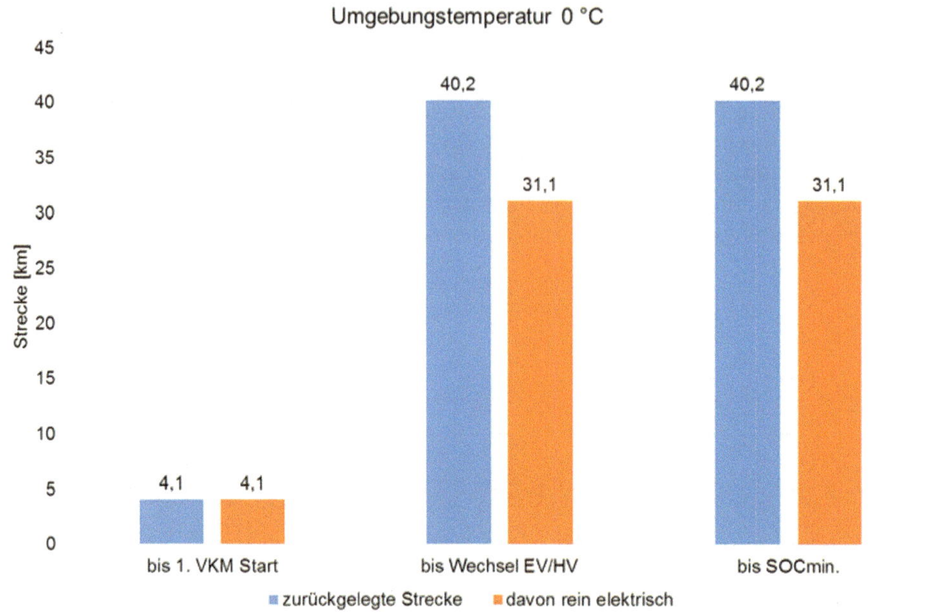

Abbildung 149: Elektrische Reichweite (Volvo V60 PHEV), Umgebungstemperatur 0 °C

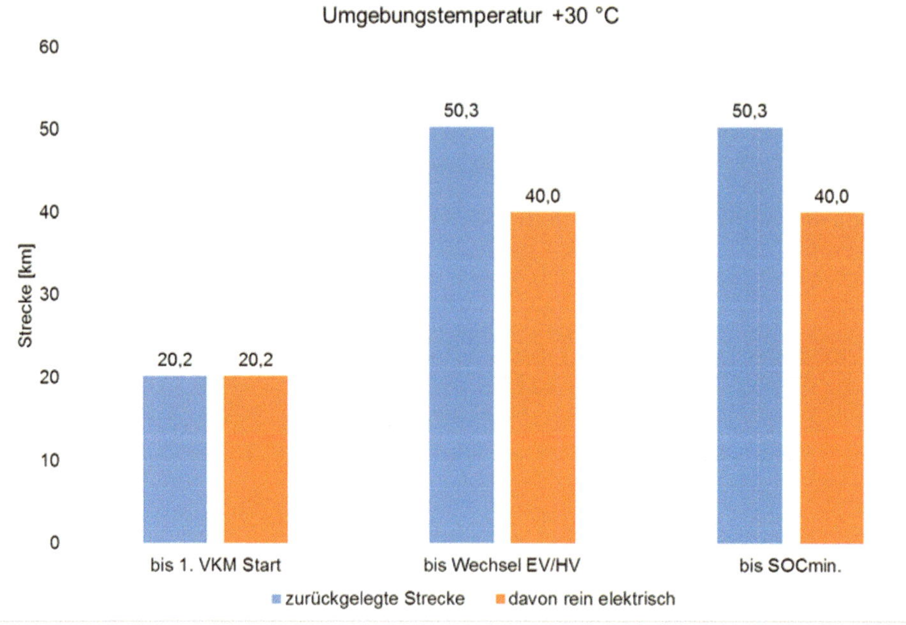

Abbildung 150: Elektrische Reichweite (Volvo V60 PHEV), Umgebungstemperatur +30 °C

6.2.4.2 Elektrischer Energie- und Kraftstoffbedarf

Wie **Abbildung 151**, **Abbildung 152** und **Abbildung 153** entnommen werden kann, wurde bei einer Umgebungstemperatur von +20 °C und deaktivierter Innenraumklimatisierung der Innerortsabschnitt rein elektrisch absolviert. Im Außerorts- und Autobahnabschnitt wurde aufgrund des Erreichens der maximalen Leistung der E-Maschine teilweise die VKM zugeschaltet und das Fahrzeug trotz ausreichendem Ladezustand der Traktionsbatterie hybridisch betrieben. Insgesamt benötigte das Fahrzeug im Eco-Test im vorrangig elektrischen Fahrbetrieb 14,7 kWh/100km und 2,2 l/100km an Energie.

Ein rein elektrischer Fahrbetrieb konnte bei einer Umgebungstemperatur von 0 °C im Innerortsabschnitt realisiert werden. Im vorrangig elektrischen Fahrbetrieb (Außerorts und Autobahn) wurde trotz Betrieb der VKM der E-Starter-Generator nicht zur Energieerzeugung eingesetzt. Die elektrische Niedervoltheizung leistet max. rund 1,5 kW. Insgesamt benötigte das Fahrzeug im Eco-Test im vorrangig elektrischen Fahrbetrieb 19,3 kWh/100km und 2,4 l/100km an Energie.

Bei einer Umgebungstemperatur von +30 °C konnte der Innerortsabschnitt rein elektrisch absolviert werden. Der Energiebedarf lag aufgrund der aktiven Klimaanlage entsprechend höher, sodass das Fahrzeug im Eco-Test im vorrangig elektrischen Fahrbetrieb insgesamt 15,4 kWh/100km und 2,1 l/100km an Energie benötigte.

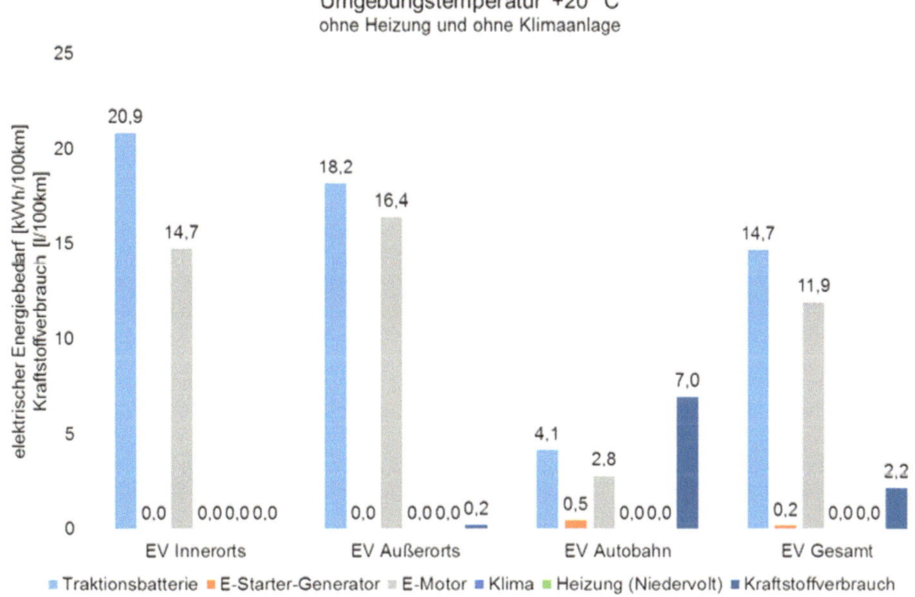

Abbildung 151: Energiebedarf im vorrangig elektrischen Fahrbetrieb (Volvo V60 PHEV), Umgebungstemperatur +20 °C

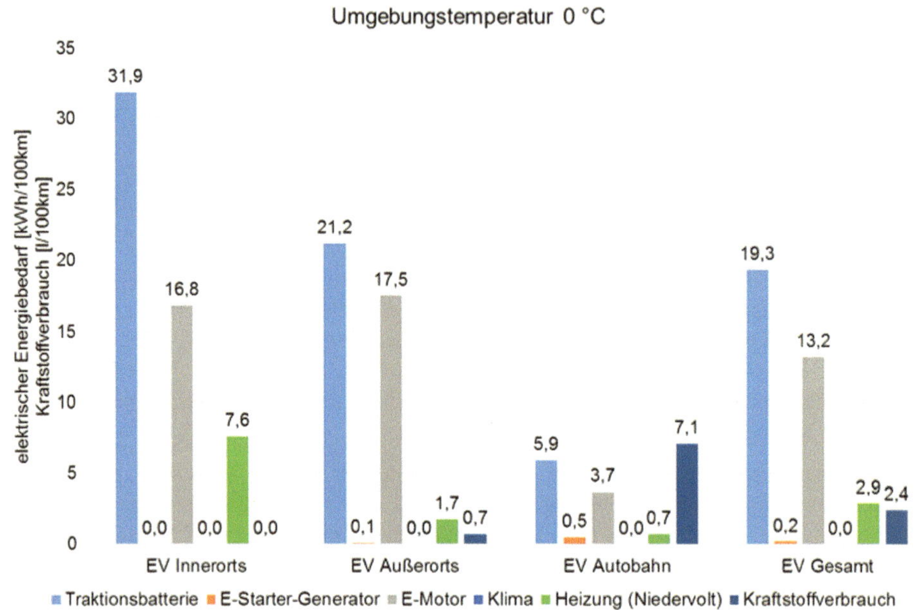

Abbildung 152: Energiebedarf im vorrangig elektrischen Fahrbetrieb (Volvo V60 PHEV), Umgebungstemperatur 0 °C

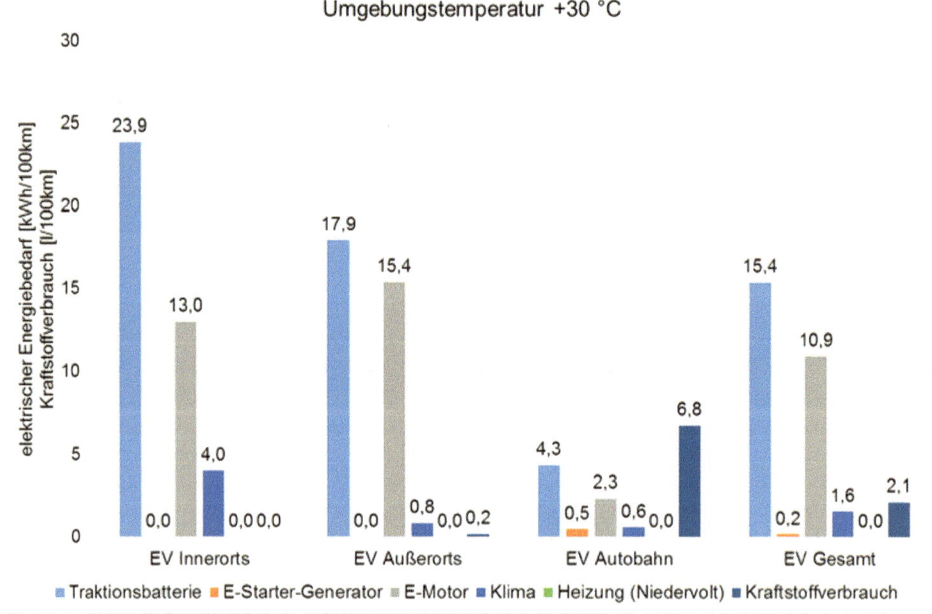

Abbildung 153: Energiebedarf im vorrangig elektrischen Fahrbetrieb (Volvo V60 PHEV), Umgebungstemperatur +30 °C

Abbildung 154, **Abbildung 155** und **Abbildung 156** kann der Energiebedarf im hybriden Fahrbetrieb entnommen werden. Es ist festzustellen, dass innerorts bei Umgebungstemperaturen von +20 °C und +30 °C mehr Energie durch die Traktionsbatterie bereitgestellt wurde als bei einer Umgebungstemperatur von 0 °C. Dadurch lag der Kraftstoffverbrauch bei 0 °C innerorts entsprechend höher.

Bei einer Umgebungstemperatur von +20 °C lag der Kraftstoffverbrauch bei deaktivierter Innenraumklimatisierung im Eco-Test bei 6,3 l/100km. Der SOC der Traktionsbatterie (Ladung und Entladung) war über dem Test etwa ausgeglichen.

Die Innenraumheizung erfolgte bei einer Umgebungstemperatur von 0 °C anfangs (innerorts) elektrisch. Außerorts und im Autobahnabschnitt wurde der Innenraum nahezu vollständig durch die Abwärme der VKM geheizt. Am Ende des Eco-Tests war der SOC etwas gestiegen und das Fahrzeug benötigte im hybriden Fahrbetrieb 8,0 l/100km Kraftstoff.

Die Kühlung des Innenraums erfolgte im Gegensatz zur Heizung ständig elektrisch, sodass sich dadurch ein entsprechend höherer elektrischer Energiebedarf ergab. Insgesamt benötigte das Fahrzeug im Eco-Test bei einer Umgebungstemperatur von +30 °C im hybriden Fahrbetrieb 6,8 l/100km Kraftstoff.

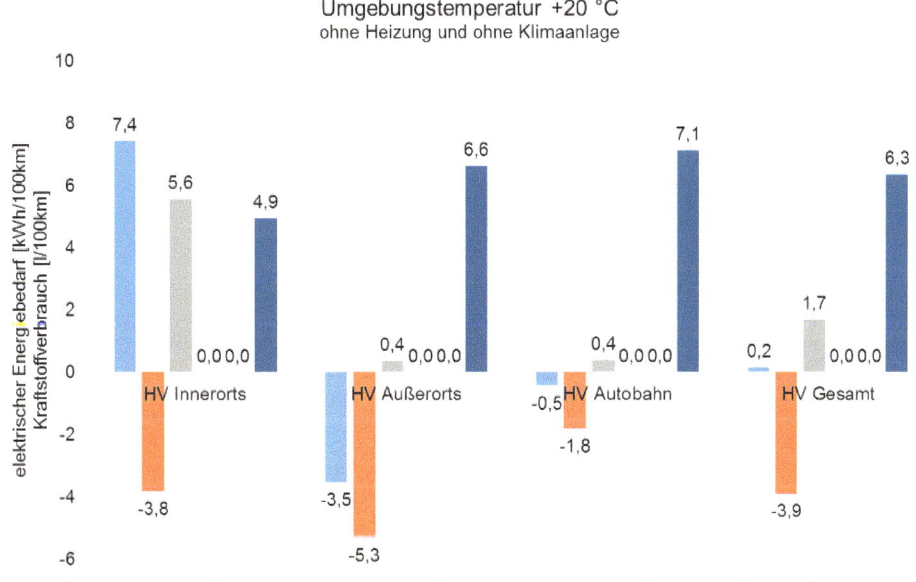

Abbildung 154: Energiebedarf im hybriden Fahrbetrieb (Volvo V60 PHEV), Umgebungstemperatur +20 °C

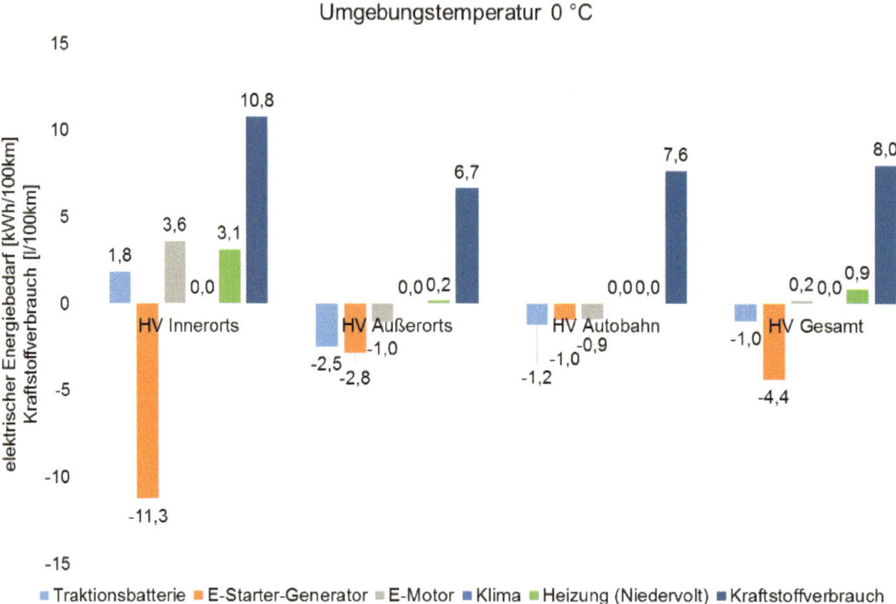

Abbildung 155: Energiebedarf im hybriden Fahrbetrieb (Volvo V60 PHEV), Umgebungstemperatur 0 °C

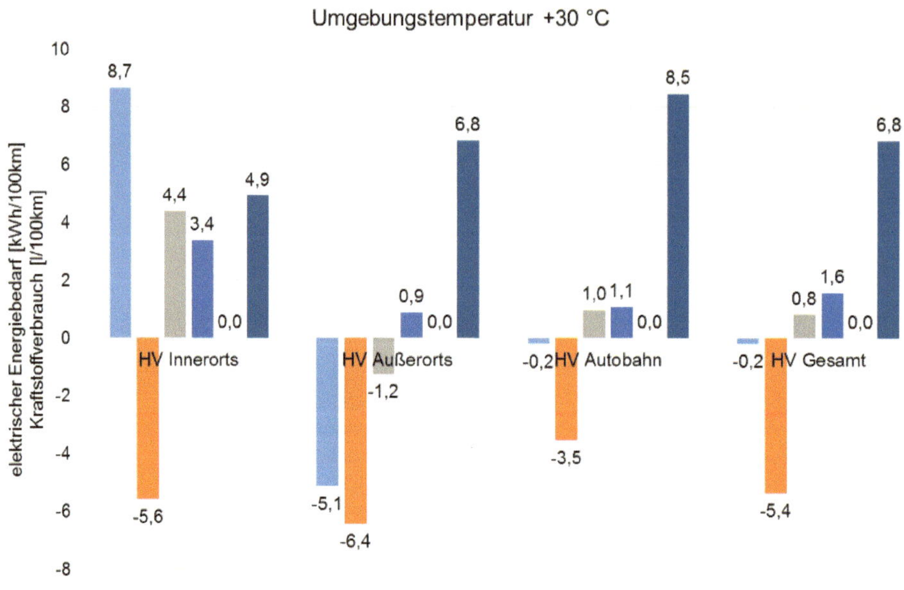

Abbildung 156: Energiebedarf im hybriden Fahrbetrieb (Volvo V60 PHEV), Umgebungstemperatur +30 °C

Die Ergebnisse zur Analyse der Konstantfahrt-Geschwindigkeiten von 30, 50 und 70 km/h werden in **Abbildung 157** bis **Abbildung 162** wiedergegeben. Hierbei ist zu berücksichtigen, dass die Messdaten den Konstantfahrphasen des Eco-Tests entnommen wurden. Abhängig von der Umgebungs- und Innenraumtemperatur sowie der Betriebsstrategie des Fahrzeuges unterliegen die Ergebnisse Schwankungen.

Die Ermittlung des Energiebedarfs während der Konstantfahrt erfolgte für den vorrangig elektrischen Fahrbetrieb bei bereits klimatisiertem Innenraum bzw. betriebswarmem Fahrzeug. Das elektrische Beheizen des Innenraumes war nicht erforderlich, da die erforderliche Wärmeenergie dem bereits aufgeheizten Kühlkreislauf der VKM entnommen wurde. Die rein elektrisch arbeitende Klimaanlage wurde auch während der Konstantfahrt betrieben. Selbiges trifft auf den hybriden Fahrbetrieb zu.

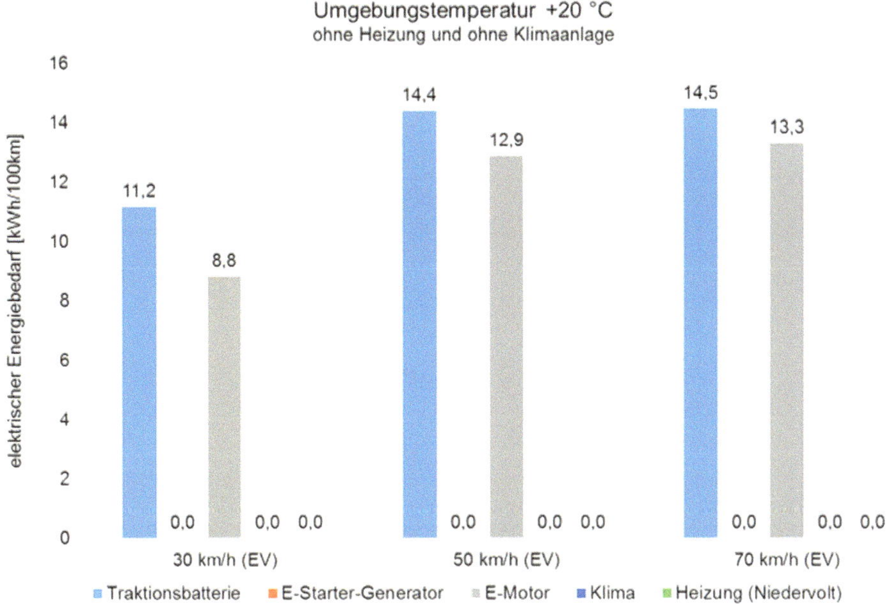

Abbildung 157: Energiebedarf bei rein elektrischer Konstantfahrt (Volvo V60 PHEV), Umgebungstemperatur +20 °C

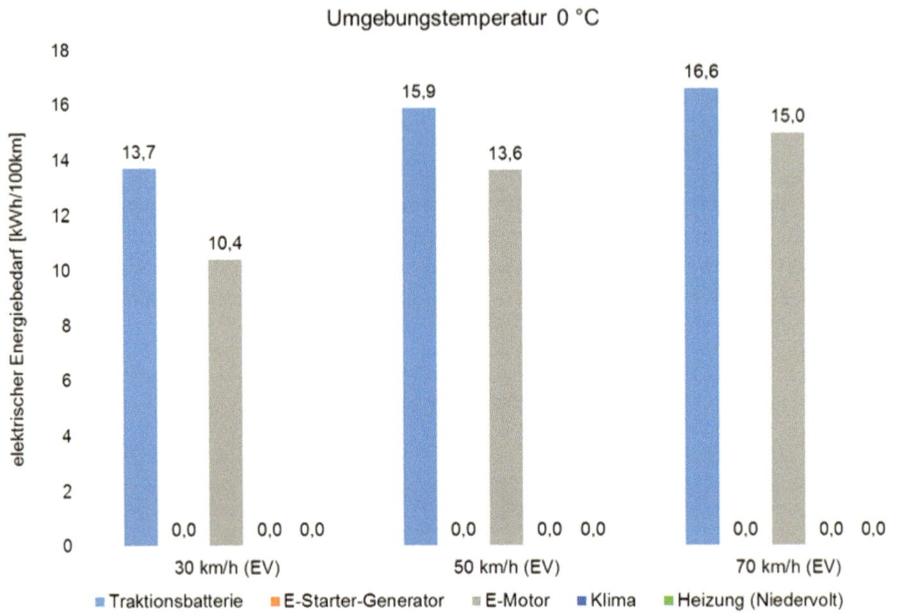

Abbildung 158: Energiebedarf bei rein elektrischer Konstantfahrt (Volvo V60 PHEV), Umgebungstemperatur 0 °C

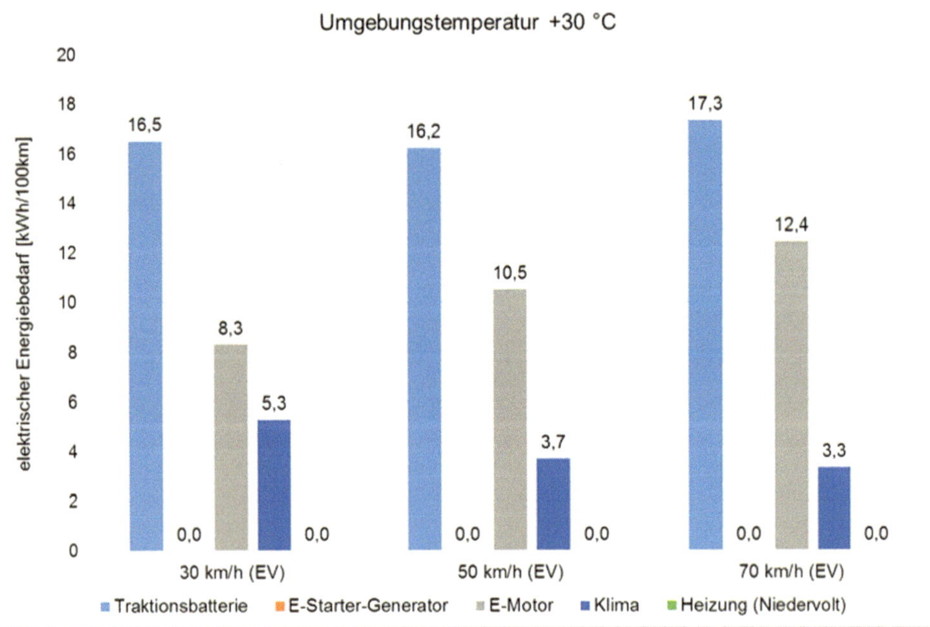

Abbildung 159: Energiebedarf bei rein elektrischer Konstantfahrt (Volvo V60 PHEV), Umgebungstemperatur +30 °C

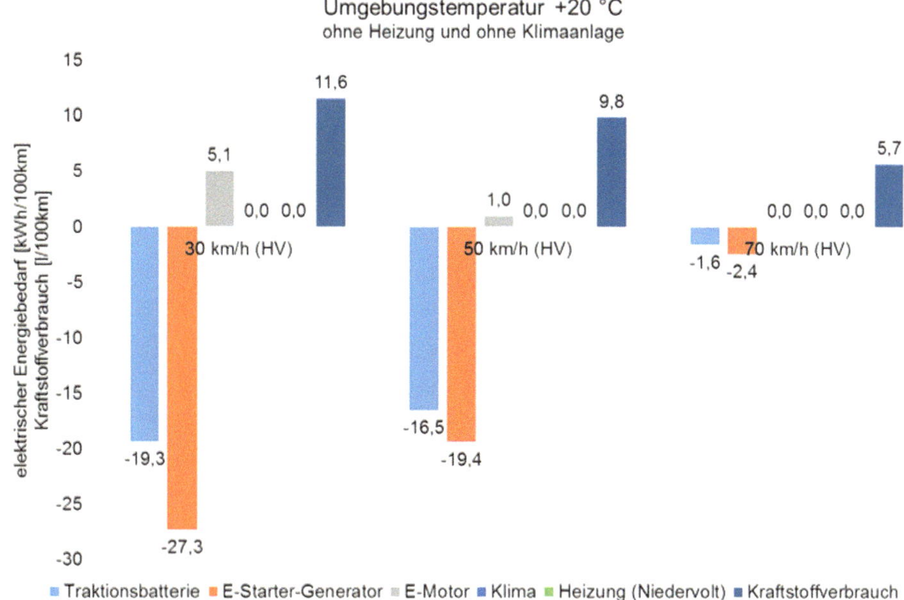

Abbildung 160: Energiebedarf bei hybrider Konstantfahrt (Volvo V60 PHEV), Umgebungstemperatur +20 °C

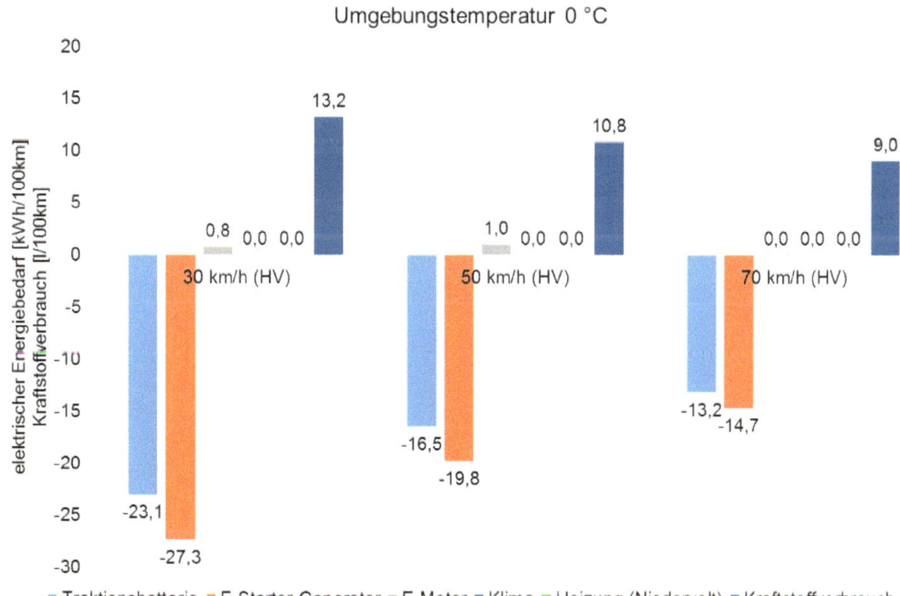

Abbildung 161: Energiebedarf bei hybrider Konstantfahrt (Volvo V60 PHEV), Umgebungstemperatur 0 °C

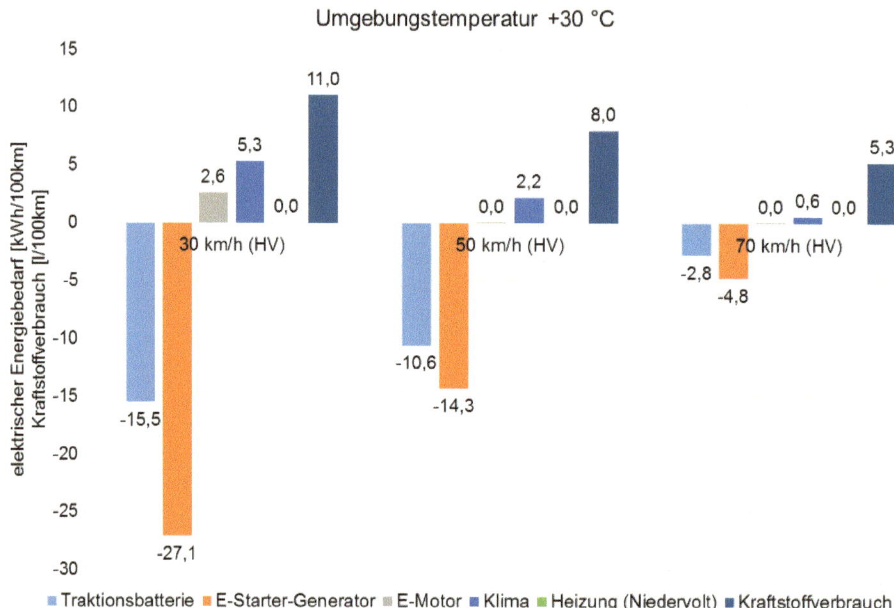

Abbildung 162: Energiebedarf bei hybrider Konstantfahrt (Volvo V60 PHEV), Umgebungstemperatur +30 °C

6.2.4.3 Ladevorgang

Die vollständige Ladung der Traktionsbatterie (von $SOC_{min.}$ bis $SOC_{max.}$) benötigte bei +20 °C 3 Std. 40 Min. (bei 0 °C: 3 Std. 14 Min. bzw. bei +30 °C: 3 Std. 46 Min.). Dabei wurden dem Stromnetz (Hausanschluss 230 V, 16 A) 10 kWh (bei 0 °C: 9,3 kWh bzw. bei +30 °C: 10,4 kWh) entnommen und 8,5 kWh (bei 0 °C: 8,7 kWh bzw. bei +30 °C: 8,1 kWh) der Traktionsbatterie zugeführt. Die durchschnittliche Ladeleistung (der Traktionsbatterie) betrug 2,3 kW. Die elektrische Heizung bzw. Klimaanlage war während der Ladung nicht aktiv. Nach Beendigung des Ladevorganges erfolgte keine Nachladung aus dem Stromnetz.

6.2.4.4 Wirkungsgrade

Der Wirkungsgrad des DC/DC-Wandlers (Tiefsetzsteller) ist im Mittel mit 86 %, jener der Inverter (Leistungs- und Steuerelektronik) mit 96 % und der des Ladegeräts mit durchschnittlich 92 % anzugeben.

Der Traktionsbatterie konnten im Eco-Test 8,3 kWh (bei 0 °C: 7,9 kWh bzw. bei +30 °C: 8,3 kWh) entnommen werden. Die Bestimmung der Lade-/Entladeverluste der Traktionsbatterie war nicht möglich, da ein gezieltes Erreichen von $SOC_{min.}$ aufgrund des hybriden Fahrbetriebes nicht möglich war.

6.2.4.5 Sondermessung

Im Zuge der Sondermessung wurde bei diesem Fahrzeug der zusätzliche Kraftstoffverbrauch des verbauten Dieselbrenners untersucht. Der Brenner wurde bei einer Umgebungstemperatur von 0 °C automatisch aktiviert. Der Betrieb erfolgte jedoch für relativ kurze Zeit. Nach dem Fahrtantritt wurde der Brenner mit rund 1 Min. Verzögerung aktiviert und lief rund 2 Min. Dabei wurde ein spezifischer Verbrauch von 0,45 l/h ermittelt.

6.3 Fazit

Es zeigte sich bei den untersuchten Fahrzeugen, dass **technische Restriktionen einen rein elektrischen Fahrbetrieb bis zum minimalen Ladezustand** der Traktionsbatterie **unterbinden**. Gründe dafür sind das Erreichen der maximalen Leistung der elektrischen Antriebsmaschinen bzw. der Traktionsbatterien oder konstruktive Einschränkungen. Die analysierten Fahrzeuge werden somit (bei „voller" Traktionsbatterie) nicht zunächst rein elektrisch betrieben und im Anschluss (bei „leerer" Traktionsbatterie) hybridisch. Bei geladener Traktionsbatterie kann daher von einem vorrangig elektrischen Fahrbetrieb gesprochen werden, welcher unter den genannten Rahmenbedingungen vorrübergehend unterbrochen wird.

Im direkten Vergleich, dargestellt in **Abbildung 163**, kann gezeigt werden, dass die untersuchten Fahrzeuge bei einer Umgebungstemperatur von +20 °C rund 40 km (Toyota Prius Plug-In 16 km) rein elektrisch zurücklegen, bevor vom vorrangig elektrischen in den hybriden Fahrbetrieb gewechselt wird.

Bei allen Fahrzeugen zeigt sich ein **lediglich geringer Einfluss der Klimaanlage** (bei einer Umgebungstemperatur von +30 °C) **auf die elektrische Reichweite** – dies aufgrund der geringen mittleren elektrischen Leistungen der Klimaanlagen von 0,4 bis 0,8 kW.

Bei einer **Umgebungstemperatur von 0 °C reduziert** sich **die elektrische Reichweite** primär aufgrund der Heizung des Innenraumes **um rund 50 %**. Davon ausgenommen ist der Volvo V60 PHEV. Die in Relation betrachtet geringe Reduktion der elektrischen Reichweite bei diesem Fahrzeug ist damit zu begründen, dass eine geringere elektrische Heizleistung (im Mittel 1,2 kW im Vergleich zu 3 kW beim Mitsubishi Outlander PHEV) aufgewendet wird, um den Fahrzeuginnenraum zu heizen. Die geforderte Innenraumtemperatur von +22 °C wird durch diese Maßnahme entsprechend später erreicht.

Weiters wird in der Abbildung die „Nutzung" der verbauten Kapazität der Traktionsbatterie als elektrische Reichweite je verbauter Kilowattstunde angeführt. Es kann festgestellt werden, dass im Audi A3 etron die **„effektivste Nutzung" der Traktionsbatterie mit 4,6 km je verbauter kWh** erfolgt.

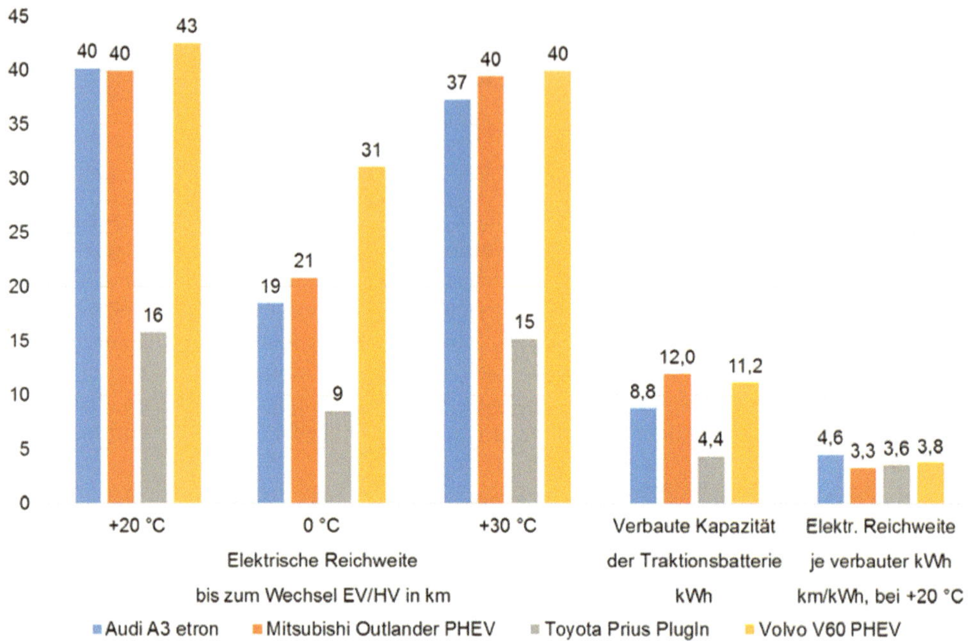

Abbildung 163: Elektrische Reichweite der untersuchen Fahrzeuge

Wird der Energiebedarf (elektrisch und Kraftstoff) der Fahrzeuge verglichen, ergibt sich die in **Abbildung 164** wiedergegebene Darstellung. Wie bereits bei der Betrachtung der elektrischen Reichweite (vorige Abbildung) festgestellt, sind die **Ergebnisse bei +20 °C und +30 °C gut vergleichbar**. Der geringe Energiebedarf der Klimaanlage und der geringfügig niedrigere Antriebsenergiebedarf führen insgesamt zu vergleichbaren Verbräuchen (elektrisch und Kraftstoff). **Bei einer Umgebungstemperatur von 0 °C** liegt der **Energiebedarf** (elektrisch und Kraftstoff) **tendenziell höher**. Dies resultiert aus der elektrischen Heizleistung, dem Betrieb der Verbrennungskraftmaschine zu Heizzwecken und dem bei 0 °C höheren Antriebsenergiebedarf. Bei +30 °C und 0 °C wirkt sich zudem der Energiebedarf des Niedervoltsystems (aufgrund des Gebläses zur Innenraumklimatisierung) verbrauchserhöhend aus. Beim Vergleich der Kraftstoffverbräuche ist zu bedenken, dass das Fahrzeug Volvo V60 PHEV mit Dieselkraftstoff betrieben wird.

Das Verhältnis zwischen eingesetzter elektrischer Energie und eingesetztem Kraftstoff ist bei den untersuchten Fahrzeugen auf vergleichbarem Niveau. Davon auszunehmen ist der Toyota Prius Plug-In, welcher aufgrund der verbauten Kapazität der Traktionsbatterie und der technischen Restriktionen weniger elektrische Energie und mehr Kraftstoff für die Absolvierung des Eco-Tests im vorrangig elektrischen Fahrbetrieb einsetzt. Auf das vom Durchschnitt abweichende Verhältnis zwischen elektrischer Energie und Kraftstoff des Volvo V60 PHEV (bei einer Umgebungstemperatur von 0 °C) wurde in Kapitel 6.2.4 eingegangen.

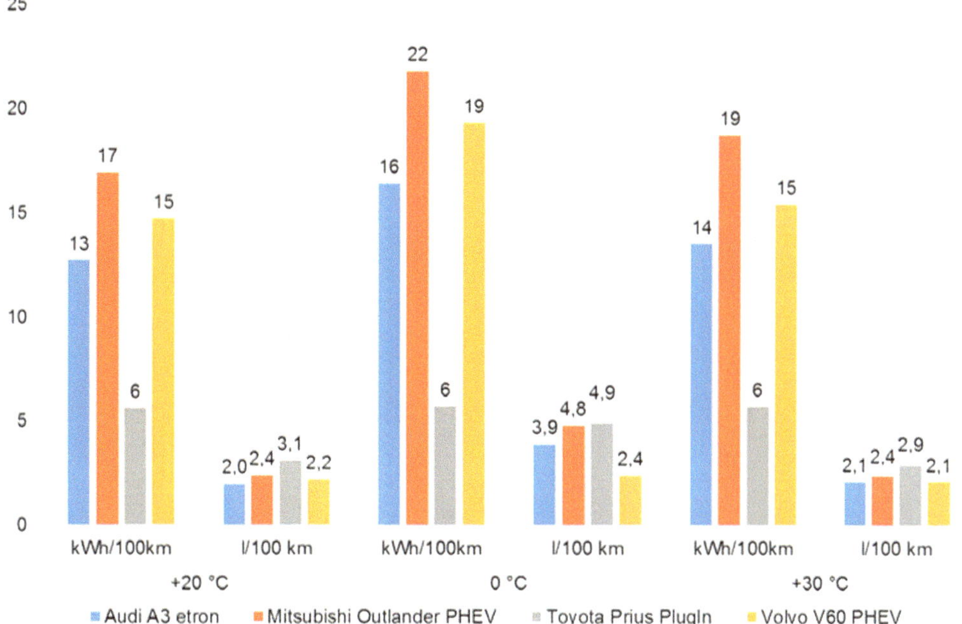

Abbildung 164: Energiebedarf im Eco-Test im vorrangig elektrischen Fahrbetrieb
(elektrische Energie in kWh/100 km ab Traktionsbatterie)

Wie dargestellt, **unterscheiden sich die Konzepte der vier untersuchten Plug In-Fahrzeuge deutlich.** Neben einer abweichenden Anzahl und einem unterschiedlichen Einsatz der verbauten Elektromaschinen weichen auch die Leistungen der Otto- bzw. Diesel-Verbrennungskraftmaschinen, die verbauten Kapazitäten der Traktionsbatterien, die Arten an Getrieben und die Arten und der Einsatz der Innenraumheizungen voneinander ab.

Weiters sind die Fahrzeuge **unterschiedlichen Fahrzeugklassen** zuzuordnen, sodass insgesamt ein **guter Überblick** zu den Potenzialen von Plug-In Fahrzeugen gegeben werden kann.

Im Gegensatz zum Toyota Prius Plug-In liegt das Verhältnis zwischen elektrischem und verbrennungsmotorischem Fahrbetrieb im Eco-Test bei den Fahrzeugen Audi A3 etron, Mitsubishi Outlander PHEV und Volvo V60 PHEV verstärkt auf dem elektrischen Antrieb.

Es konnte weiters gezeigt werden, dass der **Kraftstoffverbrauch auch im praktischen Einsatz** (repräsentiert durch den Eco-Test) **durch Plug-In Fahrzeuge deutlich gesenkt** werden kann. Wird der erforderliche Strom zum Betrieb der Fahrzeuge regenerativ gewonnen, kann hierdurch ein **deutlicher Beitrag zur Treibhausgasreduktion** geleistet werden.

Um auch bei niedrigen Umgebungstemperaturen ausreichend elektrische Reichweite zur Verfügung zu haben, wäre es begrüßenswert, wenn die **Kapazität der Traktionsbatterien entsprechend erhöht** werden würden.

7 Zusammenfassung

Elektromobilität wird vielfach als <u>die</u> Lösung zukünftiger Mobilität gesehen. Insbesondere Politik und Medien sehen in der Elektrifizierung des Individualverkehrs ein wirksames Mittel zur erforderlichen deutlichen Absenkung der Treibhausgasemissionen und zur Erhöhung der Energieeffizienz.

Im Rahmen dieses Buches wurden die Potenziale elektrifizierter Antriebskonzepte hinsichtlich Nachhaltigkeit und Klimaschutz sowie Energieeffizienz und Kundenanforderungen analysiert. Im Fokus der Untersuchungen stand die Bestimmung der Potenziale moderner PKW-Antriebskonzepte. Je nach Elektrifizierungskonzept sind die Auswirkungen unterschiedlich groß und gegebenenfalls auch mit Nutzungseinschränkungen verbunden.

Auf Basis der Untersuchungen konnte festgestellt werden, dass Nachhaltigkeit und Klimaschutz durch **batterieelektrische Kraftfahrzeuge** verbessert werden können, wenn regenerativ erzeugter Strom zum Einsatz kommt. Wie berechnet werden konnte, liegt der Energiebedarf für den Fahrbetrieb eines E-PKW in einer europäischen Stadt bei 53 % eines Diesel-PKW. Berücksichtigt wurde dabei die Energie für das Fahren bei durchschnittlicher Fahrbahnneigung, für die Klimatisierung des Fahrzeuginnenraumes (Heizen und Kühlen in Abhängigkeit von der durchschnittlichen monatlichen Umgebungstemperatur) und für die Lade- bzw. Entladeverluste der Hochvoltbatterie. Bei dieser Betrachtung lässt sich der energetische Vorteil batterieelektrischer Fahrzeuge im reinen Fahrbetrieb erkennen. Wird dagegen auch der Energiebedarf für die Strom- bzw. Dieselherstellung in Europa berücksichtigt, benötigt der städtisch betriebene E-PKW 33 % mehr Energie als der Diesel-PKW. Die Berücksichtigung der Energiebereitstellung führt demnach zu einer drastischen Verschlechterung. Bei Überlandbetrieb in Europa benötigt der E-PKW 43 % mehr Energie als der Diesel-PKW. Die durch den Fahrbetrieb und die Energiebereitstellung emittierten Treibhausgasemissionen (als CO_2-Äquivalent) liegen in Österreich aufgrund des hohen regenerativen Energieanteiles in der Stromerzeugung für den städtisch betriebenen E-PKW bei 38 % des Diesel-PKW. Auf europäischer Ebene ist der darstellbare Vorteil mit 83 % des Diesel-PKW deutlich geringer.

Kostenseitig zeigen selbst optimistische Schätzungen, dass batterieelektrische PKW die kundenseitig tolerierten höheren Anschaffungskosten derzeit nicht einhalten können. Die Abschätzungen der Betriebskosten sind derzeit noch mit Unsicherheiten behaftet, es wird jedoch vermehrt von einer deutlichen Reduktion ausgegangen. Wesentlich wird sich die Lebensdauer der Traktionsbatterie auf die Gesamtkosten der Fahrzeugnutzung auswirken. Die Energiekosten für den Betrieb des E-PKW sind aufgrund der aktuellen Steuern und Abgaben für Elektrizität bzw. Dieselkraftstoff geringer als jene des Diesel-PKW. Eine von Steuern und Abgaben bereinigte Betrachtung zeigt jedoch einen Kostennachteil für E-PKW im Stadtverkehr auf.

Ein weiteres Kriterium für den Erfolg oder Misserfolg batterieelektrischer Fahrzeuge ist deren Benutzerfreundlichkeit. Bei einer durchschnittlichen Fahrweise, einer Umgebungstemperatur von +20 °C und einer geringen Fahrbahnneigung konnten mit den untersuchten E-PKW Reichweiten von 85 bis 175 km realisiert werden.

Der Betrieb der Klimaanlage bei einer Umgebungstemperatur von +30 °C reduziert die Reichweite durchschnittlich um 14 %. Durch die Beheizung des Innenraumes bei einer Umgebungstemperatur von 0 °C erfolgt eine Reichweitenreduktion von durchschnittlich 27 %.

Die Gewährleistung von mit konventionellen Fahrzeugen vergleichbarem Fahrkomfort ist nur mit Einbußen im Bereich der Reichwerte möglich, da Aggregate wie Klimaanlage und Heizung elektrisch betrieben werden müssen. Batterieelektrische Kraftfahrzeuge mit Range-Extender können hier Verbesserungen bringen.

Erschwerend wirkt sich aus, dass Tankvorgänge batterieelektrischer PKW im Vergleich zu klassischen Tankvorgängen Stunden statt Minuten dauern. Es ist davon auszugehen, dass dies käuferseitig nicht akzeptiert wird. Die Speicherung elektrischer Energie und die Betankung batterieelektrischer Fahrzeuge erfordern folglich noch weitreichende Entwicklungen und den Ausbau der Schnellladeinfrastruktur. Die Bereitstellung der elektrischen Energie ist hingegen als gesichert zu betrachten.

Als Alternative zum batterieelektrischen Kraftfahrzeug wurde in dieser Arbeit ein Vertreter der **batterieelektrischen Kraftfahrzeuge mit Range-Extender** untersucht. Zur Erfüllung der Fahrleistungen stehen diesem PKW vier Betriebsmodi zur Verfügung, zwischen denen automatisch fahrzeugseitig gewechselt wird. Diese sind zwei rein elektrische Betriebsmodi (ein- oder zweimotorig) sowie zwei hybride Betriebsmodi (seriell oder leistungsverzweigt). Relevant für den Wechsel zwischen elektrischer und hybrider Fahrweise sind der Batterieladezustand, die Umgebungstemperatur bzw. der manuelle Eingriff (Fahrmodus „Halten" oder „Berg" statt „Normal"). Für die Wahl zwischen den beiden rein elektrischen Betriebsmodi bzw. den beiden hybriden Betriebsmodi sind die Fahrgeschwindigkeit, die geforderte Antriebsleistung und die elektrische Leistungsanforderung (Antrieb, Laden der Hochvoltbatterie, Hochvolt- und Niedervoltverbraucher) relevant. Im hybriden Fahrbetrieb wird die Verbrennungskraftmaschine grundsätzlich wirkungsgradoptimal mit nahezu Volllast betrieben.

Im Zentrum der Untersuchungen standen die elektrische Energiebilanz, der Kraftstoffverbrauch, die Emissionen nach Kat und das Aufheizverhalten des Heiz-/Kühlsystems bzw. des Fahrzeuginnenraumes. Die Untersuchungen erfolgten bei unterschiedlichen Umgebungstemperaturen, mit verschiedenen Batterieladezuständen, bei gegenüber ebener Fahrbahn abweichenden Fahrbahnneigungen und mit variierenden Fahrstilen.

Die effektive elektrische Reichweite des Fahrzeuges ist stark von der Umgebungstemperatur und von der Lastanforderung abhängig. Bei einer Umgebungstemperatur von +20 °C ist diese mit rund 59 km anzugeben. Im Zuge der Testdurchführung bei einer Umgebungstemperatur von -10 °C erfolgte unmittelbar nach dem Beginn der Fahrt ein Zustart der Verbrennungskraftmaschine (für rund 2 Min.). Danach wurde eine elektrische Reichweite von lediglich 11 km realisiert. Bei einer Umgebungstemperatur von +40 °C inkl. 1.000 W/m² Sonnensimulation lag die elektrische Reichweite bei 49 km. Dies ist dem Betrieb der elektrischen Klimaanlage zu schulden.

Der Einfluss des Fahrstiles (ökonomisch bzw. aggressiv) auf die elektrische Reichweite ist gering (61 bzw. 52 km). Im Gegensatz zu konventionell betriebenen Kraftfahrzeugen hat ein aggressiver oder ökonomischer Fahrstil einen geringeren Einfluss auf den Otto-Kraftstoffverbrauch und die Schadstoffemissionen. Der Hauptgrund dafür liegt an der

Entkoppelung der Verbrennungskraftmaschine und dem geforderten Moment bzw. der geforderten Leistung für den Vortrieb des Fahrzeugs. Trotzdem kann durch eine ökonomische Fahrweise und reduzierte Geschwindigkeit aufgrund der geringeren Fahrwiderstände Energie gespart und die Reichweite des Fahrzeugs erhöht werden. Die Vorteile des Antriebskonzeptes kommen in der Stadt bei niedrigen Geschwindigkeiten, vor allem im Stop-and-go Verkehr, zur Geltung. Aufgrund der Entkoppelung der Verbrennungskraftmaschine entfällt das Anfahren mit dieser. Der Haltemodus kann bei einer der Stadtfahrt vorgelagerten Fahrt bei höheren Geschwindigkeiten aktiviert werden, sodass die elektrische Energie innerstädtisch zur Verfügung steht. Der reichweitenverlängerte Betrieb mit Verbrennungskraftmaschine sollte aufgrund der Wirkungsgradverluste nur für Ausnahmefälle genutzt werden.

Der durchschnittliche Energiebedarf bei rein elektrischer Fahrweise im Eco-Test, bei einer Umgebungstemperatur von +20 °C, auf ebener Fahrbahn und normaler Fahrweise liegt bei rund 18 kWh/100km. Im hybriden Fahrbetrieb ist der Kraftstoffverbrauch unter diesen Bedingungen mit rund 7 l/100km anzugeben.

Die Euro 5-Grenzwerte (bezogen auf den Neuen Europäischen Fahrzyklus) werden auch im Eco-Test bei einer Umgebungstemperatur von +20 °C eingehalten. Zu niedrigen Umgebungstemperaturen hin (-10 °C) steigen die CO- und NO_x-Emissionen insbesondere im unteren Geschwindigkeitsbereich (Innerorts, hoher Stopp-/Start-Anteil). Zu hohen Umgebungstemperaturen hin (+40 °C und 1.000 W/m² Sonneneinstrahlung) steigen die CO-Emissionen mit zunehmender Geschwindigkeit (Außerorts und Autobahn) deutlich.

Da im Besonderen **Plug-In-Hybride**, aufgrund der hohen Batteriekosten und der teilweise stark eingeschränkten Reichweite von batterieelektrischen Kraftfahrzeugen, eine interessante Alternative darstellen, welche die Vorteile des elektrischen und verbrennungsmotorischen Antriebes verbinden sollen, wurden zur Bewertung der Auswirkungen der Elektrifizierung eines konventionellen Antriebskonzeptes mit Verbrennungsmotor vier Plug-In-Hybride im Hinblick auf deren Energieeffizienz, Energiebedarf, Wirkungsgrade der Hochvoltkomponenten, Ladevorgang, Treibhausgasemissionen, Zustartbedingung und elektrische Reichweite untersucht.

Die Konzepte der vier untersuchten Plug In-Fahrzeuge unterscheiden sich deutlich. Neben einer abweichenden Anzahl und einem unterschiedlichen Einsatz der verbauten Elektromaschinen weichen auch die Leistungen der Otto- bzw. Diesel-Verbrennungskraftmaschinen, die verbauten Kapazitäten der Traktionsbatterien, die Arten an Getrieben und die Arten und der Einsatz der Innenraumheizungen voneinander ab.

Es zeigte sich bei den untersuchten Fahrzeugen, dass technische Restriktionen einen rein elektrischen Fahrbetrieb bis zum minimalen Ladezustand der Traktionsbatterie unterbinden. Gründe dafür sind das Erreichen der maximalen Leistung der elektrischen Antriebsmaschinen bzw. der Traktionsbatterien oder konstruktive Einschränkungen. Die analysierten Fahrzeuge werden somit (bei „voller" Traktionsbatterie) nicht zunächst rein elektrisch betrieben und im Anschluss (bei „leerer" Traktionsbatterie) hybridisch. Bei geladener Traktionsbatterie kann von einem vorrangig elektrischen Fahrbetrieb gesprochen werden, welcher unter den genannten Rahmenbedingungen vorrübergehend unterbrochen wird.

Es kann gezeigt werden, dass die untersuchten Fahrzeuge bei einer Umgebungstemperatur von +20 °C rund 40 km (Toyota Prius Plug-In 16 km) rein elektrisch zurücklegen, bevor vom vorrangig elektrischen in den hybriden Fahrbetrieb gewechselt wird.

Bei allen Fahrzeugen zeigt sich ein lediglich geringer Einfluss der Klimaanlage (bei einer Umgebungstemperatur von +30 °C) auf die elektrische Reichweite – dies aufgrund der geringen mittleren elektrischen Leistungen der Klimaanlagen von 0,4 bis 0,8 kW.

Bei einer Umgebungstemperatur von 0 °C reduziert sich die elektrische Reichweite primär aufgrund der Heizung des Innenraumes um rund 50 %. Davon ausgenommen ist der Volvo V60 PHEV. Die in Relation betrachtet geringe Reduktion der elektrischen Reichweite bei diesem Fahrzeug ist damit zu begründen, dass eine geringere elektrische Heizleistung (im Mittel 1,2 kW im Vergleich zu 3 kW beim Mitsubishi Outlander PHEV) aufgewendet wird, um den Fahrzeuginnenraum zu heizen. Die geforderte Innenraumtemperatur von +22 °C wird durch diese Maßnahme entsprechend später erreicht.

Wird der Energiebedarf (elektrisch und Kraftstoff) der Fahrzeuge verglichen, sind die Ergebnisse bei +20 °C und +30 °C gut vergleichbar. Der geringe Energiebedarf der Klimaanlage und der geringfügig niedrigere Antriebsenergiebedarf führen insgesamt zu vergleichbaren Verbräuchen (elektrisch und Kraftstoff). Bei einer Umgebungstemperatur von 0 °C liegt der Energiebedarf (elektrisch und Kraftstoff) tendenziell höher. Dies resultiert aus der elektrischen Heizleistung, dem Betrieb der Verbrennungskraftmaschine zu Heizzwecken und dem bei 0 °C höheren Antriebsenergiebedarf. Bei +30 °C und 0 °C wirkt sich zudem der Energiebedarf des Niedervoltsystems (aufgrund des Gebläses zur Innenraumklimatisierung) verbrauchserhöhend aus.

Es konnte weiters gezeigt werden, dass der Kraftstoffverbrauch auch im praktischen Einsatz (repräsentiert durch den Eco-Test) durch Plug-In Fahrzeuge deutlich gesenkt werden kann. Wird der erforderliche Strom zum Betrieb der Fahrzeuge regenerativ gewonnen, kann hierdurch ein deutlicher Beitrag zur Treibhausgasreduktion geleistet werden.

Zusammenfassend ist festzuhalten, dass die Elektrifizierung von Personenkraftwagen – regenerativer Strom vorausgesetzt – zum Klimaschutz und zur Erhöhung der Nachhaltigkeit des Individualverkehrs beitragen kann. Der Nachteil der hohen Anschaffungskosten von batterieelektrischen Kraftfahrzeugen – aufgrund der teuren Traktionsbatterien – kann durch Hybridkonzepte teilweise kompensiert werden. Weiters sind bei batterieelektrischen Kraftfahrzeugen niedrigere Betriebskosten zu erwarten. Durch hybride Lösungen kann kurzfristig auch das Reichweitenproblem von batterieelektrischen Kraftfahrzeugen entschärft werden, ohne dabei gänzlich auf die Effizienzvorteile der Elektrifizierung verzichten zu müssen.

8 Literaturverzeichnis

[1] Europäische Kommission, Grünbuch - Eine europäische Strategie für nachhaltige, wettbewerbsfähige und sichere Energie, Brüssel: Amt für amtliche Veröffentlichungen der Europäischen Gemeinschaften, 2006.

[2] Europäische Gemeinschaft, „Entscheidung des Rates vom 14. Dezember 1998 über ein mehrjähriges Rahmenprogramm für Maßnahmen im Energiesektor (1998-2002) und flankierende Maßnahmen" *Amtsblatt der Europäischen Union,* Nr. L7, p. 16, 13 1 1999.

[3] Europäische Kommission, Mitteilung der Kommission an den Rat und das Europäische Parlament - Eine Strategie der Gemeinschaft zur Minderung der CO_2 Emissionen von Personenkraftwagen und zur Senkung des durchschnittlichen Kraftstoffverbrauchs, Brüssel: Amt für amtliche Veröffentlichungen der Europäischen Gemeinschaften, 1995.

[4] Europäisches Parlament und Rat, Verordnung (EG) Nr. 443/2009 des Europäischen Parlaments und des Rates vom 23. April 2009 zur Festsetzung von Emissionsnormen für neue Personenkraftwagen im Rahmen des Gesamtkonzepts der Gemeinschaft zur Verringerung der CO_2-Emissionen von PKW und LNF, Brüssel: Amtsblatt der Europäischen Union, 2009.

[5] Europäisches Parlament, „Verordnung (EU) Nr. 510/2011 des Europäischen Parlaments und des Rates zur Festsetzung von Emissionsnormen für neue leichte Nutzfahrzeuge im Rahmen des Gesamtkonzepts der Union zur Verringerung der CO_2-Emissionen von Personenkraftwagen und leichten Nutzfahrzeuge" *Amtsblatt der Europäischen Union,* Nr. L145, pp. 1-18, 31 05 2011.

[6] Isermann, R., Elektronisches Management motorischer Fahrzeugantriebe: Elektronik, Modellbildung, Regelung und Diagnose für Verbrennungsmotoren, Getriebe und Elektroantriebe, Wiesbaden: Vieweg +Teubner Verlag, 2009.

[7] Hofmann, P., Hybridfahrzeuge - Ein alternatives Antriebssystem für die Zukunft, 2. Auflage, Wien: Springer-Verlag, 2014.

[8] Bauer, C., Untersuchung des Einflusses einzelner Rohstoffe auf die Absatzentwicklung alternativer PKW-Antriebskonzepte bis 2030, Wien: TU-Wien, Dissertation, 2014.

[9] AUDI AG, *Katalog: Audi A3 Sportback e-tron,* Ingolstadt: AUDI AG, Gültig ab April 2015.

[10] BMW AG, *Katalog: BMW i8,* München: BMW AG, 2015.

[11] BMW AG, *BMW Medieninformation: Der BMW X5 xDrive40e,* München: BMW AG, 03/2015.

[12] Mercedes-Benz Österreich GmbH, *Preisliste - C-Klasse Limousine,* Österreich: Mercedes-Benz Österreich GmbH, 2015.

[13]   DENZEL Autoimport GmbH, *Preisliste - Outlander PHEV,* Wien: DENZEL Autoimport GmbH, 01/2016.

[14]   ADAM OPEL AG, *Opel Ampera,* Rüsselsheim: ADAM OPEL AG, 2014.

[15]   Porsche Austria GmbH & Co OG, „Daten & Ausstattung - Panamera S e-Hybrid" Porsche, 2016. [Online]. Available: https://www.porsche.at/panamera/panamera_s_e-hybrid/3013:technische_daten. [Zugriff am 10 01 2016].

[16]   VCS Verkehrs-Club der Schweiz, „auto umweltliste" VCS Verkehrs-Club der Schweiz, 2015. [Online]. Available: http://www.autoumweltliste.ch/index.php?id=46. [Zugriff am 08 01 2016].

[17]   Volvo Cars Austria GmbH., „Drive E" Volvo Austria, 2015. [Online]. Available: http://www.volvocars.com/at/volvo/innovationen/drive-e/plug-in-hybrid. [Zugriff am 28 12 2015].

[18]   Volvo Car Austria GmbH., „Pressemeldungen, Volvo V60 D6 AWD Diesel-Plug-in-Hybrid" Volvo, 2015. [Online]. Available: https://www.media.volvocars.com/at/de-at/media/pressreleases/143397/volvo-v60-d6-awd-r-design-diesel-plug-in-hybrid-verpackt-in-leidenschaftlichem-design. [Zugriff am 28 12 2015].

[19]   Volvo Car Austria GmbH., *PREISLISTE - Volvo V60,* Österreich: Volvo Car Austria GmbH., 2015.

[20]   Volvo Car Austria GmbH., „Pressemeldungen - Volvo XC90 T8 Twin Engine: Effizienz hoch zwei" Volvo, 30 04 2015. [Online]. Available: https://www.media.volvocars.com/at/de-at/media/pressreleases/161950/volvo-xc90-t8-twin-engine-effizienz-hoch-zwei. [Zugriff am 28 12 2015].

[21]   VOLVOCARS.NL, *PRIJSLIJST - VOLVO XC90,* Netherlands: VOLVOCARS.NL, 01/2016.

[22]   Porsche Austria GmbH & Co OG, *Preis Ausstattungen Technische Daten - Der neue Golf GTE,* Österreich: Porsche Austria, 05/2015.

[23]   Porsche Austria GmbH & Co OG, *Preis Ausstattungen Technische Daten - Der neue Passat GTE,* Österreich: Porsche Austria, 12/2015.

[24]   Biermann, J-W et al., „Elektrofahrzeuge - Historie, Antriebskomponenten und aktuelle Fahrzeugbeispiele" in *Handbuch Elektromobilität,* Frankfurt am Main, EW Medien und Kongresse GmbH, 2010.

[25]   Wietschel, M. et al., Vergleich von Strom und Wasserstoff als CO_2-freie Endenergieträger, Karlsruhe: Frauenhofer-Institut für System- und Innovationsforschung, 2010.

[26]   Hofmann, L et al., „twinDRIVE® - Ein Schritt in Richtung Elektromobilität" in *6. VDI-Tagung "Innovative Fahrzeugantriebe",* Dresden, VDI, 2008.

[27]   Hofmann, P., Skriptum zur Vorlesung Hybridfahrzeug, Institut für Verbrennungskraftmaschinen und Kraftfahrzeugbau der TU-Wien, Österreich, 2014.

[28] MTZ, „Wie sieht der Range Extender der Zukunft aus?" in *MTZ - Motortechnische Zeitschrift Ausgabe Nr.: 2010-09*, Wiesbaden, Springer Fachmedien Wiesbaden GmbH, 2010.

[29] BMW AG, *Katalog: Der BMW i3*, München: BMW AG, 2015.

[30] Naunin, D., Hybrid-, Batterie- und Brennstoffzellen-Elektrofahrzeuge: Technik, Strukturen und Entwicklungen, Renningen: Expert Verlag, 2007.

[31] BMW AG, „bmw i3 technische-daten.html" BMW AG, 2015. [Online]. Available: https://www.bmw.at/de/neufahrzeuge/bmw-i/i3/2013/technische-daten.html. [Zugriff am 08 01 2016].

[32] CITROËN Österreich Ges.m.b.H., *PREISE, AUSSTATTUNGEN UND TECHNIK - DER CITROËN BERLINGO ELECTRIC*, Wien: CITROËN Österreich Ges.m.b.H., 10/2015.

[33] CITROËN Österreich Ges.m.b.H., *PREISE, AUSSTATTUNGEN UND TECHNIK - CITROËN C-ZERO*, Wien: CITROËN Österreich Ges.m.b.H., 2015.

[34] Ford Werke GmbH, *Broschüre Ford Focus Electric*, Köln: Ford Werke GmbH, 2015.

[35] Kia Austria GmbH., *Preisliste & Technische Daten EV - Kia Soul EV*, Wien: Kia Austria GmbH., 2015.

[36] Mercedes-Benz Österreich GmbH, *Preisliste - B-Klasse*, Österreich: Mercedes-Benz Österreich GmbH, 01.01.2016.

[37] DENZEL Autoimport GmbH, *Preisliste - i-MiEV*, Wien: DENZEL Autoimport GmbH, 01/2016.

[38] Nissan Center Europe GmbH, *E-Broschüre & Preisliste - NISSAN e-NV200 EVALIA*, Österreich: Nissan Center Europe GmbH, 2015.

[39] Nissan Center Europe GmbH, *E-Broschüre inkl. Preisliste - Nissan Leaf*, Österreich: Nissan Center Europe GmbH, 2016.

[40] PEUGEOT Austria GmbH, *iOn Preisliste*, Österreich: Peugeot, 2015.

[41] Renault Österreich GmbH, *Preisliste - Kangoo Z.E.*, Wien: Renault Österreich GmbH, 2015.

[42] Renault Österreich GmbH, *Preisliste - Twizy*, Wien: Renault Österreich GmbH, 2015.

[43] Renault Österreich GmbH, *Preisliste - Renault ZOE*, Wien: Renault Österreich GmbH, 2015.

[44] VCS Verkehrsclub der Schweiz, *Marktübersicht energieeffizienter Fahrzeuge*, Bern: BBL, Verkauf Bundespublikationen, 2015.

[45] Porsche Austria GmbH & Co OG, *Preis Ausstattungen Technische Daten - Der neue e-up*, Österreich: Porsche Austria, 2015.

[46] Porsche Austria GmbH & Co OG, *Preis Ausstattungen Technische Daten - Der e-Golf,* Österreich: Porsche Austria, 2015.

[47] Austrian Mobile Power, Übersicht Netzanschluss/Ladedauer bei Elektroautos, Factsheet #12, Wien: AMP, 2014.

[48] Klima- und Energiefonds, e-connected Abschlussbericht, Klima- und Energiefonds, Wien, November 2009.

[49] Büdenbender, K. et al., Ladestationen für Elektrofahrzeuge, VDE-Kongress 2010, Leipzig, 08-09.11.2010.

[50] Mathar, S. et al., Berührungslose Batterieladesysteme für Elektrofahrzeuge, VDE-Kongress 2010, Leipzig, 08-09.11.2010.

[51] Nietschke, W. et al., „Induktive Energieübertragung für Elektriofahrzeuge" in *ATZ 04/2011, 113 Jahrgang, S. 280 ff.*, Deutschland, 2011.

[52] ISEA, Batterietechnologie und Speichersysteme - Redox-Flow-Batteriesysteme, Institut für Stromrichtertechnik und Elektrische Antriebe (ISEA), Aachen, 2012.

[53] ChargeMap, „Statistiken über Ladestationen in Austria" ChargeMap, 2016. [Online]. Available: https://de.chargemap.com/stats/austria. [Zugriff am 08 01 2016].

[54] PWC, Elektromobilität - Herausforderungen für Industrie und öffentliche Hand, Frankfurt am Main: PricewaterhouseCoopers AG Wirtschaftsprüfungsgesellschaft, 2010.

[55] Schädlich, G., Moderne Batterietechnologien – eine Option zur Zwischenspeicherung regenerativer Energien und Stabilisierung der Netze, Leipzig: Hoppecke, 2011.

[56] Schwingshackl, M., Simulation von elektrischen Fahrzeugkonzepten für PKW - Verbesserungspotential der Elektromobilität bei Verbrauch und Emissionen im Lebenszyklus, Graz: TU Graz - Institut für Verbrennungskraftmaschinen und Thermodynamik, 2009.

[57] Enquete-Kommission, Schlussbericht der Enquete-Kommission Globalisierung der Weltwirtschaft – Herausforderungen und Antworten, Berlin: Deutscher Bundestag, 2000.

[58] Wagner, U. et al., „Ganzheitliche Bewertung alternativer Kraftstoffe und innovativer Fahrzeugantriebe" in *Hybrid-, Batterie- und Brennstoffzellen-Elektrofahrzeuge,* Renningen, Expert Verlag, 2007.

[59] Herzog, T., World Greenhouse Gas Emissions in 2005, Washington DC: World Resources Institute, 2009.

[60] Helms, H. et al., „Electric vehicle and plug-in hybrid energy efficiency and life cycle emissions" in *18th International Symposium Transport and Air Pollution*, Dübendorf, EMPA, 2010.

[61] Statistisches Amt der Europäischen Gemeinschaften, „Eurostat" [Online]. Available: http://ec.europa.eu/eurostat/data/database. [Zugriff am 27 01 2016].

[62] Hüttenrauch, J., „Die zweite Generation des VW Polo BlueMotion" in *ATZ - Automobiltechnische Zeitschrift Ausgabe Nr.: 2010-02*, Wiesbaden, Springer Fachmedien Wiesbaden GmbH, 2010.

[63] Schruf, W., „Weniger ist schwer" in *Auto Motor und Sport - Heft 7 - 11. März 2010*, Stuttgart, Motor Presse Stuttgart GmbH & Co. KG, 2010.

[64] Demel, H., „Energiebedarf im gesamten Lebenszyklus für verschiedene Fahrzeugkonzepte" in *Tagungsband zum 30. Internationalen Wiener Motorensymposium*, Düsseldorf, VDI-Verlag GmbH, 2009.

[65] Tober, W., Abschlussbericht „Einsatz und Potenzial von biogenen Designerkraftstoffen – BTL (Biomass to Liquid) im Motoreneinsatz" Teilbericht zum Arbeitspaket 9 - Erstellen einer Ökobilanz (Life Cycle Assessment - LCA) für BTL, Wien: TU Wien, Institut für Verbrennungskraftmaschinen und Kraftfahrzeugbau, 2009.

[66] Teske, S. et al., Gegen den Strom, Amsterdam: Greenpeace International, 2005.

[67] Verbund AG, „Stromversorgung für Elektromobilität" in *Tagung "Elektromobilität in Städten und Regionen"*, Wels, austrian mobile power, 2010.

[68] Öko-Institut, Globales Emissions-Modell Integrierter Systeme (GEMIS), Freiburg: Öko-Institut, 2009.

[69] Umweltbundesamt Deutschland, Entwicklung der spezifischen Kohlendioxid-Emissionen des deutschen Strommix in den Jahren 1990 bis 2014, Berlin: Umweltbundesamt Deutschland, 2015.

[70] Tober, W.; Rosenitsch, R., Prognose der gesetzlich limitierten Straßenverkehrsemissionen in Österreich und Deutschland bis 2030, Wien: TU Wien, Institut für Verbrennungskraftmaschinen und Kraftfahrzeugbau, 2009.

[71] Faltenbacher, M., Modell zur ökologisch-technischen Lebenszyklusanalyse von Nahverkehrsbussystemen, Stuttgart: Institut für Kunststoffprüfung und Kunststoffkunde, 2006.

[72] BWE, Von A bis Z – Fakten zur Windenergie, Osnabrück: Bundesverband WindEnergie e.V., 2001.

[73] Aral, Aral Studie - Trends beim Autokauf 2009, Bochum: Aral Aktiengesellschaft, 2009.

[74] Aral, Aral Studie - Trends beim Autokauf 2015, Bochum: Aral Aktiengesellschaft, 2015.

[75] Friederich, F., Betriebswirtschaftlicher Vergleich zwischen einem brennstoffzellenbetriebenen und einem batteriebetriebenen Elektroantrieb, Hamburg: Diplomica Verlag GmbH, 2009.

[76] Mathoy, A., „Grundlagen für die Spezifikation von E-Antrieben" in *MTZ - Motortechnische Zeitschrift Ausgabe Nr.: 2010-09*, Wiesbaden, Springer Fachmedien Wiesbaden GmbH, 2010.

[77] Döringer, S., Das wettbewerbsfähige Elektrofahrzeug – Potenziale zur Senkung der Herstellkosten, Aachen: Werkzeugmaschinenlabor der RWTH Aachen., 2010.

[78] Rosenitsch, R., Eignung von Elektrofahrzeugen für den Fuhrpark der MA48, Wien: TU Wien, Institut für Fahrzeugantriebe & Automobiltechnik, 2010.

[79] Pötscher, F. et al., Elektromobilität in Österreich - Szenario 2020 und 2050, Wien: Umweltbundesamt GmbH, 2010.

[80] Hausberger, S., Aktualisierung der Emissionsdaten und Modellberechnungen zum Verkehr in Österreich 2005 – Trends und Ausblick bis 2030, Graz: TU Graz, Institut für Verbrennungskraftmaschinen und Thermodynamik, 2008.

[81] Küsell, M., „Die Zukunft der Elektromobilität - Bosch-Techniken für Elektrofahrzeuge" in *Presse-Workshop Elektromobilität*, Stuttgart, 2010.

[82] Leschus, L. et al., Strategie 2030 – Mobilität, Hamburg: Berenberg Bank, HWWI Hamburgisches WeltWirtschaftsInstitut, 2009.

[83] Europäische Kommission, Roadmap on regulations and standards for the electrification of cars, Brüssel: Europäische Kommission, 2010.

[84] Gauss, C., ADAC-EcoTest - Das verbraucherorientierte Umweltbewertungsverfahren, nicht nur für Elektrofahrzeuge, Landsberg a. Lech: ADAC e.V., 2010.

[85] Urbanek, M. et al., „Einfluss des Verkehrsflusses auf Emission und Verbrauch" Wien, TU-Wien, Institut für Fahrzeugantriebe & Automobiltechnik, 2006.

[86] IPCC (Intergovernmental Panel on Climate Change), Climate Change 2007 -The Physical Science Basis, Contribution of Working Group I to the Fourth Assessment Report of the IPCC, New York: Cambridge University Press, 2008.

[87] Tober, W., Vermessung des Mitsubishi i-MiEV hinsichtlich Energieeinsatz und Reichweite, Wien, TU-Wien, Institut für Fahrzeugantriebe & Automobiltechnik, 2011.

[88] Schuster, A. et al., Begleitforschung der TU Wien in VLOTTE, Wien: Institut für Elektrische Anlagen und Energiewirtschaft, 2010.

[89] Schuster, A., „6. Internationale Energiewirtschaftstagung" in *Eigenschaften heutiger Batterie- und Wasserstoffspeichersysteme für eine nachhaltige elektrische Mobilität*, Wien, TU Wien, Institut für Elektrische Anlagen und Energiewirtschaft, 2009.

[90] Köhler, U., „Batterien für Elektro- und Hybridfahrzeuge" in *Hybrid-, Batterie- und Brennstoffzellen-Elektrofahrzeuge*, Renningen, Expert Verlag, 2007.

[91] Reis, M. et al., Schlussbericht VLOTTE-Monitoring, Dornbirn: Energieinstitut Vorarlberg, 2011.

[92] Althaus, H. et al., Vergleichende Ökobilanz individueller Mobilität: Elektromobilität versus konventionelle Mobilität mit Bio- und fossilen Treibsstoffen, Dübendorf, EMPA, 2010.

[93] Weltorganisation für Meteorologie, „Weltweite Wetterinformation (WWIS)" Deutscher Wetterdienst, Offenbach, [Online]. Available: http://www.wwis.dwd.de. [Zugriff am 2 April 2012].

[94] Winter, R., Biokraftstoffe im Verkehrssektor 2010 - Zusammenfassung der Daten der Republik Österreich gemäß Art. 4, Abs. 1 der Richtlinie 2003/30/EG für das Berichtsjahr 2009, Wien: Umweltbundesamt GmbH, 2009.

[95] Tober, W., Entwicklung der Schadstoff- und CO_2-Emissionen des Straßenverkehrs in Österreich und Deutschland bis 2030 und Ableitung des Handlungsbedarfs, Wien: Technische Universität Wien, 2012.

[96] Edwards, R. et al., Well-to-Wheels analysis of future automotive fuels and powertrains in the European context, Brüssel: EUCAR - CONCAWE - JRC/IES, 2008.

[97] Statistisches Amt der Europäischen Gemeinschaften, „Eurostat" [Online]. [Zugriff am 2 April 2012].

[98] Automobilclub von Deutschland, AvD Wirtschaftsdienst GmbH, Frankfurt, [Online]. Available: http://www.avd.de/startseite/service-news/rund-um-den-kraftstoff/benzin-preise-in-europa/preise-fuer-dieselkraftstoff/. [Zugriff am 2 April 2012].

[99] Energie Informationsdienst GmbH, Vergleich der Verbraucherpreise in der EU, Bochum: Aral Aktiengesellschaft, 2012.

[100] Geringer, B. et al., Elektromobilität - Chance für die österreichische Wirtschaft, Wien: Bundesministerium für Wirtschaft, Familie und Jugend, 2011.

[101] Tober, W.; Krenek T., Vermessung und Analyse eines Range-Extender-Vehicle am Beispiel eines Opel Ampera, Wien: TU-Wien, Institut für Fahrzeugantriebe & Automobiltechnik, 2014.

[102] Grebe, U. et al., Voltec-Das Antriebssystem für Chevrolet Volt und Opel Ampera., Wiesbaden: Springer Vieweg, 2011.

[103] Umweltbundesamt Deutschland, Entwicklung der spezifischen Kohlendioxid-Emissionen des deutschen Strommix 1990-2008, Berlin: Umweltbundesamt Deutschland, 2010.

[104] Geringer, B., Skriptum zur Vorlesung 315.018 - Verbrennungskraftmaschinen Grundzüge, Wien: TU Wien, Institut für Verbrennungskraftmaschinen und Kraftfahrzeugbau der TU Wien, 2006.

[105] Hauff, V., Unsere gemeinsame Zukunft. Der Brundtland-Bericht der Weltkommission für Umwelt und Entwicklung, W. C. o. E. a. Development, Hrsg., Greven: Staatsverlag der DDR, 1987.

[106] Leohold, J., „Biogene Kraftstoffe - Potenziale und notwendige Rahmenbedingungen" in *Biokraftstoffe der 2. Generation - Potenziale, Chancen und notwendige Rahmenbedingungen*, Berlin, Forum für Zukunftsenergien e.V., 2006.